やさしい 建設業簿記と経理実務

公認会計士
鈴木啓之 著

日本法令®

改訂版の出版にあたって

建設会社が作成する決算書は、官公庁の受注や、税務申告、株主総会での報告、銀行での信用調査など多くの目的に使用されます。

本書は昭和57年に初版本を出版してから40年余りの間に実に57版を重ねることができ、長きにわたって多くの人々の役に立ってきたように思われます。

その理由は、本書が、

①建設業簿記のわかりやすい入門書であるとともに、

②原価管理は工事の損益管理に役立ち、

③本店経理マンにとっては決算業務の実践的参考書であり、

④わかりにくいJ・Vの処理も形態別網羅的に解説し、

⑤長年の実務経験から得られた知識をふんだんに織り込み、

⑥常に直近までの法令等の改正を取り込んで、

「すぐに役立つ実践的な書物」として作成されている点にあるように思われます。

平成17年4月からは固定資産の評価減をする減損会計が導入され、平成18年5月から従来の商法が大改正されて新たな会社法がスタートしました。特に会社法では、従来、株主総会で決定されていた利益処分案がなくなり、「資本の部」の表示が「純資産の部」として改正され、期中における配当等の表示を含む「株主資本等変動計算書」が作成されるようになりました。また、一般に公正妥当と認められる企業会計の基準を大幅に取り込み、従来の親会社・子会社の概念から関係会社の概念が採用されるなど広く法令規則間の会計規則の統一が図られるようになりました。

こうした背景の中で平成18年7月には建設業法施行規則

により作成する決算書の様式も大幅に改正され、平成22年2月には「リース資産」と「リース債務」の勘定が追加され、金融商品・賃貸不動産の時価評価の注記などの改正がありました。

さらに、平成24年4月1日以降、上場会社等においては、従来その期の特別損益として処理されていた前期損益修正損（益）について、過年度に遡及して修正しなければならない会計基準が採用されることとなり会計処理の変更などの取扱いが変わりました。

そして、令和3年4月から新しい収益認識基準が適用となり、これらに対応して令和4年3月末に、建設業法施行規則により提出する財務諸表の様式も一部改訂されました。

こうした最近の動向を折り込み、**建設業法施行規則の決算書の様式も最新のものに更新**して改訂版として出版することができるのは、私の大きな喜びとするところであります。

また、今回の改訂においては、まずは知っておきたい内容を【初級】とし、建設業経理のプロとして知っておきたい内容を【上級】と区別し、よりわかりやすい内容と表現に改めました。

最後に、本書の出版にあたっては（株）日本法令の三木さんのお世話になり深くお礼申し上げる次第です。

令和4年６月

著　　者

簿記のイロハから簡単な決算まで
やさしい建設業簿記と経理実務

目次

Ⅰ 経理入門【初級】

1 経理担当者としての心がまえ …… 22
2 経理の仕事とは何か …… 24
 1 損益計算をする …… 24
 2 財産を管理する …… 24
 3 資金を管理する …… 24
3 会社の営業活動と資金の流れ …… 25
 1 資金の調達 …… 25
 2 資金の運用 …… 26
 3 資金の回収 …… 27
 4 資金の返済および借用料の支払い等 …… 27
 5 決算と経理業務 …… 28

Ⅱ 簿記入門【初級】

1 簿記とはどのようなものか …… 30
2 複式簿記とは何か …… 30
3 資産・負債・純資産・収益・費用 …… 32
4 仕訳の原則 …… 35
5 勘定科目 …… 37

6　仕訳の例示 …… 38
例1　株主が出資した場合 …… 38
例2　銀行より借入れをした場合 …… 38
例3　車を買った場合 …… 39
例4　車の代金を手形で払った場合 …… 39
例5　支払手形を決済した場合 …… 39
例6　銀行よりお金を引き出した場合 …… 40
例7　未成工事の代金を受け取った場合 …… 40
例8　現場の従業員の給料を払った場合 …… 41
例9　本社の従業員の給料を払った場合 …… 41
例10　材料を掛けで買った場合 …… 42
例11　材料を工事で使った場合 …… 42
例12　下請より工事代金の請求があった場合 …… 43
例13　下請へ工事代金を払った場合 …… 43
例14　完成工事高を計上する場合 …… 44
例15　完成工事原価を計上する場合 …… 44
例16　完成工事代金を受け取った場合 …… 45
例17　取引先にお金を貸した場合 …… 45
例18　借入金の利息を払った場合 …… 46
例19　貸付金の利息を受け取った場合 …… 46
例20　材料がなくなった場合 …… 47
7　勘定の集計 …… 48
1　総勘定元帳への転記 …… 48
2　残高試算表の作成 …… 51
3　損益計算書、貸借対照表の作成 …… 52

Ⅲ 勘定科目の解説【初級】

1 勘定科目の分類 …… 56
1 基本的な勘定分類 …… 56
2 損益計算と勘定分類 …… 58
2 流動資産勘定 …… 61
1 流動資産とは何か …… 61
2 現　　金 …… 62
3 預　　金 …… 62
4 受取手形、営業外受取手形 …… 63
5 完成工事未収入金 …… 65
6 有価証券 …… 66
7 未成工事支出金 …… 66
8 材料貯蔵品 …… 67
9 販売用不動産 …… 68
10 不動産事業支出金 …… 68
11 不動産事業未収入金 …… 69
12 前 渡 金 …… 69
13 短期貸付金 …… 69
14 前払費用 …… 70
15 未収収益 …… 72
16 未収入金、営業外未収入金 …… 72
17 短期保証金 …… 73
18 立 替 金 …… 74
19 仮払金、仮払消費税 …… 75
20 その他流動資産 …… 76

3　固定資産勘定 …… 77
1　固定資産とは何か …… 77
■　有形固定資産　■
2　建　　物 …… 78
3　構 築 物 …… 78
4　機械装置 …… 78
5　船　　舶 …… 79
6　航 空 機 …… 79
7　車両運搬具 …… 79
8　工具器具・備品 …… 79
9　土　　地 …… 79
10　リース資産 …… 80
11　建設仮勘定 …… 80
12　その他有形固定資産 …… 81
13　減価償却累計額と減価償却費 …… 81
①　減価償却の方法 …… 82
②　定額法による減価償却計算の例 …… 83
③　定率法による減価償却計算の例 …… 84
（参考）税法による減価償却計算の例【上級】 …… 86
■　無形固定資産　■
14　特 許 権 …… 91
15　借 地 権 …… 92
16　のれん・負ののれん …… 92
17　その他無形固定資産と減価償却 …… 92
■　投資その他の資産　■
18　投資有価証券 …… 93

19 関係会社株式
(関係会社とは、親会社とは、子会社とは) …… 94
20 出資金、関係会社出資金 …… 95
21 長期貸付金 …… 96
22 長期営業外受取手形、長期営業外未収入金 …… 96
23 破産更生債権等 …… 97
24 長期前払費用 …… 97
25 繰延税金資産 …… 98
26 長期保証金 …… 98
27 投資不動産 …… 99
28 その他投資等 …… 99
29 貸倒引当金 …… 99
4 繰延資産 …… 101
1 繰延資産とは何か …… 101
2 創 立 費 …… 101
3 開 業 費 …… 101
4 株式交付費 …… 102
5 社債発行費(新株予約権発行費を含む) …… 102
6 開 発 費 …… 102
5 流動負債 …… 104
1 流動負債とは何か …… 104
2 支払手形、営業外支払手形 …… 105
3 割引手形、裏書手形(注記される勘定) …… 105
4 工事未払金 …… 106
5 短期借入金 …… 106
6 リース債務 …… 107

7　未 払 金 …… 107
8　未払費用 …… 107
9　未払法人税等 …… 108
10　未払事業所税 …… 108
11　未払消費税 …… 109
12　未成工事受入金 …… 109
13　不動産事業受入金 …… 109
14　不動産事業未払金 …… 110
15　預 り 金 …… 110
16　前受収益 …… 111
17　賞与引当金・役員賞与引当金 …… 111
18　修繕引当金 …… 113
19　完成工事補償引当金 …… 113
20　工事損失引当金 …… 114
21　従業員預り金 …… 114
22　仮受金、仮受消費税 …… 114
23　その他流動負債 …… 114
6　固定負債 …… 116
1　固定負債とは何か …… 116
2　社債・転換社債 …… 116
3　長期借入金 …… 116
4　リース債務 …… 117
5　繰延税金負債 …… 117
6　退職給付引当金 …… 117
7　長期未払金 …… 119
8　その他固定負債 …… 119

7　株主資本 …… 120
1　株主資本とは何か …… 120
2　資 本 金 …… 120
3　新株式申込証拠金 …… 121
4　資本剰余金 …… 121
①　資本準備金 …… 121
②　その他資本剰余金 …… 121
5　利益剰余金 …… 122
①　利益準備金 …… 122
②　その他利益剰余金 …… 123
6　自己株式 …… 125
7　自己株式申込証拠金 …… 125
8　評価・換算差額 …… 126
1　評価・換算差額等とは何か …… 126
①　その他有価証券評価差額金 …… 126
②　繰延ヘッジ損益 …… 126
③　土地再評価差額金 …… 127
9　新株予約権 …… 127
10　完成工事高および建設業の売上計上基準 …… 128
1　完成工事高と売上計上の一般基準 …… 128
2　工事完成基準 …… 130
①　対価の確定 …… 130
②　引渡しとは …… 130
③　対価の確定と請負金の見積計上 …… 131
④　見積差額の処理 …… 131
3　部分完成基準 …… 131

4　工事進行基準 …… 133
①　工事進行基準の条件 …… 133
②　赤字工事の進行基準と工事損失引当金 …… 134
③　工事進行基準適用の要件 …… 136
④　税務と工事進行基準 …… 138
⑤　仮設材等の回収計算 …… 138
⑥　工事進行基準における見積総原価 …… 139
⑦　四半期報告制度と工事損益の現況の把握 …… 140
⑧　工事進行基準による決算の仕方【上級】 …… 141
5　新収益認識基準 …… 144
6　新収益認識基準による会計管理 …… 148
11　完成工事原価 …… 150
1　完成工事原価と未成工事支出金 …… 150
2　完成工事原価の見積計上と見積差額の処理 …… 150
12　販売費及び一般管理費 …… 151
1　販売費及び一般管理費とは何か …… 151
2　役員報酬 …… 152
3　従業員給料手当 …… 152
4　退職金（退職給付費用、役員退職金） …… 152
5　法定福利費 …… 153
6　福利厚生費 …… 153
7　修繕維持費 …… 154
8　事務用品費 …… 154
9　通信交通費 …… 154
10　動力用水光熱費 …… 154
11　調査研究費 …… 154

12　広告宣伝費 …… 155
13　貸倒引当金繰入額、貸倒損失 …… 155
14　交 際 費 …… 155
15　寄 付 金 …… 155
16　地代家賃 …… 156
17　減価償却費 …… 156
18　開発費償却 …… 156
19　租税公課 …… 156
20　保 険 料 …… 157
21　雑　　費 …… 157
13　営業外収益 …… 158
1　営業外収益とは何か …… 158
2　受取利息 …… 159
3　有価証券利息 …… 159
4　受取配当金 …… 159
5　有価証券売却益 …… 159
6　雑 収 入 …… 160
14　営業外費用 …… 161
1　営業外費用とは何か …… 161
2　支払利息 …… 161
3　社債利息 …… 162
4　貸倒引当金繰入額、貸倒損失 …… 162
5　創立費償却ほか …… 162
6　有価証券売却損 …… 162
7　有価証券評価損 …… 162
8　雑 支 出 …… 163

15　特別損益 …… 164
1　特別損益とは何か …… 164
2　前期損益修正益 …… 166
3　固定資産売却益 …… 166
4　その他特別利益 …… 166
5　前期損益修正損 …… 166
6　固定資産売却損 …… 167
7　減損損失 …… 167
8　その他特別損失 …… 168
16　法人税、住民税及び事業税 …… 169
17　関係会社の債権債務等の勘定区分 …… 169
18　引当金繰入額の勘定区分 …… 170

Ⅳ　会計帳簿の記帳と管理ポイント

1　主要帳簿と補助帳簿 …… 172
2　会計伝票 …… 173
1　種　　類 …… 173
2　伝票の記載事項 …… 174
3　伝票記載の注意事項 …… 175
4　伝票の記載の仕方 …… 175
①　入金伝票 …… 175
②　支払伝票 …… 176
③　振替伝票 …… 177
3　総勘定元帳 …… 178
4　補助帳簿の種類 …… 180
5　補助帳簿の作成の仕方 …… 181

6　補助帳簿の様式と記載の仕方 …… 182
1　現金出納帳と管理ポイント …… 182
2　当座預金出納帳と管理ポイント …… 185
3　その他の預金関係の補助簿 …… 185
4　受取手形記入帳と管理ポイント …… 186
5　支払手形記入帳と管理ポイント …… 187
6　材料貯蔵品受払台帳と管理ポイント …… 188
①　材料貯蔵品受払台帳 …… 188
②　払出単価の算出方法 …… 189
7　有価証券台帳と管理ポイント …… 191
①　有価証券台帳 …… 191
②　有価証券売却益の計算 …… 191
8　固定資産台帳と管理ポイント …… 192
9　借入金台帳と管理ポイント …… 194
①　短期借入金台帳 …… 194
②　長期借入金台帳 …… 195
10　取下金台帳と管理ポイント …… 196
11　販売費及び一般管理費経理補助簿と管理ポイント …… 198
12　その他の補助簿と管理ポイント …… 198

V　原価計算と原価管理

1　原価計算とは何か …… 202
1　原価計算の種類 …… 202
①　総合原価計算 …… 202
②　個別原価計算 …… 202
2　原価計算の目的 …… 203

① 財務目的から必要 …… 203
② 管理目的から必要 …… 203
③ 受注価格の決定のためにも必要 …… 203
④ 予算編成のためにも必要 …… 204
⑤ 経営の基本計画の決定のためにも必要 …… 204
3 原価計算の一般基準 …… 204
① 財務目的に役立つためには …… 204
② 管理目的に役立つためには …… 205
2 原価計算単位のとり方
（決算のための工事の区分の仕方） …… 206
3 原価の分類 …… 207
1 原価要素の大分類 …… 207
① 材料費とは …… 207
② 労務費とは …… 207
③ 外注費とは …… 208
④ 経費とは …… 208
2 原価要素の細分類（例示） …… 208
4 原価伝票とその処理 …… 212
1 原価に関する伝票処理の例示 …… 212
2 現場の出納に関する伝票処理と管理ポイント …… 214
3 未成工事支出金の勘定処理と補助簿 …… 215
5 原価計算報告書の様式 …… 218
6 原価管理 …… 220
1 実行予算による原価管理 …… 220
① 実行予算の作成の時期 …… 220
② 実行予算の作成の仕方 …… 221

2　工事損益現況表による原価管理 …… 221
①　工事損益現況表の作成の時期 …… 222
②　工事損益現況表の作成の仕方 …… 222
3　月次の原価管理と個々の原価管理 …… 225
工事月報、原価計算報告書、工事台帳 …… 225

VI　J・V（ジョイント・ベンチャー）の会計処理

1　J・Vとは何か …… 230
2　J・Vの効用と問題点 …… 230
3　J・Vの形態と分類 …… 231
4　J・V工事の完成工事高の計上方法 …… 232
5　J・V工事の会計仕訳【上級】 …… 233
1　表J・V共同施工方式 …… 233
①　表J・V共同施工方式の仕訳
〈J・Vを独立の会計単位として処理する場合〉…… 235
②　表J・V共同施工方式の仕訳
〈J・Vを独立の会計単位として処理しない場合〉…… 240
2　裏J・V共同施工方式 …… 243
裏J・V共同施工方式の仕訳 …… 244
3　表J・V分担施工方式 …… 247
表J・V分担施工方式の仕訳 …… 249
4　裏J・V分担施工方式 …… 251
裏J・V分担施工方式の仕訳 …… 251
6　協力施工方式【上級】 …… 252
7　J・V工事の月次経理諸表 …… 255

8　J・V工事の決算書 …… 259

Ⅶ 外貨建取引の会計処理【上級】

1　外貨建取引とは …… 264
2　取引時の会計処理 …… 265
3　決算時の会計処理 …… 266
4　棚卸資産および有形固定資産等の処理 …… 267
5　収益および費用の計上 …… 267
　1　収益・費用計上の原則 …… 267
　2　収益の計上とその計算例 …… 267
　3　費用の計上とその計算例 …… 269

Ⅷ 決算実務

1　決算とは何か …… 272
2　決算手続 …… 272
3　決算修正前試算表の作成 …… 273
4　総勘定元帳と補助帳簿との照合 …… 274
5　帳簿残高の妥当性の検討 …… 275
　1　現　　金 …… 275
　　①　実　　査 …… 275
　　②　現場や出張所の現金 …… 275
　2　預　　金 …… 276
　　①　銀行預金残高表の作成 …… 276
　　②　実　　査 …… 276
　　③　残高確認 …… 276
　　④　残高証明書との不一致の原因調査 …… 278

3　受取手形、割引手形、裏書手形 ………………………… 279
①　受取手形等残高明細表の作成 ………………………… 279
②　実　　査 …………………………………………………… 279
4　完成工事未収入金 ………………………………………… 281
①　完成工事未収入金残高明細書の作成 ………………… 281
②　残高確認 …………………………………………………… 281
③　確認書の発送と回収 ……………………………………… 284
④　不一致の原因追及 ………………………………………… 284
5　有価証券、投資有価証券、出資金等 ……………………… 285
①　有価証券残高明細表の作成 ……………………………… 285
②　実　　査 …………………………………………………… 285
③　動きのないものは封印する ……………………………… 285
④　評価の検討 ………………………………………………… 288
⑤　時価評価 …………………………………………………… 288
⑥　減損会計 …………………………………………………… 289
6　材料貯蔵品 ………………………………………………… 290
①　棚卸の実施 ………………………………………………… 290
②　棚卸方法 …………………………………………………… 291
③　棚卸結果報告書の作成 …………………………………… 292
④　評価の検討 ………………………………………………… 292
⑤　工事進行基準の回収材計算 ……………………………… 294
7　長短借入金 ………………………………………………… 296
①　借入金残高明細表の作成 ………………………………… 296
②　残高確認 …………………………………………………… 296
③　１年以内返済額の振替 …………………………………… 297
6　仮払金、立替金等未精算勘定の整理 ……………… 298

① 未精算勘定の整理 …… 298
② 工事獲得費用の処理 …… 298
7 前払費用、前受収益、未払費用、
未収収益の計上 …… 299
1 前払費用の計上 …… 300
2 前受収益の計上 …… 301
3 未払費用の計上 …… 303
4 未収収益の計上 …… 303
8 完成工事高、完成工事原価の計上 …… 304
1 完成工事高、完成工事原価の把握と
未成工事総括表の作成 …… 304
2 見積計上額一覧表の作成 …… 306
3 完成工事損益計算書の作成 …… 307
4 工事ごとの進行基準工事の内訳表の作成 …… 307
9 減価償却費の計上 …… 309
1 減価償却の方法 …… 309
2 減価償却費明細表の作成 …… 309
3 予定計上の修正 …… 310
4 無形固定資産、繰延資産の償却 …… 310
10 貸倒引当金の計上 …… 312
1 貸倒引当金の計上方法 …… 312
2 税務上の貸倒引当金 …… 313
3 貸倒引当金繰入額の処理 …… 317
4 貸倒引当金の表示 …… 317
5 貸倒れがあった場合の処理 …… 318
11 賞与引当金の計上【上級】 …… 318

1　支給見込額の計上 …… 318
2　賞与引当金の計上仕訳 …… 319
12　退職給付引当金の計上【上級】 …… 320
1　退職給付引当金とは …… 320
2　期末要支給額による計上 …… 321
3　決算仕訳 …… 322
13　完成工事補償引当金の計上【上級】 …… 322
1　完成工事補償引当金の計上 …… 323
2　工事進行基準を採用している場合 …… 323
3　決算仕訳 …… 324
14　工事損失引当金の計上 …… 324
15　原価差額の調整【上級】 …… 325
16　法人税・住民税及び事業税の計上 …… 328
1　法 人 税 …… 328
2　住 民 税 …… 329
3　事 業 税 …… 329
4　決算仕訳 …… 329
17　税効果会計（繰延税金資産等の計上）【上級】 …… 330
18　事業所税の計上 …… 332
19　消費税の計上 …… 332
20　保証債務、担保差入資産等の調査 …… 333
1　残高確認 …… 333
2　担保明細の作成 …… 336
21　外貨建債権債務等の換算その他について …… 336
22　決算修正仕訳後の試算表の作成と
補助簿の締切り …… 338

23　損益項目の損益勘定への振替え …………………… 339
24　支店ベースの損益計算書・貸借対照表の作成 …… 340
25　全社ベースの損益計算書・貸借対照表の作成 …… 340
26　増減残高の説明資料の作成や組替資料の整備 …… 342
27　金融機関への説明のポイント …………………… 346

Ⅸ 決算書の作成

1　財務諸表の作成と関連法令・諸規則 ……………… 350
　1　企業会計原則 ………………………………………… 350
　2　会社法・会社法施行規則および会社計算規則 ………… 351
　3　建設業法施行規則 …………………………………… 352
　4　財務諸表等規則 ……………………………………… 353
　5　税　　法 …………………………………………… 353
2　建設業法施行規則に基づく財務諸表等の様式 …… 354
3　会社法附属明細書の様式 ………………………… 383
　1　有形固定資産及び無形固定資産の明細 …………… 383
　2　引当金の明細 ………………………………………… 384
　3　販売費及び一般管理費の明細 ……………………… 384

I　経理入門
【初級】

経理の仕事とはいったい何をやるのでしょうか。
会社の営業活動とはどのようになっているのでしょうか。
この章では経理担当者の心がまえや経理業務の内容について説明します。

1 経理担当者としての心がまえ

経理に携わる者が一度は読んでおく必要があるものに「企業会計原則」があります。これは、法人としての企業の会計処理原則を定めたものですが、この中に次のような一般原則というものがあります。

企業会計原則　一般原則

1 真実性の原則	企業会計は、企業の財政状態および経営成績に関して、真実な報告を提供するものでなければならない。
2 正規の簿記の原則	企業会計は、すべての取引につき正規の簿記の原則に従って、正確な会計帳簿を作成しなければならない。
3 資本取引・損益取引区分の原則	資本取引と損益取引とを明瞭に区別し、特に資本剰余金と利益剰余金とを混同してはならない。
4 明瞭性の原則	企業会計は、財務諸表によって、利害関係者に対し必要な会計事実を明瞭に表示し、企業の状況に関する判断を誤らせないようにしなければならない。
5 継続性の原則	企業会計は、その処理の原則および手続を毎期継続して適用し、みだりにこれを変更してはならない。
6 安全性の原則	企業の財政に不利な影響を及ぼす可能性がある場合には、これに備えて適当に健全な会計処理をしなければならない。
7 単一性の原則	株主総会提出のため、信用目的のため、租税目的のため等種々の目的のため異なる形式の財務諸表を作成する必

要がある場合、それらの内容は、信頼し得る会計記録に基づいて作成されたものであって、政策の考慮のために事実の真実な表示をゆがめてはならない。

これらの原則は、企業の経営活動を正確に把握し、記録化し、公表していくための基本となる考えを示したものですが、同時に人間、特に経理に携わる者の心得を示したものであるといってもよいでしょう。

真実な報告、偽りのない報告をすること（真実性の原則）、正しい手順でしっかりとした書類を作成すること（正規の簿記の原則）、公私混同せず（資本取引・損益取引区分の原則）、常に明瞭であり（明瞭性の原則）、初心を貫徹し（継続性の原則）、明日に備えて健全な体力を保ち（安全性の原則）、誰とでも１つの信念のもと変わりなく接し（単一性の原則）ていくということ、これは経理担当者の心得の一般原則といえるものでしょう。

KEYPOINT

経理マンの心得

1 常に正しく　（真実性の原則）
2 手順を踏んで　（正規の簿記の原則）
3 公私を区別し　（資本取引・損益取引区分の原則）
4 常に明るく　（明瞭性の原則）
5 初心を貫徹し　（継続性の原則）
6 健康健全　（安全性の原則）
7 一つの信念　（単一性の原則）

2 経理の仕事とは何か

1 損益計算をする

経理の仕事は会社がどれだけ儲かっているかを計算することが第一の仕事です。

どれだけ儲かったかを計算すること、それを「損益計算をする」といいます。

たとえば、100円で買った物を150円で売れば50円の儲けが出たことになります。このとき私たちは、頭の中で（売り値）150円－（買い値）100円＝（利益）50円という損益計算をしているのです。

会社の損益計算も、こうした損益計算の積重ねであり、少し取引量とその金額が大きいだけなのです。

2 財産を管理する

あなたに預金があり、テレビがあるように、会社にもいろいろな財産があります。株券や土地や建物、あるいは貸付金なども貴重な財産の１つです。これらを管理するのも経理の仕事の１つです。

3 資金を管理する

事業をやるには何といっても資金がなければなりません。株主や銀行から資金を借り、物を作り、それを売って利益をあげ、会社を円滑に運営していくためには、資金の調達と運用がスムーズになされていなければなりません。この資金の管理が経理における３つめの重要な仕事です。

KEYPOINT

経理の仕事

1. 損益計算をする
2. 財産を管理する
3. 資金を管理する

3 会社の営業活動と資金の流れ

1 資金の調達

営業活動を継続してやっていくには資金がいります。そのためにはまず資金を調達しなければなりません。

資金の調達は、会社の所有者である株主から調達する場合と銀行など第三者から借り入れる場合とがあります。

株主から調達した資金は「資本金」といいます。銀行等から借り入れた資金は「借入金」といいます。

資金の調達

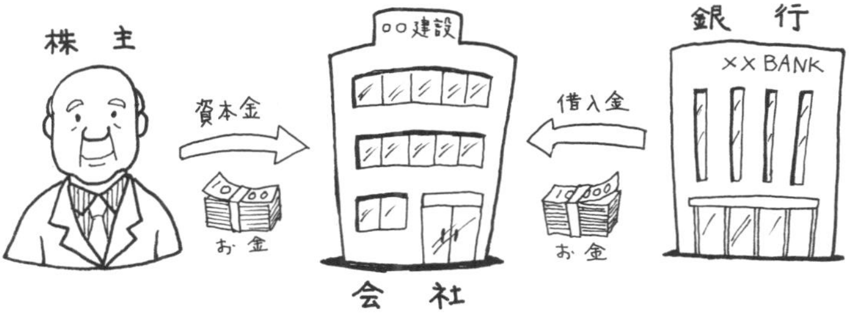

株主から調達した資金は、原則として会社が解散するまで返さな

くてよい資金ですが、銀行から借り入れた資金は借入れの契約に従って将来返済していかなければならない資金です。

銀行からの借入金は、資金の借用料として定められた利息（支払利息という）を払わなければなりませんが、株主より調達した資金には、借用料の定めはなく、その資金の運用によって利益が得られれば分配し（配当金という）、利益がなければ分配しないという不規則なものです。

この関係を図にしてみますと次のようになります。

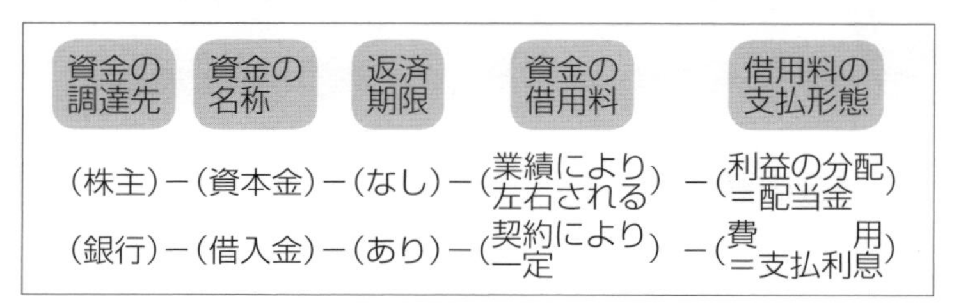

資金の調達先	資金の名称	返済期限	資金の借用料	借用料の支払形態
（株主）－	（資本金）－	（なし）－	（業績により左右される）－	（利益の分配＝配当金）
（銀行）－	（借入金）－	（あり）－	（契約により一定）－	（費用＝支払利息）

2 資金の運用

こうして得られた資金は営業活動に投入されます。営業活動とは、まず人を雇い、受注活動を行います。仕事がとれれば、材料を買い、作業員を雇い、下請を決めて仕事にとりかかります。そして、その過程で会社に提供された財貨や用役に対して対価（お金）を支払います。

資金の運用

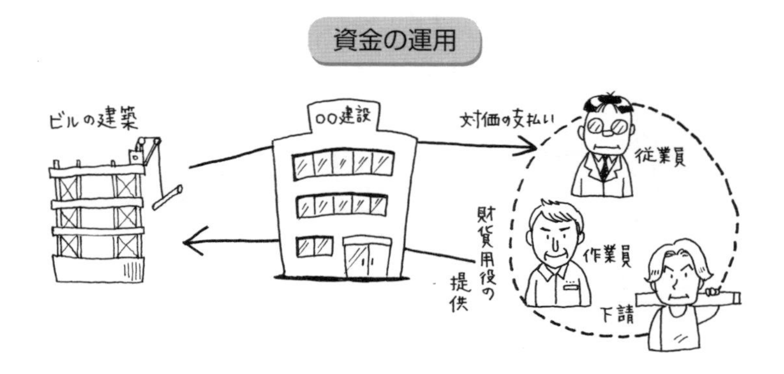

3 資金の回収

こうして受注した工事が完成すれば、その物件を発注者に引き渡して、会社は対価として工事代金を受け取ります。

資金の回収

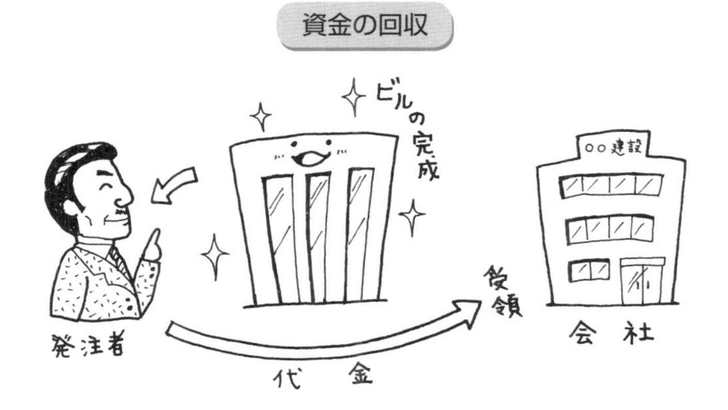

4 資金の返済および借用料の支払い等

こうして受け取った代金で借入金の返済や利息の支払い、また利益が得られれば税金の支払いや株主への配当金の支払いをしなければなりません。そして、残りの資金は再び事業に使う資金とします。

資金の返済および借用料の支払い

5 決算と経理業務

会社の営業活動とはこうした取引の繰返しなのです。そして、こうした取引を記録し、集計し、管理していくことが経理の日常業務です。

そして、１年に１回どれだけ会社が儲かっているか、いったい会社にどれだけの財産があるのかを調査し、会社の状況を企業を取り巻く利害関係者（株主、債権者、税務署、従業員など）に報告します。これを決算といいます。

KEYPOINT

会社営業活動

1. 資金を調達する
2. 資金を運用する
3. 資金を回収する
4. 資金を返済する、借用料を払う

Ⅱ　簿記入門
【初級】

簿記とはいったいどのようなものなのでしょうか。
この章では簿記の構造と仕訳などをできるだけわかりやすく、実例を交えて説明します。

1 簿記とはどのようなものか

経理部に入ったからにはまず「簿記」を知らなければなりません。簿記と聞いただけで頭が痛くなる人がいるかもしれませんが、簿記は、１＋１＝２がわかればできるような簡単なパズルなのです。

簿記は、すべての取引を左右同額に２つに分解すること（仕訳すること）から始まります。これが今日の複式簿記です。

2 複式簿記とは何か

１枚の紙に表と裏があるように、１つの取引を２つの面からみようというものが複式簿記なのです。

① たとえば、株主が会社に資本金として1,000万円出資した（お金を出した）とします。

資本金
会社←――――――――株主
現金1,000万円

このお金は、（ア）会社のお金となるとともに、（イ）株主が出してくれた資金です。そこで、複式簿記では、この取引について会社の帳簿に次のように書いておきます。

（ア） 会社のお金が1,000万円増えました。 現金　1,000万円	（イ） 株主が1,000万円出資してくれました。 資本金　1,000万円

（注） 株主が出したお金を資本金といいます。

② 次に銀行からお金を1,000万円借りました。

借入れ
会社←――――――――――銀行
現金1,000万円

この取引は次のように２つに分けて帳簿に書いておきます。

（ア） 会社のお金が1,000万円増えました。 現金　　　　1,000万円	（イ） 銀行から1,000万円借りました。 借入金　　　　1,000万円

（注） 銀行から借りたお金を借入金といいます。

③ このお金1,000万円で土地を買いました。

この取引は次のように２つに分けて帳簿に書いておきます。

（ア） 土地が1,000万円で会社のものとなりました。 土地　　　　1,000万円	（イ） 現金1,000万円を渡しました。 現金　　　　1,000万円

④ この土地を人に貸し、地代を10万円受け取りました。

地代
会社←――――――――――相手
現金10万円

これは次のように２つに分けます。

（ア） 会社のお金が10万円増えました。 現金　　　　10万円	（イ） 土地を貸した報酬が10万円でした。 地代（収益）　　　　10万円

⑤ 借入金の利息を80万円払いました。

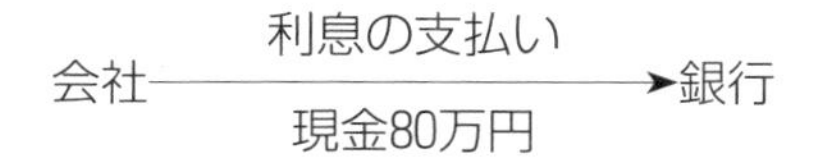

これは次のように２つに分けます。

（ア） 銀行からお金を借りた借用料を80万円払いました。 支払利息（費用） 80万円	（イ） 会社のお金が80万円減りました。 現金 80万円

このようにして、１つの取引を２つの面からみて、左右に分解して記帳していくのが複式簿記なのです。したがって、左右の合計額は必ず一致します。

KEYPOINT

複式簿記とは、1つの取引を表と裏から二面的にみたもの。

したがって、左右同額に分解された左側合計と右側合計は必ず一致する。

3 資産・負債・純資産・収益・費用

複式簿記ではすべての取引を資産・負債・純資産・収益および費用のいずれかの増減に分解します。

「資産」というのは、企業内にとどまっている資金が実際に使用されている現実の形態であり、現金や預金や貸付金あるいは棚卸資産や土地や建物などです。

「負債」とは、銀行等より借り入れた資金や、仕入先などより支払いを猶予されている債務で、将来返さなければならないものです。

「純資産」とは、株主が出資した資本金と経営活動において増加した剰余金（儲け）等、資産から負債を控除した差額です。

「収益」とは、会社が物品や用役を提供して受け取る対価のことです。

「費用」とは、収益を得るために提供また消費された物品、あるいは用役の価値です。

あなたの資産を考えてみましょう。まず部屋の中を見回します。テレビがあり、家具があり、冷蔵庫があります。さらに机の引出しには普通預金の通帳が入っています。残高は５万円あります。背広のポケットには現金が６万円入っています。これらはすべて資産です。それから友人に１万円の貸付金があります。あなたの現金が貸付金という仮の姿になっているだけですから、これも資産です。

負債を考えてみましょう。借金がありませんか。月割で買ったテレビの借金があります。４万円でした。電気や水道料は今月はまだ払っていません。これは１万円ぐらいでしょう。これも負債です。そうするとあなたの資産と負債は次のようになります。

資産	テレビ	8万円	**負債**	テレビ代金未払い	4万円
	家具	2万円		電気水道料未払い	1万円
	冷蔵庫	3万円		計	5万円
	普通預金	5万円			
	現金	6万円			
	貸付金	1万円			
	計	25万円			

あなたの資産から負債を引いたものがあなたの正味の財産です。これが純資産です。あなたの純資産は20万円です。純資産がたくさんある人は金持ちといえるでしょう。

資産－負債＝純資産

さて、あなたが商売をしたとしましょう。現金６万円でバナナを買って夜店で叩き売りをしたとします。全部で８万円で売れたとすると、２万円儲かったことになります。

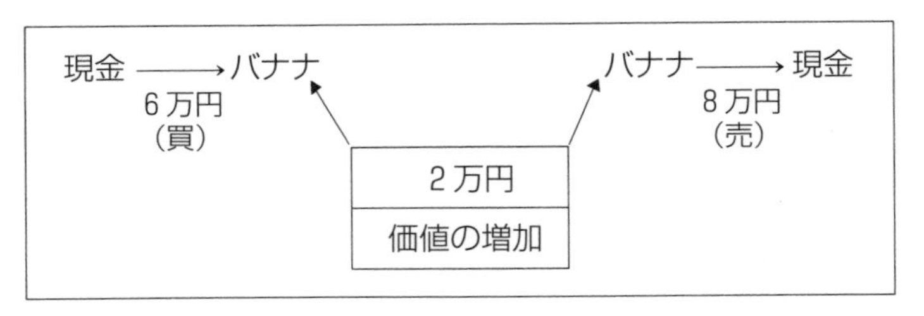

この取引は、現金６万円でバナナを買った取引と、そのバナナを言葉巧みに８万円で売った取引に分かれます。

８万円は収益で、その収益獲得のためにバナナの購入に使った６万円が費用となります。

収益	バナナの売却代金	8万円
費用	バナナの購入代金	6万円
(差引)	利益	2万円

収益－費用＝利益

そして、この商売をした後のあなたの資産は現金が２万円増加して８万円になりました。したがって、２万円の利益により資産が２万円増え、負債は変わりませんから、純資産が２万円増えたことになります。

利益＝純資産の増加

4 仕訳の原則

さて、資産・負債・純資産・収益および費用の関係は、先に述べたあなたの財産調べとバナナの取引でもわかるように、次のような関係になっています。

資産－負債＝純資産（したがって、資産＝負債＋純資産）

収益－費用＝利益

利　　益＝純資産の増加

この関係を分解すると次のようになります。

資産・負債・純資産・収益・費用の帰属ルール

左側（借方という）に帰属することになっている項目	右側（貸方という）に帰属することになっている項目
資　産 会社に提供された資金が実際に使用されている形態で、たとえば預金や貸付金や土地や建物。	**負　債** 銀行等により借り入れた資金や仕入先等より支払いを猶予されている債務で、将来返さなければならない借り。 **純資産** 株主が出資した資金および経営活動により増加した儲け等。
費用勘定 収益を得るために提供あるいは消費された物品、あるいは用役の価値。	**収益勘定** 物品や用役を提供して受け取る対価。

利益＝純資産の増加

「なぜ資産は左に書くのか？　負債と純資産は右に書くのか？

その逆ではいけないのか？」などということは考えないでください。資産は左（借方）に書きましょう。その源泉としての負債および純資産は右側（貸方）に書きましょうというのが簿記のルールなのです。したがって、何も考えずに、資産（左）＝負債＋純資産（右）と覚えてください。

これが決まると、費用は左、収益は右となります。その理由も考える必要はないでしょう。とにかく、費用（左）、収益（右）と覚えてください。

さて、こうした帰属ルールによると、それぞれの項目の増減を記載するルールは次のようになります。

資産・負債・純資産・収益・費用の増減の記載ルール

左側（借方という）に記載することになっている項目	右側（貸方という）に記載することになっている項目
◎　資産の増加	資産の減少
負債の減少	◎　負債の増加
純資産の減少	◎　純資産の増加
収益の減少	◎　収益の増加
◎　費用の増加	費用の減少

（注）　増加はそれぞれの項目の帰属する側に現れ（◎印）、減少はその逆となります。

したがって、複式簿記での仕訳は次ページのような組合わせによって左右同額に取引を分解することになります。

取引分解の組合わせ

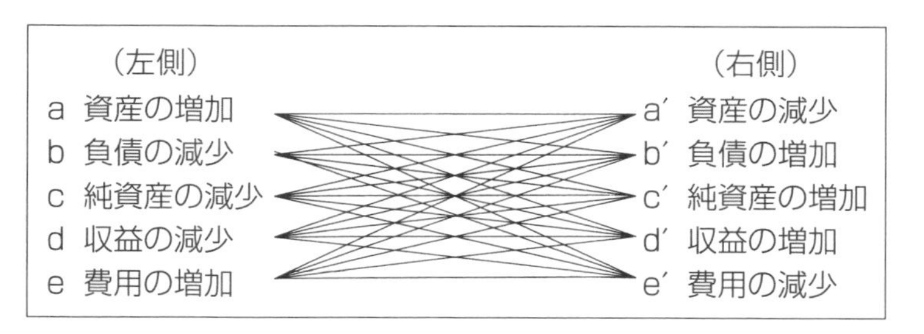

5 勘定科目

取引を資産・負債・純資産・収益および費用の増減の組合わせで仕訳する場合、勘定科目を知らなければなりません。

勘定科目というのは、資産や負債などの内容を示す集計単位のことです。仕訳は、この勘定科目を使って行います。

建設業で使われる勘定科目には次のようなものがあります。

資産勘定	現金、預金、受取手形、完成工事未収入金、有価証券、未成工事支出金、材料貯蔵品、貸付金、建物、機械装置、車両運搬具、リース資産、破産更生債権等、繰延税金資産　など
負債勘定	支払手形、未成工事受入金、工事未払金、借入金、リース債務、未払金、退職給付引当金　など
純資産勘定	資本金、資本準備金、利益準備金、任意積立金など
収益勘定	完成工事高、営業外収益（受取利息など）、特別利益
費用勘定	完成工事原価、販売費及び一般管理費、営業外費用（支払利息など）、特別損失

6 仕訳の例示

ここでは、建設業における標準的な取引を勘定科目を使って、前ページの「取引分解の組合わせ」の表を参照しながら、いくつかの仕訳をしてみましょう。

例 1　株主が出資した場合

株主より増資資金1,000万円が銀行に払い込まれた。

取引の分解

（ア）　会社の預金が1,000万円増加した⇨資産（預金）の増加（左側a）
（イ）　株主より1,000万円の資金を調達した⇨
純資産（資本金）の増加（右側c′）

仕　訳

①	（資産） 預　金　1,000万円	（純資産） 資本金　1,000万円

例 2　銀行より借入れをした場合

銀行より運転資金1,000万円を借り入れ、預金とした。

取引の分解

（ア）　会社の預金が1,000万円増加した⇨資産（預金）の増加（左側a）
（イ）　銀行から1,000万円借り入れた⇨負債（借入金）の増加（右側b′）

仕　訳

②	（資産） 預　金　1,000万円	（負債） 借入金　1,000万円

例 3　車を買った場合

400万円の車を掛けで購入した。

取引の分解

（ア）　400万円の車が会社のものとなった⇨
資産（車両運搬具）の増加（左側a）

（イ）　将来払わなければならない未払い、すなわち債務400万円が発生した⇨負債（未払金）の増加（右側b′）

仕　訳

③	（資産） 車両運搬具　400万円	（負債） 未払金　400万円

例 4　車の代金を手形で払った場合

車の未払金400万円を手形で払った。

取引の分解

（ア）　400万円の未払債務がなくなった⇨
負債（未払金）の減少（左側b）

（イ）　400万円の手形債務が発生した⇨
負債（営業外支払手形）の増加（右側b′）

仕　訳

④	（負債） 未払金　400万円	（負債） 営業外支払手形　400万円

例 5　支払手形を決済した場合

営業外の支払手形400万円を支払期日に支払った。

取引の分解

（ア）　400万円の手形債務が減少した⇨
　　　　負債（営業外支払手形）の減少（左側b）

（イ）　400万円の預金が減少した⇨資産（預金）の減少（右側a′）

仕　訳

⑤	（負債） 営業外支払手形　400万円	（資産） 預　金　400万円

例 6　銀行よりお金を引き出した場合

銀行から預金200万円を手許資金とするため引き出した。

取引の分解

（ア）　現金が200万円増加した⇨資産（現金）の増加（左側a）

（イ）　預金が200万円減少した⇨資産（預金）の減少（右側a′）

仕　訳

⑥	（資産） 現　金　200万円	（資産） 預　金　200万円

例 7　未成工事の代金を受け取った場合

1,000万円で受注した工事について、契約時に200万円の振込入金があった。

取引の分解

（ア）　会社の預金が200万円増えた⇨資産（預金）の増加（左側a）

（イ）　工事代金の前受金200万円が発生した⇨
　　　　負債（未成工事受入金）の増加（右側b′）

仕　訳

⑦	（資産） 預　金　200万円	（負債） 未成工事受入金　200万円

例 8　現場の従業員の給料を払った場合

現場の従業員の給料50万円を現金で支払った。

取引の分解

（ア）現場の従業員の給料は棚卸資産としての未成工事支出金の増加となる⇨資産（未成工事支出金）の増加（左側a）

（イ）会社の現金が50万円減少した⇨資産（現金）の減少（右側a′）

仕　訳

⑧	（資産） 未成工事支出金　50万円 （従業員給料手当）	（資産） 現　金　50万円

例 9　本社の従業員の給料を払った場合

本社の事務員の給料50万円を現金で支払った。

取引の分解

（ア）本社の事務員の給料は期間費用としての販売費及び一般管理費となる⇨費用（販売費及び一般管理費）の増加（左側e）

（イ）会社の現金50万円が減少した⇨資産（現金）の減少（右側a′）

仕　訳

⑨	（費用） 販売費及び一般管理費 （従業員給料手当）　50万円	（資産） 現　金　50万円

例 10　材料を掛けで買った場合

材料貯蔵品200万円を掛けで購入した。

取引の分解

（ア）　材料貯蔵品200万円を獲得した⇨
資産（材料貯蔵品）の増加（左側a）

（イ）　工事に使う材料貯蔵品の200万円の未払いが発生した⇨
負債（工事未払金）の増加（右側b′）

仕　訳

	借方	貸方
⑩	（資産） 材料貯蔵品　200万円	（負債） 工事未払金　200万円

例 11　材料を工事で使った場合

上記材料のうち100万円を工事に投入した。

取引の分解

（ア）　仕掛品たる未成工事支出金に100万円投下された⇨
資産（未成工事支出金）の増加（左側a）

（イ）　材料貯蔵品は100万円使用された⇨
資産（材料貯蔵品）の減少（右側a′）

仕　訳

	借方	貸方
⑪	（資産） 未成工事支出金 （材料費）　100万円	（資産） 材料貯蔵品 100万円

例 12　下請より工事代金の請求があった場合

下請より工事代金として500万円の請求があった。

取引の分解

（ア）　工事へ下請より500万円相当の用役の提供があった⇨
　　　資産（未成工事支出金）の増加（左側a）

（イ）　500万円の工事代の未払い、すなわち債務が発生した⇨
　　　負債（工事未払金）の増加（右側b′）

仕　訳

⑫	（資産） 未成工事支出金 （外注費）　500万円	（負債） 工事未払金 500万円

例 13　下請へ工事代金を払った場合

下請への500万円の工事未払金のうち60％は手形で支払い、40％は銀行振込みとした。

取引の分解

（ア）　下請への工事代の未払金500万円がなくなった⇨
　　　負債（工事未払金）の減少（左側b）

（イ）　工事未払金の返済のため手形債務300万円が発生した⇨
　　　負債（支払手形）の増加（右側b′）

　　　工事未払金の返済のため会社の預金200万円が減少した⇨
　　　資産（預金）の減少（右側a′）

仕　訳

⑬	（負債） 工事未払金　500万円	（負債） 支払手形　300万円
		（資産） 預　金　200万円

例 14　完成工事高を計上する場合

先に、1,000万円で受注した工事を完成し、引き渡した。

取引の分解

（ア）1,000万円で受注した工事が完成し売上となった⇨
収益（完成工事高）の増加（右側d′）

（イ）工事の対価を請求できる債権1,000万円が発生した
しかし、すでに200万円は受け取っているので負債と相殺した⇨
負債（未成工事受入金）の減少（左側b）

差引800万円の将来入金となる債権が発生した⇨
資産（完成工事未収入金）の増加（左側a）

仕　訳

	借方	貸方
⑭	（資産） 完成工事未収入金　800万円	（収益） 完成工事高　1,000万円
	（負債） 未成工事受入金　200万円	

例 15　完成工事原価を計上する場合

この工事の原価は、例８・11・12の取引により計上された未成工事支出金650万円であった。

取引の分解

（ア）会社の棚卸資産としての未成工事支出金は引渡しにより相手のものとなる⇨資産（未成工事支出金）の減少（右側a′）

（イ）この提供された棚卸資産は収益を得るために消費された財貨である⇨費用（完成工事原価）の増加（左側e）

仕　訳

⑮	(費用) 完成工事原価　650万円	(資産) 未成工事支出金　650万円

例 16　完成工事代金を受け取った場合

完成工事未収入金800万円のうち500万円については手形を受け取った。

取引の分解

(ア)　完成工事未収入金という債権500万円が減少した⇨
資産（完成工事未収入金）の減少（右側a′）

(イ)　500万円の受取手形が増加した⇨
資産（受取手形）の増加（左側a）

仕　訳

⑯	(資産) 受取手形　500万円	(資産) 完成工事未収入金　500万円

例 17　取引先にお金を貸した場合

取引先に300万円の貸付けをした。

取引の分解

(ア)　会社の預金が300万円減少した⇨資産（預金）の減少（右側a′）

(イ)　将来入金となるべき貸付け債権300万円が発生した⇨
資産（貸付金）の増加（左側a）

仕　訳

⑰	(資産) 貸付金　300万円	(資産) 預　金　300万円

例 18　借入金の利息を払った場合

借入金に対する支払利息30万円を振り込んだ。

取引の分解

（ア）　預金が30万円減少した⇨資産（預金）の減少（右側a′）

（イ）　この30万円の減少は資金借用料である⇨費用（支払利息）の増加（左側e）

仕　訳

⑱

（費用） 支払利息　30万円	（資産） 預　金　30万円

例 19　貸付金の利息を受け取った場合

取引先より20万円の受取利息が預金に振り込まれた。

取引の分解

（ア）　預金が20万円増加した⇨資産（預金）の増加（左側a）

（イ）　この20万円は貸付けに対する報酬である⇨収益（受取利息）の増加（右側d′）

仕　訳

⑲

（資産） 預　金　20万円	（収益） 受取利息　20万円

例 20 材料がなくなった場合

材料貯蔵品の帳簿価格は100万円であったが、棚卸をしてみたら90万円分しかなかった。

取引の分解

（ア） 材料貯蔵品が10万円減少した⇨
資産（材料貯蔵品）の減少（右側a′）

（イ） 10万円の資産がなくなってしまった⇨
費用（棚卸損失）の発生（左側e）

仕　訳

	左側		右側	
⑳	（費用） 棚卸損失	10万円	（資産） 材料貯蔵品	10万円

（材料貯蔵品の購入200万円－工事での使用100万円＝帳簿残高100万円
したがって、棚卸損失＝100万円－90万円＝10万円）

KEYPOINT

仕訳のポイントは勘定の片方をみつけることにあります

たとえば、38ページの例１の取引では「預金が1,000万円増加した」ことがポイントとなり、預金の増加、資産の増加、したがって、左側が預金1,000万円となることがわかります。では、右側はと次に考えます。株主が出したお金だから、資本金となり、右側は資本金1,000万円となります。こうして考えると、すべての勘定はいずれか片方の勘定科目をみつけることによって比較的簡単に仕訳できることになります。

7 勘定の集計

1 総勘定元帳への転記

さて、こうしてすべての取引を勘定科目を使って左右同額ずつ仕訳したならば、これを勘定科目ごとに集計しなければなりません。この集計を行う帳簿が総勘定元帳です。

前の取引例を勘定科目ごとに総勘定元帳で集計しますと、前項（38ページ）の例１、株主より増資資金1,000万円が銀行に振り込まれた取引は次のようにそれぞれの勘定科目に転記されます。

総勘定元帳への転記

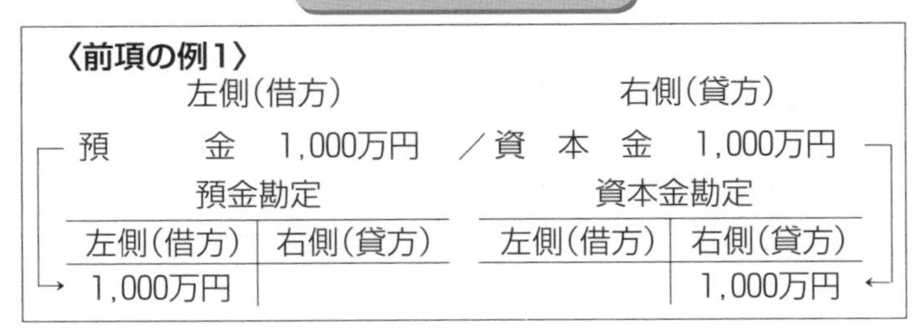

まず預金勘定は、仕訳で左側（借方）ですので、そのまま預金勘定の左側に記載します。

資本金勘定は、仕訳で右側（貸方）となりましたので、資本金勘定の右側に転記します。

こうして前項の取引仕訳例をすべてそれぞれの勘定科目に転記し、左側と右側を合計して残高を出し、左右を一致させると次のようになります。

資産勘定

現　金

⑥	200	⑧	50
		⑨	50
		残高	100
	200		200

預　金

①	1,000	⑤	400
②	1,000	⑥	200
⑦	200	⑬	200
⑲	20	⑰	300
		⑱	30
		残高	1,090
	2,220		2,220

受取手形

⑯	500	残高	500
	500		500

完成工事未収入金

⑭	800	⑯	500
		残高	300
	800		800

材料貯蔵品

⑩	200	⑪	100
		⑳	10
		残高	90
	200		200

未成工事支出金

⑧	50	⑮	650
⑪	100		
⑫	500		
	650		650

貸付金

⑰	300	残高	300
	300		300

車両運搬具

③	400	残高	400
	400		400

負債勘定

支払手形

残高	300	⑬	300
	300		300

工事未払金

⑬	500	⑩	200
残高	200	⑫	500
	700		700

未成工事受入金

⑭	200	⑦	200
	200		200

借入金

残高	1,000	②	1,000
	1,000		1,000

未払金

④	400	③	400
	400		400

営業外支払手形

⑤	400	④	400
	400		400

純資産勘定

資本金

残高	1,000	①	1,000
	1,000		1,000

収益勘定

完成工事高

残高	1,000	⑭	1,000
	1,000		1,000

受取利息

残高	20	⑲	20
	20		20

費用勘定

完成工事原価

⑮	650	残高	650
	650		650

販売費及び一般管理費

⑨	50	残高	50
	50		50

支払利息

⑱	30	残高	30
	30		30

棚卸損失

⑳	10	残高	10
	10		10

（注） ①は前項の例１、②は前項の例２を示しています。単位は万円です。

2 残高試算表の作成

こうして総勘定元帳の勘定科目ごとの残高を１つの表に集計したものを残高試算表といいます。

残高試算表

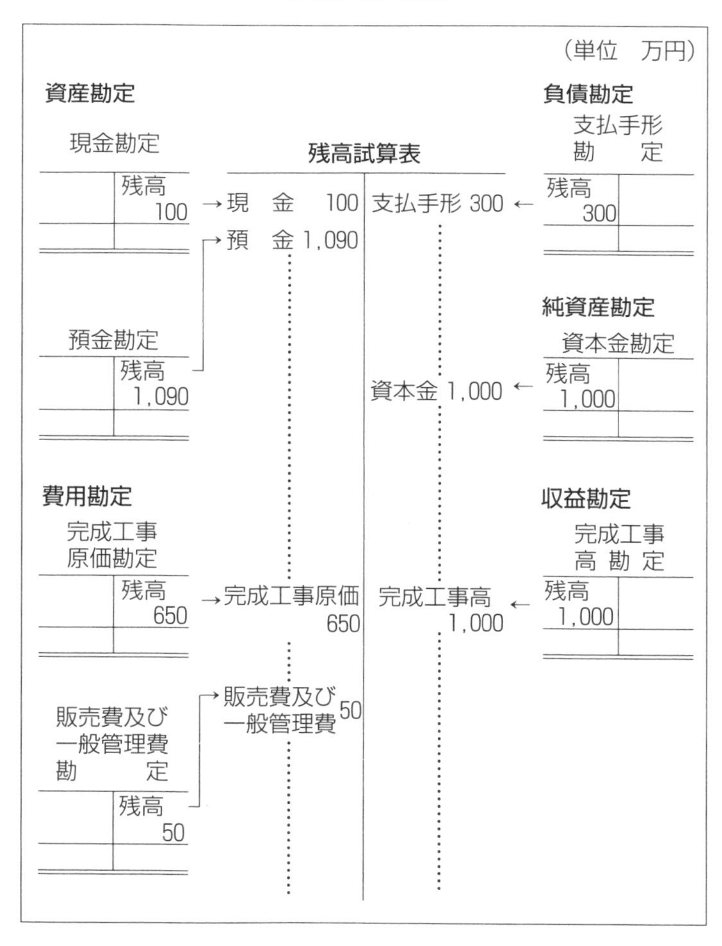

残高試算表は、左側（借方）には資産および費用に属する勘定残高が、右側（貸方）には負債、純資産および収益に属する勘定残高

がきます。たとえば、49ページの総勘定元帳の現金勘定は左側200万円、右側100万円ですので、残高100万円を残高試算表の左側資産の部に現金100万円と記載します。

この例の残高試算表は次のようになります。

残高試算表

（単位　万円）

（資　産）	現金	100	（負　債）	支払手形	300
	預金	1,090		工事未払金	200
	受取手形	500		借入金	1,000
	完成工事未収入金	300			
	材料貯蔵品	90	（純資産）	資本金	1,000
	貸付金	300			
	車両運搬具	400			
（費　用）	完成工事原価	650	（収　益）	完成工事高	1,000
	販売費及び一般管理費	50		受取利息	20
	支払利息	30			
	棚卸損失	10			
合　計		3,520	合　計		3,520

残高試算表は必ず左右が一致します。それは1つの取引を左右同額ずつ二面的に分解した仕訳を集計したものが残高試算表だからです。

3 損益計算書、貸借対照表の作成

この残高試算表を資産・負債・純資産という一定時点の財政状態を表わす勘定と、収益・費用という一定期間の経営成績を表わす勘定とに分けますと、貸借対照表と損益計算書ができあがります。

この例の貸借対照表と損益計算書は次のようになります。

貸借対照表

（単位　万円）

（資　産）	現金	100	（負　債）	支払手形	300
	預金	1,090		工事未払金	200
	受取手形	500		借入金	1,000
	完成工事未収入金	300		小計	1,500
	材料貯蔵品	90	（純資産）	資本金	1,000
	貸付金	300		*（利　益）	280
	車両運搬具	400		小計	1,280
合計		2,780	合計		2,780

損益計算書

（単位　万円）

（費　用）	完成工事原価	650	（収　益）	完成工事高	1,000
	販売費及び一般管理費	50		受取利息	20
	支払利息	30			
	棚卸損失	10			
	小計	740			
*（利　益）		280			
合計		1,020	合計		1,020

*一致する

収益（1,020）と費用（740）の差額の利益280万円は、資産（2,780）から負債（1,500）および期首の純資産（1,000）の合計額（2,500）を差し引いた差額と一致します。

それは次ページの図式でもわかるでしょう。

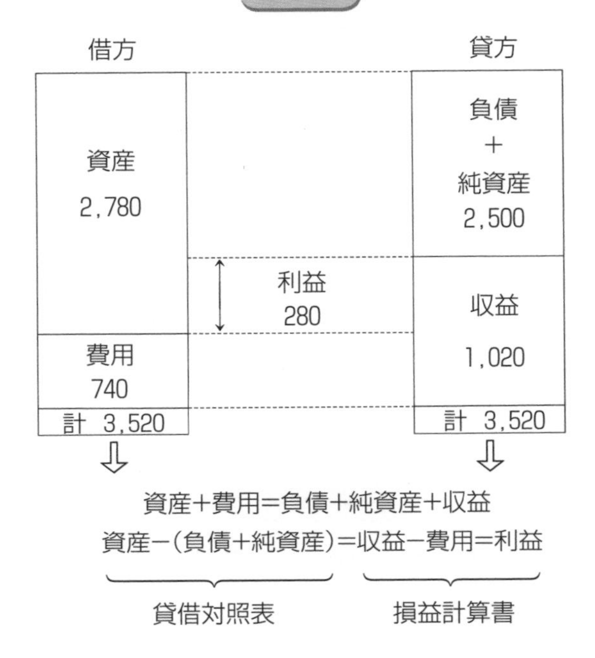

KEYPOINT

貸借対照表で計算された利益と損益計算書で計算された利益は必ず一致する。

勘定科目を使ってしっかり仕訳さえできれば、後はコンピュータで試算表や貸借対照表・損益計算書を自動的に作ることができます。

Ⅲ　勘定科目の解説
【初級】

仕訳をするには、まず勘定科目を知らなければなりません。
この章では、建設業の標準的勘定科目全部について解説するとともに、それらの勘定に伴う会計処理について説明します。

1 勘定科目の分類

1 基本的な勘定分類

会計仕訳で使われる勘定科目は、貸借対照表勘定と損益計算書勘定とに分かれ、貸借対照表勘定は資産勘定、負債勘定および純資産勘定に分かれ、損益計算書勘定は、収益勘定および費用勘定に分かれます。

資産勘定とは、会社に提供された資金が実際に使用されている形態であり、たとえば、現金として手元にあるお金や、預金や、完成工事未収入金あるいは建物、土地、機械などです。

この資産勘定は、現金・預金・完成工事未収入金などの**流動資産勘定**と、建物などの**固定資産勘定**と、社債発行費などの**繰延資産勘定**とに分かれ、特に固定資産勘定は建物などの**有形固定資産**と、特許権など**無形固定資産**と、投資有価証券などの**投資その他の資産**に細分されます。

負債勘定とは、銀行等より借り入れた資金や、下請や取引先より支払いを猶予されている債務などで、将来現金で支払わなければならないものです。この負債勘定は、工事未払金などの**流動負債勘定**と長期借入金などの**固定負債勘定**とに分かれます。

純資産勘定は資産から負債を控除した差額で、従来は「資本の部」と呼ばれていましたが、平成18年５月施行の会社法から、資産から負債を控除した差額を「純資産」と呼びます。

貸借対照表

資産	負債
	純資産

純資産がマイナスのとき債務超過という。

純資産の部は、会社法では「株主資本」「評価・換算差額等」「新株予約権」に分けて表示します。

会 社 法		
純資産	株主資本	資本金
		資本剰余金
		利益剰余金
		自己株式
	評価・換算差額等	
	新株予約権	

収益とは、物品や用役を提供し、その見返りとして受け取る対価のことをいいます。

費用とは、収益を得るために提供あるいは消費された物品や用役の価値です。

収益と費用との差額を損益といいます。

収益が費用より大きければ**利益**が出たといい、逆に費用が収益より、大きければ**損失**が出たといいます。

収益勘定は、売上高・完成工事高としての**営業収益勘定**と、受取利息などの**営業外収益勘定**と、固定資産売却益などの**特別利益勘定**とに分かれます。

費用勘定は、**営業費用勘定**としての売上原価勘定ならびに販売費及び一般管理費勘定と、支払利息などの**営業外費用勘定**と、固定資産除却損などの**特別損失勘定**とに分かれます。

こうした関係およびそれに属する勘定は次の図のようになります。

貸借対照表勘定

<table>
<tr><td rowspan="5">資産</td><td colspan="2">流動資産</td><td>現金・預金
完成工事未収金など</td></tr>
<tr><td rowspan="3">固定資産</td><td>有形固定資産</td><td>建物など</td></tr>
<tr><td>無形固定資産</td><td>特許権など</td></tr>
<tr><td>投資その他の資産</td><td>投資有価証券など</td></tr>
<tr><td colspan="2">繰延資産</td><td>社債発行費など</td></tr>
</table>

<table>
<tr><td rowspan="2">負債</td><td>流動負債</td><td>工事未払金など</td></tr>
<tr><td>固定負債</td><td>長期借入金など</td></tr>
<tr><td rowspan="3">純資産</td><td>株主資本</td><td>資本金
資本剰余金
利益剰余金
自己株式</td></tr>
<tr><td>評価・換算差額等</td><td>その他有価証券評価差額金
土地再評価差額金など</td></tr>
<tr><td>新株予約権</td><td></td></tr>
</table>

損益計算書勘定

<table>
<tr><td rowspan="4">費用</td><td rowspan="2">営業費用</td><td>売上原価</td><td>完成工事原価など</td></tr>
<tr><td>販売費及び一般管理費</td><td>役員報酬など</td></tr>
<tr><td colspan="2">営業外費用</td><td>支払利息など</td></tr>
<tr><td colspan="2">特別損失</td><td>固定資産除却損など</td></tr>
</table>

<table>
<tr><td rowspan="3">収益</td><td>営業収益</td><td>売上高・完成工事高など</td></tr>
<tr><td>営業外収益</td><td>受取利息など</td></tr>
<tr><td>特別利益</td><td>固定資産売却益など</td></tr>
</table>

2 損益計算と勘定分類

損益計算は、経常損益と特別損益とに分けて計算します。

経常損益というのは、毎期経常的に発生する損益であり、営業損益と営業外損益とに分かれます。

営業損益とは営業収益と営業費用の差額です。

営業収益というのは、売上高のことであり、建設業の場合は、完成工事高や不動産事業売上高です。

営業費用には、売上高に直接対応する**売上原価**と期間的に対応する**販売費及び一般管理費**があります。建設業の場合、売上原価に相当するものは、完成工事原価や不動産事業売上原価です。販売費及び一般管理費に相当するものは、役員報酬、従業員給料手当、退職金、事務用品費や交際費などです。

売上高から売上原価を差し引いたものは売上総利益（または売上総損失）ですが、建設業の場合は、完成工事高より完成工事原価を差し引いたものを完成工事総利益（または完成工事総損失）といい、不動産事業等を兼業している場合は兼業事業売上高から兼業事業売上原価を差し引いたものを兼業事業売上総利益（または兼業事業売上総損失）としてその内訳を区分して表示します。

不動産事業など兼業事業がある場合の記載

売上高		
完成工事高	×××	
兼業事業売上高	×××	×××
売上原価		
完成工事原価	×××	
兼業事業売上原価	×××	×××
売上総利益		
完成工事総利益	×××	
兼業事業売上総利益	×××	×××

この売上総利益から販売費及び一般管理費を差し引いたものが営業利益（または営業損失）となります。

営業損益は、会社の当期の営業活動の成果を示すものです。

営業外損益は、受取利息、有価証券利息、受取配当金、有価証券売却益などの**営業外収益**と、支払利息、有価証券売却損、有価証券評価損等の**営業外費用**とをそれぞれ区分して表示します。

営業外損益では、会社の資金力や財務内容の良し悪しがわかります。良い会社は余剰資金を活用した受取利息や受取配当金が多く、悪い会社は借入金等が多くなりますので支払利息が多くなります。

営業損益から営業外損益を差し引いた損益は経常利益（または経常損失）といいます。

経常損益というのは、その会社の当期の業績を示す損益です。

特別損益というのは、前期の損益の修正や、固定資産の売却損益、災害などによる異常な損失などを処理するところですが、これも特別利益と特別損失とに分けて表示することになっています。

経常損益に特別損益を加減算したものを税引前当期純利益（または税引前当期純損失）といい、これから法人税・住民税および事業税を引いたものを**当期純利益**（または**当期純損失**）といいます。

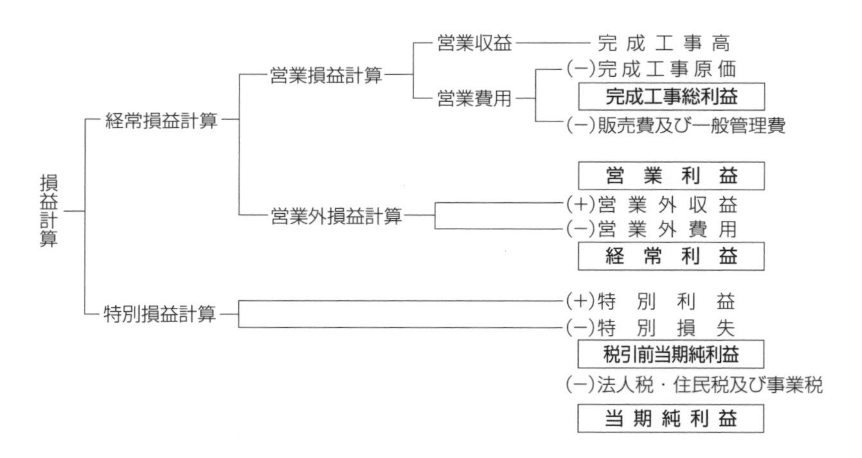

したがって、損益計算書項目の勘定の説明は、収益および費用で分けるよりこうした順番で説明することとします。

2 流動資産勘定

1 流動資産とは何か

流動資産とは、1年以内に現金化あるいは費用化される資産および営業循環過程内にある資産をいいます。

営業循環過程というのは、工事を受注し、前受金を受け取り、材料貯蔵品を買い、外注費を支払い、工事に関する経費を支払い、こうした工事に関連した原価を未成工事支出金として集計して、やがて工事を完成し、売上を計上し、代金の回収をはかり、1つの営業取引を終結する過程（長期工事は1年を超えます）のことです。

流動資産勘定

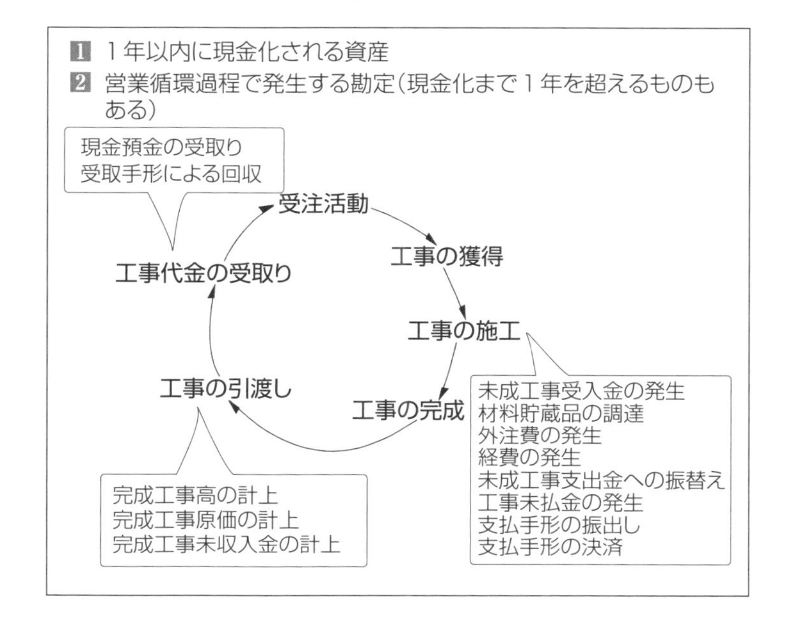

建設業の流動資産勘定には次のような勘定があります。

流動資産に属する勘定

現金	未成工事支出金	未収収益
預金	材料貯蔵品	未収入金
受取手形	販売用不動産	営業外未収入金
営業外受取手形	不動産事業支出金	短期保証金
完成工事未収入金	不動産事業未収入金	立替金
有価証券	前渡金	仮払金
親会社株式	短期貸付金	仮払消費税
(94ページ参照)	前払費用	その他流動資産

現　金

現金勘定には現金そのもののほかに、当座小切手、送金小切手、送金為替手形、郵便為替証書、振替預金払出証明ならびに期限の到来した公社債の利札等金銭と同一の性格をもつものが含まれます。

3 預　金

金融機関に対する預金および掛金、郵便貯金等は預金勘定で処理します。

預金勘定は、通常、その細目において、①当座預金勘定、②普通預金勘定、③通知預金勘定、④定期預金勘定、⑤別段預金勘定、⑥その他の預金に分けて管理します。ただし、満期日が決算日後1年を超える定期預金等は、投資その他の資産の部に記載します。また、未渡小切手は預金（当座預金）となります。

(注) 貸借対照表では「現金」と「預金」を合わせて「**現金預金**」という勘定を使います。

4 受取手形、営業外受取手形

受取手形勘定は、工事代金その他、いわゆる営業取引に基づいて発生した手形債権額を記載する勘定です。

建設業においては、本来の営業目的たる工事の請負等以外の、いわゆる有価証券の売却や、固定資産あるいは材料貯蔵品の売却により受け取った受取手形は、多額の場合は通常の営業取引の手形と区別して営業外受取手形として処理されます。

受取手形は、営業循環過程より生じる手形債権であることから、流動資産として処理されますが、営業外受取手形は、支払期日が決算期より１年を超えるものは、投資その他の資産の部の長期営業外受取手形として処理します。

受取手形には、**約束手形**と**為替手形**があり、それは次ページのようなものです。

なお、期末において**割引手形**（銀行において期日前に割り引いて現金化した手形）や**裏書手形**（債務の支払いのために手形に裏書きして譲渡した手形）がある場合は、それらの期末残高を控除した額が受取手形勘定の残高となります。

（注）割引手形や裏書手形については105ページ参照。

KEYPOINT

最近は銀行振込みが多くなり、手形で決済することが少なくなりました。

手形を発行しない**電子記録債権**は受取手形に含めて記載します。

（注）電子記録債権を受取手形と分けて別表示にしている会社もあります。

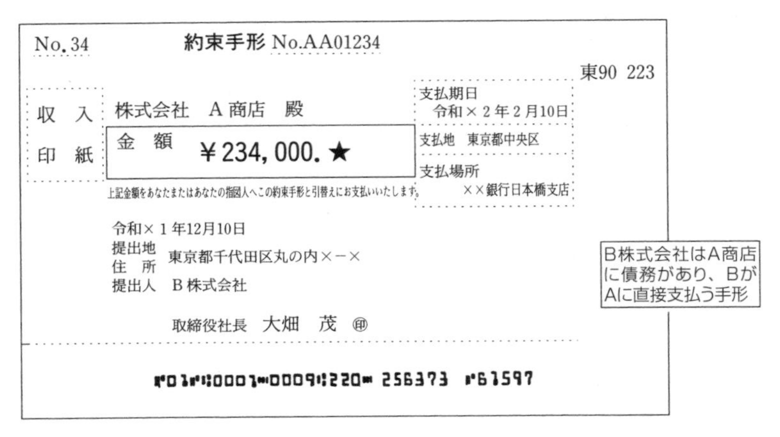
No. 34　約束手形 No.AA01234

東90 223

収入印紙

株式会社　A 商店　殿

金額　¥234,000.★

上記金額をあなたまたはあなたの指図人へこの約束手形と引替えにお支払いいたします。

支払期日　令和×2年2月10日

支払地　東京都中央区

支払場所　××銀行日本橋支店

令和×1年12月10日

提出地
住　所　東京都千代田区丸の内×－×

提出人　B 株式会社

取締役社長　大畑　茂 ㊞

B株式会社はA商店に債務があり、BがAに直接支払う手形

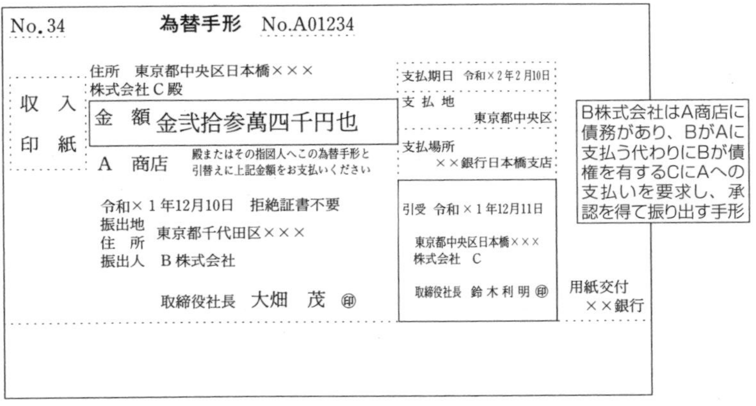
No. 34　為替手形　No.A01234

収入印紙

住所　東京都中央区日本橋×××
株式会社C殿

金額　金弐拾参萬四千円也

A　商店　殿またはその指図人へこの為替手形と引替えに上記金額をお支払いください

支払期日　令和×2年2月10日

支払地　東京都中央区

支払場所　××銀行日本橋支店

令和×1年12月10日　拒絶証書不要

振出地
住　所　東京都千代田区×××

振出人　B 株式会社

取締役社長　大畑　茂 ㊞

引受　令和×1年12月11日
東京都中央区日本橋×××
株式会社　C
取締役社長　鈴木利明 ㊞

用紙交付　××銀行

B株式会社はA商店に債務があり、BがAに支払う代わりにBが債権を有するCにAへの支払いを要求し、承認を得て振り出す手形

裏書手形

表記金額を下記被裏書人またはその指図人へお支払いください　拒絶証書不要
令和×2年2月9日
住所　東京都××区××××
株式会社　A　商　店
代表取締役　鈴　木　梅　太　印
(目的)
被裏書人　殿

表記金額を下記被裏書人またはその指図人へお支払いください　拒絶証書不要
令和　年　月　日
住所
(目的)
被裏書人　殿

表記金額を下記被裏書人またはその指図人へお支払いください　拒絶証書不要
令和　年　月　日
住所
(目的)
被裏書人　殿

表記金額を下記被裏書人またはその指図人へお支払いください　拒絶証書不要
令和　年　月　日
住所
(目的)
被裏書人　殿

表記金額を受取りました
令和　年　月　日
住所

5 完成工事未収入金

完成工事高に計上した工事に係る請負代金の未収額を計上する勘定が完成工事未収入金勘定です。消費税を10％とすると、100×10％＝10なので、消費税相当額も完成工事未収分に含まれます。

完成工事未収入金	110	完成工事高	100
		仮受消費税	10

（注） 税抜き仕訳の場合は、上記のように仕訳しますが、税込み仕訳の場合は、「完成工事高110」と仕訳します。

完成工事未収入金は、①完成引渡しした工事に対する債権と、②工事進行基準等（完成引渡しではなく、工事進行度合いによって売上を計上する方法）によって計算された完成工事代金の未収額と区分しておく必要があります。その理由は、②は会社の計算上算出された債権で、請求できる債権ではないからです。

KEYPOINT

完成工事未収入金はその内容により２つに分類する

① 完成引渡しした工事に対する完成工事未収入金
② 工事進行基準等の採用により計算された完成工事未収入金

6 有価証券

有価証券の分類

① 売買目的有価証券……	流動資産
② 満期保有目的の債券………	1年以内満期のものは流動資産
③ 子会社株式および関連会社株式……	関係会社株式
④ その他有価証券……	投資有価証券

有価証券は、①売買目的有価証券（市場価格のある株式および社債（国債、地方債、その他債券を含む）で時価の変動により利益を得る目的で保有するもの）、②満期保有の債券、③子会社株式および関連会社株式（関係会社株式で表示）、④その他有価証券（投資有価証券で表示）に分けて管理します。

流動資産として処理する有価証券は、①の売買目的有価証券（売買を業としている場合で期末には時価評価して評価損益を計上する）と1年以内に満期の到来する②の満期保有目的債券です。1年を超えて保有する債券は投資有価証券となります。

有価証券勘定で処理するものは有価証券自体のほかに有価証券の払込金領収証や申込証拠金領収証も含まれます。

有価証券の取得価額は、購入代価に手数料等の付随費用を加算して計算します。同一銘柄で取得価額が異なる場合は平均価額により1株当たりの取得原価を算定していきます。

自社の発行している株式（**自己株式**という）を所有している場合、その自己株式は自己資本の部から控除して表示します。

7 未成工事支出金

未成工事支出金勘定は、発生した工事原価（材料費・労務費・外注費・経費）を集計する勘定です。したがって、完成によって完成工事原価勘定に振り替えられますが、工事進行基準の採用により完成前に計算上完成工事原価勘定に振り替えられることもあります。

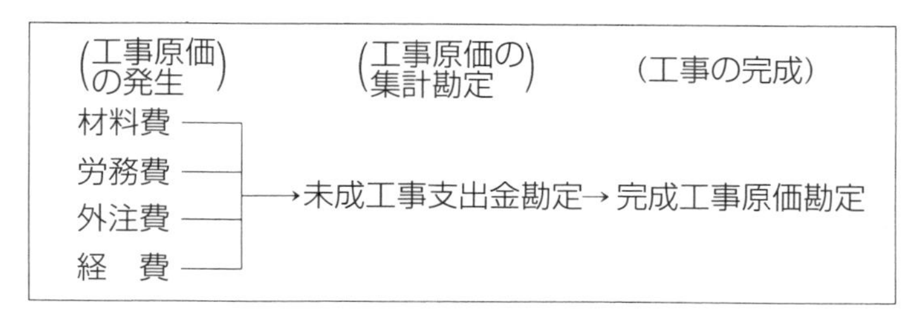

8 材料貯蔵品

材料貯蔵品勘定には倉庫などにおける手持ちの工事用原材料、仮設材料（足場材等)、消耗工具器具備品、ならびに事務用消耗品などを記載します。そして、これらは工事現場に搬入されると未成工事支出金勘定に振り替えられます。

一方、建設業においては、材料は工事現場に直接搬入される場合が多く、そうした場合は、材料貯蔵品勘定を経由せず、「未成工事支出金勘定（材料費)」で処理されます。

現場に投入されている材料で工事進行基準を採用している場合は、回収材として期末に計算上未成工事支出金勘定から材料貯蔵品勘定に振り替えるものがあります。これは計算上の材料貯蔵品ですから倉庫などに保管しているものとはその細目で区別して勘定処理しなければなりません（138ページ「⑤　仮設材等の回収計算」参照)。

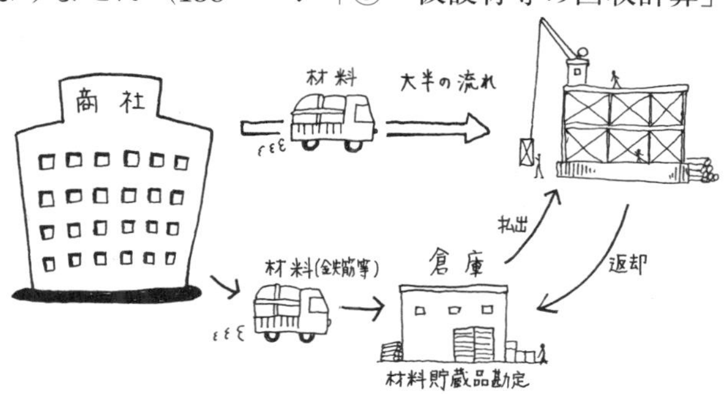

9 販売用不動産

不動産の販売を業とする会社が販売の目的をもって所有する土地・建物・その他の不動産は、販売用不動産勘定で処理します。

10 不動産事業支出金

販売用不動産を自家製造する場合、その工事にかかわる工事原価を集計していく勘定が不動産事業支出金勘定です。

未成工事支出金勘定と同じ点は、いずれも棚卸資産でありかつ仕掛中の原価を集計する勘定であることです。異なる点は、未成工事支出金は、受注した工事の製造原価集計勘定であり、完成引渡しにより完成工事原価となるのに対し、不動産事業支出金は、不動産の販売を目的として、素地を造成したり、マンションを建てたりしていく途中の製造原価の集計勘定であり、完成により、販売用不動産に振り替わり、それが第三者に売却されて不動産事業売上原価となっていくところです。

KEYPOINT

工事関連と不動産関連事業の勘定

	工事関連（受注）	不動産関連（自家製造）
工事中………	未成工事支出金	不動産事業支出金
完成…………	完成工事原価	販売用不動産
売却……………………………………		不動産事業売上原価
未収入金……	完成工事未収入金	不動産事業未収金

11 不動産事業未収入金

建設業を主たる業務としている会社が不動産事業も行っている場合、販売用不動産の売上代金の未収入金を処理する勘定が、不動産事業未収入金です。

12 前 渡 金

材料貯蔵品の購入の手付は前渡金として処理します。下請などへの工事代金の前払いは未成工事支出金となります。

土地、建物、機械装置などの購入の際に支払われる前渡金は、前渡金勘定ではなく建設仮勘定として処理されます。

KEYPOINT

手付金、前渡金	**前渡金勘定** → ← いまだ提供を受けず	材料貯蔵品の購入
手付金、前渡金	**未成工事支出金勘定** → ← いまだ提供を受けず	工事代金の前払い（材料費、外注費など）
手付金、前渡金	**建設仮勘定** → ← いまだ提供を受けず	土地、建物、機械の購入

13 短期貸付金

短期貸付金勘定で処理するものは、返済期日が１年以内に到来する、①役員、②従業員、③得意先、④下請、⑤関係会社などに対する貸付金です。１年を超えるものは長期貸付金勘定となります。

貸付金

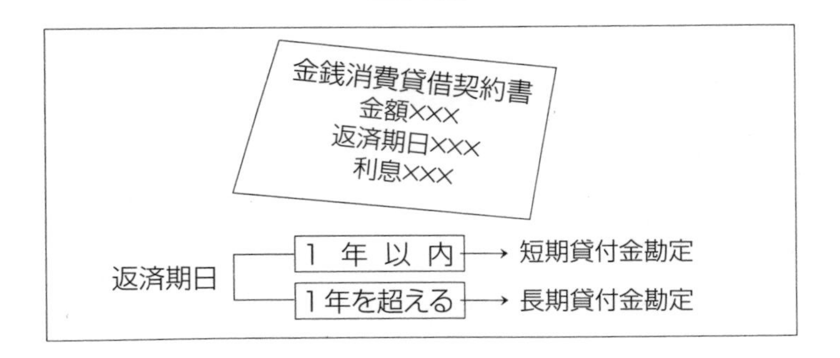

なお、貸付けをする場合は、金銭消費貸借契約書を作成し、返済期日、利息などを定めておきます。

貸付金勘定は、前記①から⑤のような細目区分をもって相手先ごとに管理されていなければなりません。

14 前払費用

一定の契約に従って、継続して役務の提供を受ける場合、いまだ提供されていない役務に対して支払われた対価は前払費用となります。たとえば、火災保険料や支払利息など来期以降の分まで支払った場合は、来期以降に負担（費用処理）すべき分については前払費用勘定で処理します。

こうした前払費用のうち、決算期後1年を超えるようなものは長期前払費用勘定で処理します。

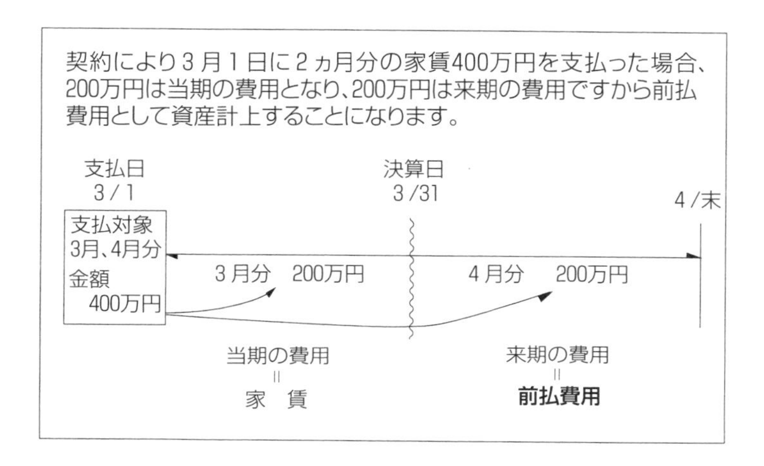

前払費用勘定と前渡金勘定との違いは、前渡金勘定は将来財貨用役の提供を受け、いったん材料貯蔵品勘定となり費用化されるのに対し、前払費用勘定で処理されるものは、いまだ提供されていない役務に対して支払われた対価ですが、一定の契約により継続して役務の提供を受け、来期以降、時の経過によって自動的に費用処理されるところです。

前払費用も勘定の細目において前払利息、前払保険料などその内容別に分けておくとよいでしょう。

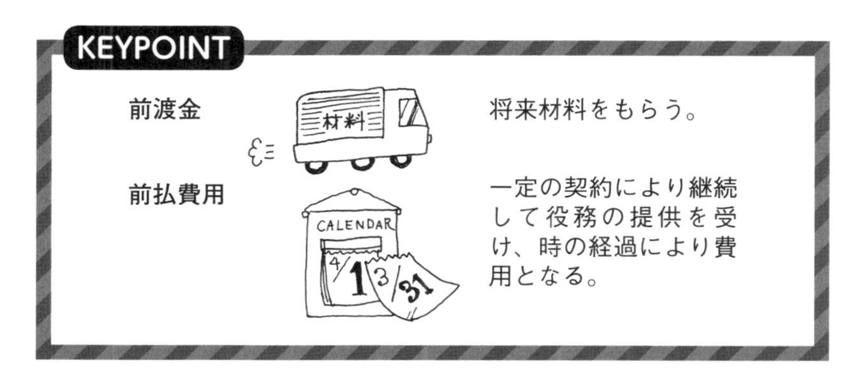

15　未収収益

一定の契約に基づいて継続的な役務の提供をする場合、たとえば、お金を貸したり、土地や家屋を貸しているような場合、役務の提供がなされているかぎり、毎日収益が発生します。こうした収益は、その代金が入金されなくても収益として発生した期に計上しなければなりません。こうした収益の相手方勘定が未収である収益、すなわち未収収益です。

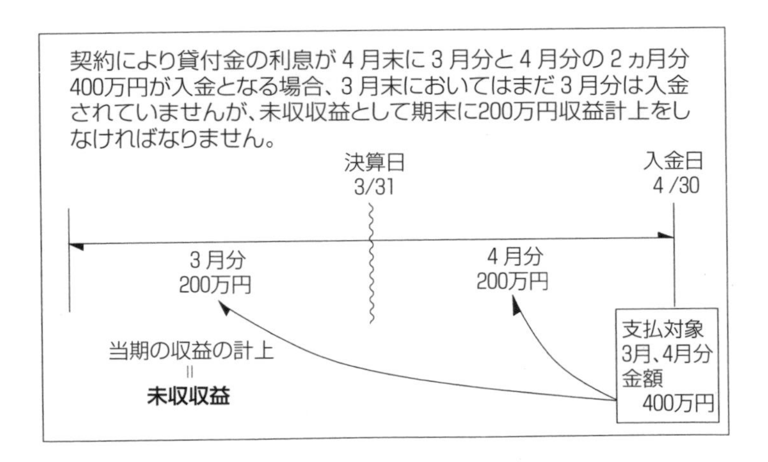

未収収益も勘定の細目において未収利息、未収地代家賃などその内容別に分けておくとよいでしょう。

16　未収入金、営業外未収入金

受注した工事にかかわる未収入金は完成工事未収入金として処理されますが、それ以外の営業取引に基づいて発生する未収入金、たとえば、労災還付金などを建設業では未収入金勘定で処理します。また、自動車、機械などの固定資産や有価証券の売却代金等の未収入金は、多額の場合は営業外未収入金勘定で処理します。

未収収益勘定の未収入金勘定との違いは、未収収益勘定は一定の契約により継続して役務の提供を行う場合に時の経過によって収益を計上する場合に発生する勘定であるという点です。

未収入金は、その細目において労災保険料還付未収入金、その他の未収入金などに分け、営業外未収入金は、材料貯蔵品売却未収入金、固定資産売却未収入金、その他の営業外未収入金などに分けておくとよいでしょう。

17 短期保証金

工事の獲得や施工のために入札の保証金を払ったり、契約のための保証金を払ったりします。これら工事に関連した保証金の支払いは短期保証金勘定で処理します。

工事以外の保証金としては、事務所や社宅等借地借家保証金などがありますが、これらについては、保証金の返済が１年以内のものは短期保証金、１年を超えるものは長期保証金として処理します。

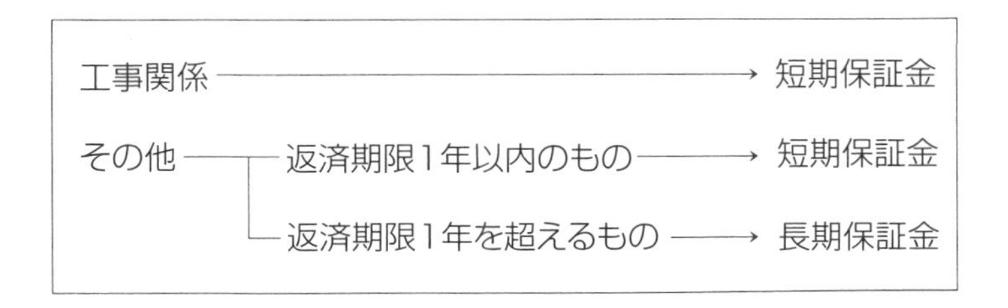

短期保証金は、入札保証金、契約保証金、その他の保証金などのように勘定の細目別に分けておくとよいでしょう。

18 立替金

①得意先、②同業者、③下請、④関係会社、⑤従業員、⑥役員に対して一時的な立替払いが生じる場合があります。これらの立替払いは立替金勘定で処理します。

立替金は、短期間（通常１～２ヵ月）で返済されるものであり、長期に渡って貸し付けられるもの、分割返済されるようなものは、金銭消費貸借契約書を作って貸付金として処理されなければなりません。

得意先、あるいは下請などに対する立替えは比較的長引くのはやむを得ないとしても、従業員、役員等に対する社内立替があまり長引くのは好ましいことではなく、必要があるときは会社の規定に従った貸付金の形をとるべきでしょう。

立替金はできるかぎり早期に精算されるべきであり、特に決算時点では極力精算されなければなりません。

立替金はその細目において次のように分けておくとよいでしょう。

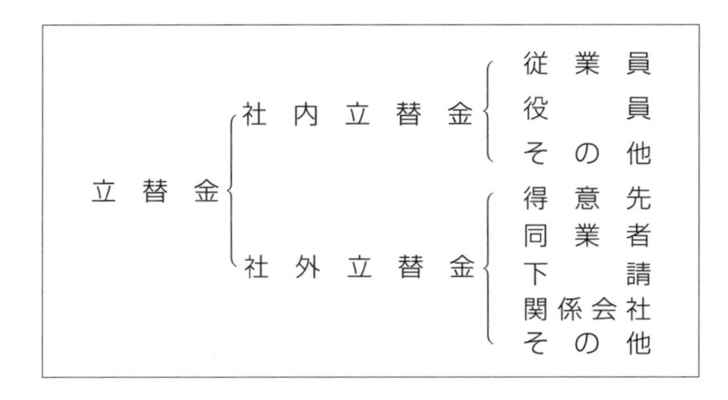

19 仮払金、仮払消費税

仮払金勘定は支払いがなされた場合、本来属する勘定やその金額が確定しない場合に使われる勘定です。したがって、属する勘定と金額が確定すればその勘定に振り替えられることになります。

仮払金勘定は、その内容が不明瞭な勘定ですので、期末までにはできるかぎり精算し、本来の属すべき勘定に振り替えなければなりませんが、期末に至って、なお若干の仮払金勘定が残る場合があります。そうした未精算となる仮払金には、工事獲得のために支出した費用、期末近くの出張旅費等の仮払いが考えられます。

仮払金は、その細目において未入手工事仮払金、旅費仮払金、その他の仮払金等に分けておくとよいでしょう。

KEYPOINT

工事獲得費用の処理

建設業において、工事獲得のための費用は、①設計等の個々の工事の獲得と直接的・客観的関連性をもつ費用はいったん仮払金として処理し、②そうでないものは販売費及び一般管理費として処理します。そして①の仮払金は、③受注できれば未成工事支出金勘定に、④獲得不能となれば販売費及び一般管理費として処理します。

また、消費税の10%を税抜方式（消費税を区分して仕訳する方法）で仕訳する場合、材料貯蔵品等の仕入100にかかる消費税10は次のように仮払消費税で仕訳します。

材料貯蔵品	100	工事未払金	110
仮払消費税	10		

（注） この本ではわかりやすくするための原則として税込みで仕訳しています。
飲食料品など軽減税率の対象品目の経費の消費税は10%でなく８%です。

20 その他流動資産

その他流動資産という勘定は、先に述べた以外の流動資産勘定のことですが、金額的に重要な項目は勘定区分する必要があります。また逆に、営業外受取手形、前渡金、未収収益、未収入金、短期保証金、立替金、仮払金などは、金額的に僅少である場合は、その他流動資産として処理することもできます。もちろん、こうした場合でも、資産総額の100分の５を超えるものは区分表示しますので、勘定の内訳においてその内容を表わす区分をしておく必要があります。

建設業法施行規則に定められた勘定分類

流動資産

現金預金	現金・預金
受取手形	
完成工事未収入金	
有価証券	
未成工事支出金	
材料貯蔵品	資産総額5/100以下であるときはその他流動資産に含めて記載できる。
短期貸付金	
前払費用	
その他	その他流動資産、ただし資産総額5/100を超えるものについては当該資産を明示する科目をもって記載する。
貸倒引当金	

（注）貸倒引当金については99ページ参照。

3 固定資産勘定

1 固定資産とは何か

固定資産とは、長期間所有される資産、あるいは長期間利用される資産のことです。長期と短期の区分は1年で行い、決算日以降1年を超えて所有あるいは利用される資産のことを固定資産といいます。ただし、営業循環過程（61ページ参照）で発生するものは1年を超えても流動資産です。

固定資産には、有形固定資産と無形固定資産と投資その他の資産とがあります。

有形固定資産というのは、物としての実体をもつ、すなわち有形である固定資産、たとえば、土地とか建物とか機械などのことです。

無形固定資産とは、手にとり、目に見える資産ではないけれど、

流動資産 ……1年を超えても営業循環過程で発生する勘定は流動資産となります。

↑ 1年

固定資産に属する勘定

有形固定資産	無形固定資産	投資その他の資産
建物 構築物 機械装置 船舶 航空機 車両運搬具 工具器具・備品 土地 リース資産 建設仮勘定 その他有形固定資産 減価償却累計額	特許権 借地権 のれん リース資産 その他無形固定資産	投資有価証券 関係会社株式 子会社株式 出資金 関係会社出資金 子会社出資金 長期貸付金 長期営業外受取手形 長期営業外未収入金 破綻更生債権等 長期前払費用 繰延税金資産 長期保証金 投資不動産 その他投資等

会社が長期にわたり得ている収益獲得に貢献する特殊な権利などを資産として計上したものです。

投資その他の資産とは、投資目的で保有する有価証券や不動産、あるいは長期の貸付等のことです。

この関係およびそれぞれに属する勘定を図に示すと、前ページのようになります。

■ 有形固定資産 ■

2 建　物

建物勘定には、社屋、倉庫、工場などのほか、社宅や寮などの建物が含まれます。

しかし、工事において使用される移動性の組立てハウスは、工事の完了後に取り壊し、撤去し、また別の工事で使用することから、ここでいう建物には含まれません。工具器具勘定で処理します。

3 構築物

構築物とは、橋、岸壁、軌道、貯水池、坑道、へい、門、煙突、その他、土地に定着する土木設備または工作物を処理する勘定です。

4 機械装置

建設業の機械装置は、大きく工事用機械装置と工場用機械装置に分かれます。工事用機械装置というのは、工事現場において使用されるようなもので、杭打機、ブルドーザー、コンベアー、粉砕機などがあります。工場用機械装置は、工場あるいは倉庫において修理、工作に使用するもので、旋盤などの工作機械やプレスやロール機など加工機械があります。

5 船　　舶

しゅんせつ船、モーターボートなど水上運搬具は船舶勘定となります。

6 航 空 機

飛行機およびヘリコプターは航空機勘定で処理します。

7 車両運搬具

自動車、ダンプ、トロッコ、台車など陸上運搬具は、車両運搬具勘定で処理します。

8 工具器具・備品

工具器具は、測定工具、検査工具、治具、取付工具など手作業による加工や組立てや修理に、１年を超えて使われる取得価額が相当額以上の道具です。このほか移動性の組立てハウスを処理するのもこの勘定です。

備品は、事務所や宿舎などで使用される机やロッカー、テレビ、冷蔵庫、パソコンなどで１年を超えて使われ、取得価額が相当額以上のものです。

（注）相当額は多くの場合で１件10万円以上としています。

9 土　　地

本店や支店あるいは出張所、倉庫や研究所あるいは社宅や寮や運動場など営業活動を維持していくために必要な所有地は土地勘定で処理します。同じ土地でも、不動産取引を業とする会社が販売目的で所有していれば販売用不動産となり、またそうでない会社を含め投資目的で所有していれば投資不動産となります。また、賃貸等不動産に重要性がある場合は、貸借対照表でその状況と時価を注記します。

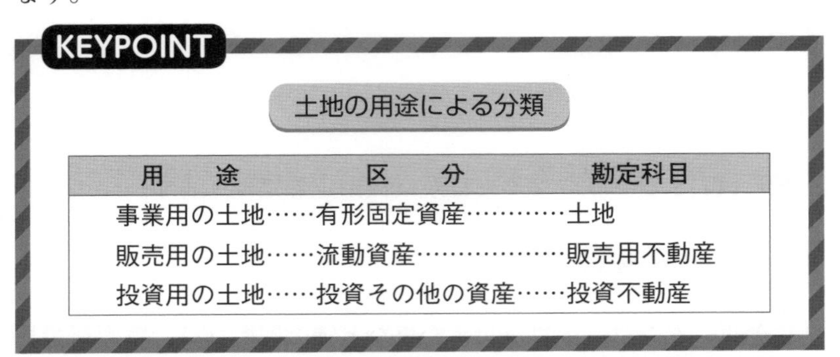
KEYPOINT

土地の用途による分類

用　途	区　分	勘定科目
事業用の土地……	有形固定資産…………	土地
販売用の土地……	流動資産………………	販売用不動産
投資用の土地……	投資その他の資産……	投資不動産

10 リース資産

ファイナンス・リース取引により取得した固定資産で、資産の所有権はリース会社にありますが、実質的にはリース会社からの資金融通を受けて実施した設備投資であり、原則として途中でリース契約を解約してリース物件を返却するようなことはできません。

こうしたリース取引で取得した固定資産は自己資産として資産計上し、減価償却を実施していきます。

リース資産に区分される資産については、有形固定資産に属する各科目（建設仮勘定を除く）または無形固定資産に属する各科目（のれんを除く）に含めて記載することができます。

11 建設仮勘定

建設仮勘定というのは、自社で使用する有形固定資産に対する前渡金や手付金、あるいはその製造のための原価を集計したものであり、完成した時点で建物や機械装置などの勘定に振り替えられていく仮勘定です。したがって、土地を除く他の有形固定資産が減価償却（使用あるいは時の経過による価値の減少を費用として処理すること）を実施するのに対し、いまだ完成に至らず、使用可能な状態となっていない建設仮勘定は減価償却しません。

不動産事業支出金と建設仮勘定の違いは、不動産事業支出金は販売目的で自家製造する原価を集計するもので、建設仮勘定は自己の使用のために購入あるいは自家製造する原価を集計するものである点です。

KEYPOINT

建設業は建設目的により勘定が違う

① 発注者のための建設……………未成工事支出金
② 販売目的で建設………………不動産事業支出金
③ 自社使用のため建設…………………建設仮勘定

12 その他有形固定資産

建物から建設仮勘定までの項で述べた以外の有形固定資産があればその他有形固定資産勘定で処理します。

もちろん、金額が多額の場合はその内容を示す適当な勘定科目名で処理することになります。

13 減価償却累計額と減価償却費

500万円のトラックを買いました。これは車両運搬具勘定となりますが、このトラックはあちこちの現場で使うことになります。だいたい５年くらい使えるとすると、５年後には廃棄処分することとします。そうすると、この５年間に取得価額（500万円）から廃棄時の処分価額（残存価額10％相当額50万円とする）を差し引いた金額（450万円）は、その使用に伴う使用料として工事原価等に配分して費用処理し、収益より回収しなければなりません。この回収計算の過程で出てくる勘定が減価償却累計額と減価償却費勘定です。

減価償却費は、使用等に伴う価値の減価を費用処理する勘定です。

減価償却累計額勘定は、減価償却によって費用処理した額を集計する勘定で、取得価額より減価償却累計額を差し引いた金額が、まだ費用処理されていない帳簿に載っている金額、すなわち帳簿価額です。

① 減価償却の方法

一般的な減価償却の方法には、定額法と呼ばれる方法と定率法と呼ばれる方法があります。

定額法というのは、毎期一定額を減価償却費として処理する方法です。

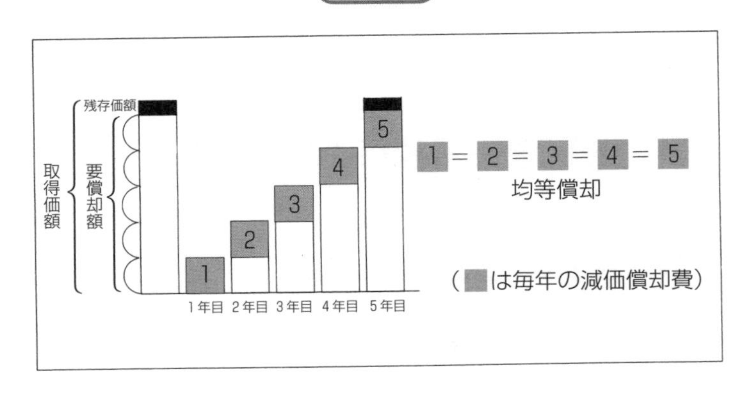

定率法というのは、毎期帳簿価額に一定率を乗じて減価償却費を算出していく方法です。定率法の減価償却費は、初期の年次において多くなり、順次逓減していきます。

定率法

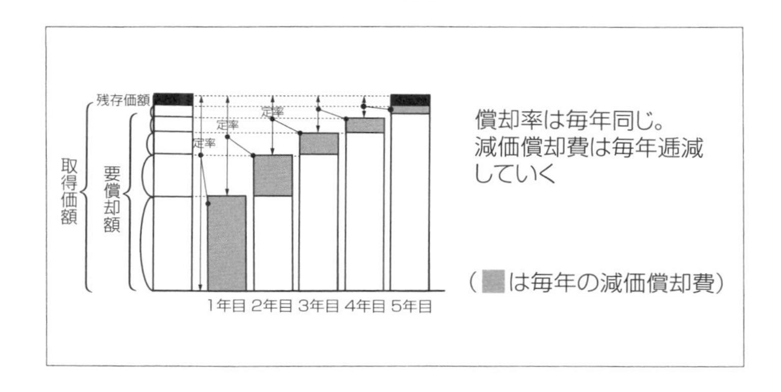

減価償却費は、費用といってもすでに支出された金額をその使用期間に配分するものですから、費用処理したときに支払いの生じる費用ではありません。したがって、費用処理した金額だけ資金は企業内にとどまり、借入金の返済原資等となります。

したがって、最初多く償却する定率法による減価償却のほうが、均等償却する定額法より、会社にとって最初の段階で資金が会社により多く留保される金融的メリットのある減価償却方法といえます。

KEYPOINT

減価償却費は支払いがいらない費用である

減価償却費　100万円の計上………支払いのいらない費用
給料など　100万円の計上………支払いのいる費用

②　定額法による減価償却計算の例

定額法と呼ばれる減価償却の方法は、取得価額より残存価額（処分するときの価額）を差し引いたものをその耐用年数（使用可能年数）で割った金額を毎期費用として処理する方法です。

したがって、81ページで示したトラックの例は次のような減価償却となります。

$$\frac{(\text{取得価額})\ 500\text{万円}-(\text{残存価額})\ 50\text{万円}}{(\text{耐用年数})\ 5\text{年}}=\begin{matrix}(\text{毎年計上する減価償却費})\\ 90\text{万円}\end{matrix}$$

この場合の５年間の減価償却費と減価償却累計額および帳簿価額は次のようになります。

（単位　円）

	取得価額	仕訳 (減価償却費) ／ (減価償却累計額)	減価償却累計額残高	帳簿価額
1年目	5,000,000	(900,000) ／ (900,000)	900,000	4,100,000
2年目	5,000,000	(900,000) ／ (900,000)	1,800,000	3,200,000
3年目	5,000,000	(900,000) ／ (900,000)	2,700,000	2,300,000
4年目	5,000,000	(900,000) ／ (900,000)	3,600,000	1,400,000
5年目	5,000,000	(900,000) ／ (900,000)	4,500,000	500,000

すなわち、１年目では90万円だけ減価償却費と減価償却累計額を計上しますので、トラックの帳簿価額は410万円となります。２年目も同じく90万円の減価償却費と減価償却累計額を計上しますので、減価償却累計額の勘定残高は90万円（１年目に計上したもの）プラス90万円（２年目に計上したもの）で180万円となり、帳簿価額は320万円となります。そしてその結果、５年目において90万円の減価償却を実施した後の帳簿価額は50万円の残存価額と一致することとなります。

（注）税法では、平成19年４月以降の取得資産は１円まで償却できるようになりました。

③　定率法による減価償却計算の例

定率法と呼ばれる減価償却の方法は、帳簿価額にその耐用年数より算出された一定率を乗じた金額を毎期費用処理していく方法です。

(帳簿価額)×(耐用年数より算出された償却率)
=(毎年計上する減価償却費)

残存価額が取得価額の1割であるとした耐用年数5年のトラックの定率法による償却率は0.369で、毎期の減価償却費、減価償却累計額、帳簿価額は次のようになります。

(単位　円)

	取得価額	計算と仕訳 (減価償却費)／(減価償却累計額)	減価償却累計額残高	帳簿価額
1年目	5,000,000	5,000,000×0.369＝ (1,845,000)／(1,845,000)	1,845,000	3,155,000
2年目	5,000,000	3,155,000×0.369＝ (1,164,195)／(1,164,195)	3,009,195	1,990,805
3年目	5,000,000	1,990,805×0.369＝ (734,607)／(734,607)	3,743,802	1,256,198
4年目	5,000,000	1,256,198×0.369＝ (463,537)／(463,537)	4,207,339	792,661
5年目	5,000,000	792,661×0.369＝ (292,491)／(292,491)	4,499,830	500,170

すなわち、1年目は、償却前の帳簿価額である取得価額5,000,000円に耐用年数5年の定率法償却率0.369を乗じて1,845,000円の減価償却費と減価償却累計額を計上し、帳簿価額は5,000,000円マイナス1,845,000円で3,155,000円となります。2年目は、帳簿価額3,155,000円に0.369を乗じて1,164,195円という減価償却費と減価償却累計額を計上します。そして、その結果、5年目において292,491円の減価償却を実施した後の帳簿価額は残存価額を1割とした500,000円とほぼ一致する金額となります。

（参考） 税法による減価償却計算の例【上級】

従来税法では、残存価額の10%まで償却した後に5%まで減価償却することが認められていましたが、企業の設備投資を促進し、国際競争力を高めるために、平成19年4月から次のような改正が行われました。

■ 平成19年4月1日以後に取得した減価償却資産

償却可能限度額（取得価額の95%相当額）および残存価額が廃止され、耐用年数経過時点に「残存簿価1円」まで償却できるようになりました。

（注）従来の償却方法の採用も可能です。

■ 平成19年3月31日以前に取得した減価償却資産

従前の償却方法については、名称を旧定額法、旧定率法等と改め、償却費累積額が取得価額の95%相当額（従前の償却可能限度額）まで到達している減価償却資産については、その到達した事業年度の翌事業年度（平成19年4月1日以後に開始する事業年度に限られます。）以後の各5年間で、残存簿価1円まで償却できるようになりました（注）。

（注）従来通り95%償却し、1円まで償却しない方法も採用可能です。

減価償却資産の改正後の取扱い

減価償却資産の取得日	償却可能限度額（残存簿価）
平成19年3月31日以前	取得価額の95%相当額（残存簿価5%相当額） 上記到達後は5年間で残存簿価1円まで償却可能
平成19年4月1日以後	残存簿価1円まで償却可能

■ 250%定率法の償却計算

平成19年4月1日以降取得資産は、新たな定率法の導入によって、**定額法の償却率の原則2.5倍**に設定された「定率法の償却率」が適用され、最低償却額を保証されることにより、従前の制度に比して早い段階において多額の償却を行うことが可能になりました。

平成19年4月に、取得価額1,000,000円、耐用年数10年の固定資産を購入したとしましょう。19年4月1日以降の取得資産は残存価格1円まで償却でき、償却率は0.250となります。定額法の10年の償却率は0.100ですので、定額法の償却率の250%相当となります。しかも償却保証率という考えが導入されました。

この固定資産の10年間の償却計算は次のようになります。

250%定率法での減価償却計算

（単位：円）

年　数	1	2	3	4	5	6	7	8	9	10
期首帳簿価額	1,000,000	750,000	562,500	421,875	316,407	237,306	177,980	133,485	88,902	44,319
調整前償却額	250,000	187,500	140,625	105,468	79,101	59,326	44,495	33,371		
償却保証額	44,480	44,480	44,480	44,480	44,480	44,480	44,480	44,480		
改定取得価額×改定償却率								44,583	44,583	(44,583)
償却限度額	250,000	187,500	140,625	105,468	79,101	59,326	44,495	44,583	44,583	44,318
期末帳簿価額	750,000	562,500	421,875	316,407	237,306	177,980	133,485	88,902	44,319	1

平成19年4月の取得資産の定率法での償却率は0.250ですので、1年目の減価償却費は取得価額1,000,000円に0.250を乗じて250,000円、減価償却後の期末の帳簿価額は750,000円となります。2年目の減価償却費は期首帳簿価額750,000円に0.250を乗じて187,500円となり、償却費を引いた2年目の期末帳簿価額は562,500円となります。このように定率法による減価償却を実施していくと8年目の減価償却費は33,371円となります。

10年償却の保証率は0.04448となっています。最低償却保証額は1,000,000円にこの保証率をかけて44,480円となります。8年目の定率法による減価償却費は33,371円で、最低償却保証額を下回りますので、８年目の期首帳簿価額133,485円に改定償却率0.334を乗じた44,583円を８年目、９年目で償却し、10年目は期末帳簿価額1円を残して44,318円を償却することとなります。

(注) 平成19年４月取得資産の定率法10年の償却率・保証率等については90ページ参照

■ 200%定率法による減価償却計算

税法は**平成24年４月１日以降の取得資産**から、定率法の減価償却率を250%から200%までに減額し、保証率も改定しました。

平成24年４月に、取得価額1,000,000円、耐用年数10年の固定資産を購入したとしましょう。平成24年４月１日以降の取得資産の定率法の償却率は0.200となります。定額法の10年の償却率は0.100ですので、定額法の償却率の200%相当となります。償却保証率は0.06552です。

この重機の10年間の償却計算は次のようになります。

200%定率法による減価償却計算

(単位：円)

年数	1	2	3	4	5	6	7	8	9	10
期首帳簿価額	1,000,000	800,000	640,000	512,000	409,600	327,680	262,144	196,608	131,072	65,536
調整前償却額	200,000	160,000	128,000	102,400	81,920	65,536	52,428			
償却保証額	65,520	65,520	65,520	65,520	65,520	65,520	65,520			
改定取得価額×改定償却率							65,536	65,536	65,536	(65,536)
償却限度額	200,000	160,000	128,000	102,400	81,920	65,536	65,536	65,536	65,536	65,535
期末帳簿価額	800,000	640,000	512,000	409,600	327,680	262,144	196,608	131,072	65,536	1

平成24年４月の取得資産の定率法での償却率は0.200ですので、１年目の減価償却費は取得価額1,000,000円に0.200を乗じて

200,000円、減価償却後の期末の帳簿価額は800,000円となります。２年目の減価償却額は期首帳簿価額800,000円に0.200を乗じて160,000円となり、償却費を引いた２年目の期末帳簿価額は640,000円となります。このように定率法による減価償却を実施していくと７年目の減価償却費は52,428円となります。

10年償却の保証率は0.06552となっています。最低償却保証額は1,000,000円にこの保証率をかけて65,520円となります。７年目の定率法による減価償却率は52,428円で、最低償却保証額を下回りますので、７年目の期首の帳簿価額262,144円に改定償却率0.250を乗じた65,536円を７年目、８年目、９年目で償却し、10年目は期末帳簿価額１円を残して65,535円を償却することとなります。

（注） 平成24年４月取得資産の定率法10年の償却率・保証率等については次ページ参照

なお、償却率の改定による税法の経過措置の特例計算がありますがここでは省略します。

KEYPOINT

平成20年４月から機械装置の耐用年数が用途別に集約されました。総合工事業用設備は6年となります。

減価償却資産の定額法および定率法の償却率、改定償却率および保証率の表（耐用年数省令より）

耐用年数	平成19年4月1日以後取得	耐用年数	平成19年4月1日～平成24年3月31日取得			耐用年数	平成24年4月1日以降取得		
	定額法		定率法				定率法		
	償却率		償却率	改定償却率	保証率		償却率	改定償却率	保証率
2	0.500	2	1.000	—	—	2	1.000	—	—
3	0.334	3	0.833	1.000	0.02789	3	0.667	1.000	0.11089
4	0.250	4	0.625	1.000	0.05274	4	0.500	1.000	0.12499
5	0.200	5	0.500	1.000	0.06249	5	0.400	0.500	0.10800
6	0.167	6	0.417	0.500	0.05776	6	0.333	0.334	0.09911
7	0.143	7	0.357	0.500	0.05496	7	0.286	0.334	0.08680
8	0.125	8	0.313	0.334	0.05111	8	0.250	0.334	0.07909
9	0.112	9	0.278	0.334	0.04731	9	0.222	0.250	0.07126
10	0.100	10	0.250	0.334	0.04448	10	0.200	0.250	0.06552
11	0.091	11	0.227	0.250	0.04123	11	0.182	0.200	0.05992
12	0.084	12	0.208	0.250	0.03870	12	0.167	0.200	0.05566
13	0.077	13	0.192	0.200	0.03633	13	0.154	0.167	0.05180
14	0.072	14	0.179	0.200	0.03389	14	0.143	0.167	0.04854
15	0.067	15	0.167	0.200	0.03217	15	0.133	0.143	0.04565
16	0.063	16	0.156	0.167	0.03063	16	0.125	0.143	0.04294
17	0.059	17	0.147	0.167	0.02905	17	0.118	0.125	0.04038
18	0.056	18	0.139	0.143	0.02757	18	0.111	0.112	0.03884
19	0.053	19	0.132	0.143	0.02616	19	0.105	0.112	0.03693
20	0.050	20	0.125	0.143	0.02517	20	0.100	0.112	0.03486
21	0.048	21	0.119	0.125	0.02408	21	0.095	0.100	0.03335
22	0.046	22	0.114	0.125	0.02296	22	0.091	0.100	0.03182
23	0.044	23	0.109	0.112	0.02226	23	0.087	0.091	0.03052
24	0.042	24	0.104	0.112	0.02157	24	0.083	0.084	0.02969
25	0.040	25	0.100	0.112	0.02058	25	0.080	0.084	0.02841
26	0.039	26	0.096	0.100	0.01989	26	0.077	0.084	0.02716
27	0.038	27	0.093	0.100	0.01902	27	0.074	0.077	0.02624
28	0.036	28	0.089	0.091	0.01866	28	0.071	0.072	0.02568
29	0.035	29	0.086	0.091	0.01803	29	0.069	0.072	0.02463
30	0.034	30	0.083	0.084	0.01766	30	0.067	0.072	0.02366
31	0.033	31	0.081	0.084	0.01688	31	0.065	0.067	0.02286
32	0.032	32	0.078	0.084	0.01655	32	0.063	0.067	0.02216
33	0.031	33	0.076	0.077	0.01585	33	0.061	0.063	0.02161
34	0.030	34	0.074	0.077	0.01532	34	0.059	0.063	0.02097
35	0.029	35	0.071	0.072	0.01532	35	0.057	0.059	0.02051
36	0.028	36	0.069	0.072	0.01494	36	0.056	0.059	0.01974
37	0.028	37	0.068	0.072	0.01425	37	0.054	0.056	0.01950
38	0.027	38	0.066	0.067	0.01393	38	0.053	0.056	0.01882
39	0.026	39	0.064	0.067	0.01370	39	0.051	0.053	0.01860
40	0.025	40	0.063	0.067	0.01317	40	0.050	0.053	0.01791
41	0.025	41	0.061	0.063	0.01306	41	0.049	0.050	0.01741
42	0.024	42	0.060	0.063	0.01261	42	0.048	0.050	0.01694
43	0.024	43	0.058	0.059	0.01248	43	0.047	0.048	0.01664
44	0.023	44	0.057	0.059	0.01210	44	0.045	0.046	0.01664
45	0.023	45	0.056	0.059	0.01175	45	0.044	0.046	0.01634
46	0.022	46	0.054	0.056	0.01175	46	0.043	0.044	0.01601
47	0.022	47	0.053	0.056	0.01153	47	0.043	0.044	0.01532
48	0.021	48	0.052	0.053	0.01126	48	0.042	0.044	0.01499
49	0.021	49	0.051	0.053	0.01102	49	0.041	0.042	0.01475
50	0.020	50	0.050	0.053	0.01072	50	0.040	0.042	0.01440

（注）耐用年数省令には、耐用年数100年までの計数が掲げられています。平成19年3月31日以前の取得（残存価格10%）の旧定率法と旧定額法は記載を省略しています。

建設業法施行規則に定められた勘定分類

有形固定資産

建物・構築物	建物 構築物
機械・運搬具	機械装置 船舶 航空機 車両運搬具
工具器具・備品	工具器具 備品
土地	
リース資産	各科目に含めて記載できる。
建設仮勘定	
その他	その他有形固定資産、ただし資産総額5/100を超えるものについては当該資産を明示する科目をもって記載する。
減価償却累計額	

建設業法施行規則では、上記のように「建物・構築物」「機械・運搬具」「工具器具・備品」…という勘定を使います。しかし、一般的には「建物」「構築物」「機械及び装置」「車両運搬具」「工具器具・備品」という会社が多いように思われます。

■ 無形固定資産 ■

14 特 許 権

試験研究の結果、発明・発見等に成功し、出願登録し、特許権を取得した場合において、その取得に要する試験研究費、出願登録に要した費用、あるいは他より特許権を買い取った場合などの買収費用などを特許権勘定で処理します。特許法による特許権の存続期間は20年ですが、税法上は８年で償却するようになっています。

15 借地権

土地の上に属する権利としては借地権が一般的なものですが、地上権、あるいは地役権などもこの借地権同様、借地権勘定で処理します。

借地権は、土地の価額に比例して変動することから、低い価額の帳簿価額であっても実質的にはかなりの含み益がある場合が多く、償却計算はしません。

16 のれん・負ののれん

「のれん」というのは合併あるいは営業譲渡等において有償で取得した営業権の価値のことで、店の店頭にかかっているのれんより名前が出たものです。

「のれん」とは何年もの間に培われた超過収益力です。この超過収益力は法律的な権利などではありませんが、無形な財産価値をもつ特殊な資産といえます。ただし、のれんとしての収益力の評価は難しく、したがって、有償または合併等で取得した財産の価値を超えて対価が支払われる場合は「のれん」勘定で無形固定資産に計上されますが、逆に支払対価の方が大きい場合は「負ののれん」勘定で固定負債に計上されることになります。

のれんは、取得後20年以内の効果の及ぶ期間で償却をしなければなりません。税法は５年償却です。国際的には、規則的な償却はせず、価値がなくなったら減額する方法がとられています。

17 その他無形固定資産と減価償却

その他無形固定資産としてはソフトウエア（自社利用のもの、税法上５年償却）、商標権（同10年償却）、電気通信施設利用権（同20

年償却）や施設利用権などがあり、施設利用権には、電気・ガス供給施設利用権（同15年償却）、水道施設利用権（同15年償却）、専用側線利用権（同30年償却）、鉄道軌道連絡通行施設利用権（同30年償却）などがあります。

無形固定資産の減価償却費は、有形固定資産と異なり、減価償却累計額勘定を使わずに、直接、取得価額より控除していきます。

KEYPOINT

償却費の処理方法

（間接控除法）
有形固定資産の償却費 ―― 減価償却費／減価償却累計額

（直接控除法）
無形固定資産の償却費 ―― 減価償却費／特許権等

建設業法施行規則に定められた勘定分類

無形固定資産

科目	記載方法
特許権	資産総額5/100以下であるときはその他無形固定資産に含めて記載できる。
借地権	
のれん	
リース資産	各科目に含めて記載できる。
その他	その他無形固定資産。ただし資産総額5/100を超えるものについては当該資産を明示する科目をもって記載する。

■ 投資その他の資産 ■

18 投資有価証券

流動資産として処理する売買目的有価証券と、１年以内に満期の到来する有価証券以外の有価証券で、関係会社株式、関係会社社債を除く有価証券を処理するのが投資有価証券勘定です。

19 関係会社株式（関係会社とは、親会社とは、子会社とは）

関係会社とは、親会社、子会社および関連会社ならびに財務諸表を提出する会社が、他の会社の関連会社である場合における当該他の会社の総称です。

会社法では、**親会社**とは「他の会社等の財務及び事業の方針の決定を支配している場合の会社」をいい、**子会社**とは「当該他の会社」です。この場合は、議決権の所有割合が50％超である場合はもとより、40％以上所有して、緊密先（出資・人事・資金・技術・取引等の関係において緊密な関係があるもの）や自己と同一内容の議決権行使に同意している者の所有する議決権の合計が過半数に達する場合、または、役員、取引、資金調達等の関係を通じて「財務及び事業の方針の決定を支配する」ことが推測される場合は子会社となります。

親会社株式は、原則として取得できませんので、取得している場合は短期的に処分しなければならないこととなります。したがって、期末に保有している場合は原則として流動資産の部（1年を超える場合は投資その他の資産の部となる）に親会社株式として表示します。

（注）建設業法施行規則では総資産の100分の5を超えるとき「親会社株式」の区分表示を求めている（359ページ7参照）。

関連会社とは、通常会社（子会社を含む）が他の会社の議決権の20％以上50％以下を実質的に所有し、かつ人事、資金、技術、取引等の関係を通じてその会社の「財務及び事業の方針」に対して重要な影響を与えることができる会社のことをいいます。また、議決権が15％以上20％未満でも人事、資金、技術、取引等の関係を通じて他の会社の「財務及び事業の方針」決定に対して重要な影響を与えうるような場合も関連会社として取り扱われます。

A社 ——→ B社
（株式の所有） A社がB社の株式の30%を所有
※人事、資金、技術、取引のつながりが強い
（相互の関係） B社はA社の関連会社
B社はA社の関係会社　A社はB社の関係会社

したがって、関係会社の株式については親会社株式と子会社株式および関連会社株式に分類しておく必要があります。

	A社 ——→	B社 ——→	C社
（株式の所有）	A社はB社の株式の60%を所有	B社はC社の株式の60%を所有	
（相互の関係）	B社はA社の子会社 C社はA社の孫会社	A社はB社の親会社 C社はB社の子会社	B社はC社の親会社
	B社・C社はA社の関係会社	A社・C社はB社の関係会社	A社・B社はC社の関係会社

（注）子会社の子会社は孫会社で、関係会社です。

20 出資金、関係会社出資金

出資金勘定には、信用組合、協同組合等に対する出資額を記載します。関係会社への出資は独立させます。

関係会社出資金は子会社出資金と関連会社出資金とに分かれます。

関係会社出資金	子会社出資金
	関連会社出資金
出資金	

21 長期貸付金

契約書によりその返済期日が１年を超えるものは長期貸付金として処理します。したがって、当初１年を超えるものであっても時が経つに従って１年以内になったり、最終返済期日が１年を超えるものであっても１年以内に分割して返済されるものは短期貸付金とします。

長期貸付金は、施主に対するもの、同業者に対するもの、下請に対するもの、関係会社（親会社、子会社、関連会社）に対するもの、従業員に対するもの、会社の役員に対するもの、株主に対するもの、などに分けて相手先ごとに管理することが必要です。

22 長期営業外受取手形、長期営業外未収入金

営業取引によって生じた受取手形（工事代金の回収によって受け取った手形など）は、たとえその支払期限が１年を超えるものでも、営業循環過程にあれば、流動資産としての受取手形勘定で処理しますが、固定資産の売却などによって生じた受取手形については、建設業では営業外受取手形という勘定で処理します。営業外受取手形は、決算日後１年以内に支払期日のくるものは流動資産として処理されますが、１年を超えるものは、長期営業外受取手形として投資その他の資産の部で処理します。

長期営業外未収入金勘定は、建設業において特に使われる勘定です。これは、営業取引以外の取引によって発生した未収入金で支払期日が１年を超えるものを処理する勘定です。

23 破産更生債権等

営業取引によって生じた金銭債権（受取手形、完成工事未収入金など）は、営業循環過程にあるものはその支払期限が１年を超える場合も流動資産です。しかし、その取引先が破産宣告を受けたり、会社更生法の適用を受けたりすると、これらは破産債権あるいは更生債権と呼ばれるものとなり、その回収には長期間を要し、回収不能となる危険性も増します。したがって、破産債権や更生債権およびこれらに準ずる債権等を「破綻更生債権等」という勘定で処理します。

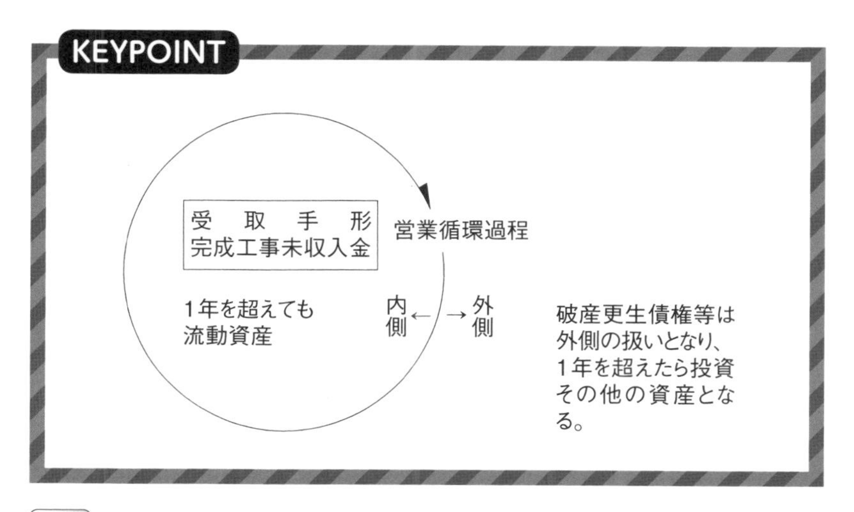

24 長期前払費用

長期前払費用というのは、一定の契約によって継続して役務の提供を受ける場合、まだ提供されていない役務に対して支払われた対価、すなわち、前払費用のうち決算日後１年を超える期間経過後に費用となるものです。公共施設負担金などのような税務上の繰延資産は長期前払費用勘定で処理します。

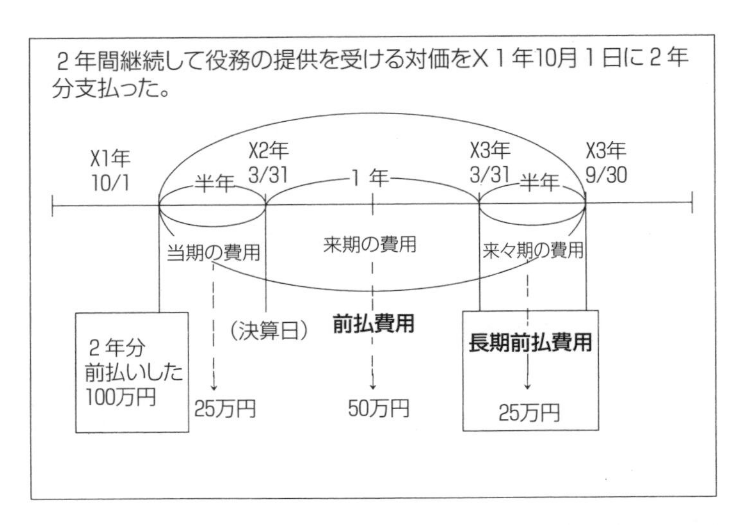

(注) 平成12年３月期より、自社利用のソフトウェアは長期前払費用ではなく、無形固定資産の「ソフトウェア勘定」で処理されることになりました。税務上は５年償却です。

25 繰延税金資産

「会社決算上の損益」と「税務計算上の損益」とに差異があるとき、当該差異にかかわる「法人税・住民税及び事業税」を前払処理や未払処理して期間調整計算する会計が「**税効果会計**」と呼ばれるのものです。

税効果会計を採用する場合、将来回収できる税額は「繰延税金資産」となり、将来支払わなければならない税額は「繰延税金負債」となります（詳しくは330ページを参照）。

26 長期保証金

長期保証金として処理されるものは、工事現場に関連しない借地借家敷金や賃借保証金等で、短期保証金以外の保証金です。

27 投資不動産

投資の目的で所有する土地、建物、その他の不動産は、投資不動産として処理します。

28 その他投資等

その他投資等という勘定は、先に述べた勘定以外の投資の性質を有する勘定、たとえば、長期預金、投資信託、ゴルフ会員券などを処理する勘定ですが、金額的に重要な項目は勘定を区分処理する必要があります。また逆に、営業外受取手形、長期保証金などが僅少な場合は、その他投資等勘定で処理できます。

もちろん、こうした場合でも、勘定の内訳において内容がわかるように細目で区分しておく必要があります。

29 貸倒引当金

金銭債権（受取手形、完成工事未収入金、貸付金、未収入金など）は、相手方の資金状態によっては、時として回収できない場合が起こります。回収できないことを「貸倒れ」といいます。お金を貸したが相手が倒れた（倒産した）ことより出た言葉です。貸倒れは、数多くの取引を行う会社ではどうしても発生します。

不良債権は、それが回収不能となったとき貸倒損失として処理します。しかし、①受注→②製造→③完成引渡→④代金の回収という一連の取引において、損益は③の完成引渡の時点で計上することが会計上の原則となっています。貸倒れは④の代金回収の時点で生じます。そこで、この一連の取引の損益を計算するためには、将来の④代金回収時に生じる可能性のある貸倒見込額を、あらかじめ見積り計上しておく必要があります。これが貸倒引当金です。

貸倒引当金は、金銭債権について取引不能のおそれがある場合にその取立てのできない見込額を計上したものですから、対象となる金銭債権より控除すべき勘定です。このような引当金を**評価性引当金**といいます。一般に流動資産として処理した債権に対する貸倒引当金は流動資産の部で一括控除し、投資その他の資産の部で処理した債権に対する貸倒引当金は投資その他の資産の部で一括控除して表示します。

貸倒引当金は評価性引当金

貸倒引当金の計上および処理・表示については、312ページの「10　貸倒引当金の計上」で述べます。

建設業法施行規則に定められた勘定分類

投資その他の資産

投資有価証券	
関係会社株式・ 関係会社出資金	資産総額5/100以下であるときは投資有価証券またはその他投資等に含めて記載できる。 いずれかがないときには、関係会社株式または関係会社出資金として記載する。
長期貸付金	
破産更生債権等	
長期前払費用	
繰延税金資産	税効果会計を採用していない場合は記載を要しない。
その他	その他投資等。資産総額5/100を超えるものについては当該資産を明示する科目をもって記載する。
貸倒引当金	

4 繰延資産

1 繰延資産とは何か

繰延資産とは、すでに支払いを完了しているが、支払いに伴う効果が数期間に及ぶ場合に資産として計上されるものであり、会社法上、次の５項目にかぎり計上できるとされています。

繰延資産は、将来の収益から回収しようとする費用の繰延額で交換価値はありません。したがって、**繰延資産はできるかぎり早期に償却することが健全な処理**といえます。

2 創 立 費

定款等の作成費、株式募集のための費用等、会社設立費用、発起人の報酬および設立登記のための支出を繰延資産として計上した場合は「創立費」という勘定を使います。

創立費の償却は、会社設立後５年以内の効果の及ぶ期間にわたって営業外費用として、定額法により償却をしなければなりません。

税法上は随意償却ですので発生時に費用処理することもできます。

3 開 業 費

会社設立後営業開始までに支出した開業準備のための費用は、これを繰延資産として計上した場合は「開業費」という勘定を使います。

開業費の償却は、開業後５年以内の効果の及ぶ期間にわたって営業外費用または販売費及び一般管理費として、定額法により償却をしなければなりません。

税法上は随意償却ですので発生時に費用処理することもできます。

4 株式交付費

株式募集のための広告費、金融機関の取扱手数料等の新株発行または自己株式の処分のために直接支出した費用を繰延資産として計上した場合は、「株式交付費」という勘定を使います。

株式交付費は、新株発行後３年以内の効果の及ぶ期間にわたって営業外費用として定額法により償却をしなければなりません。

税法上は随意償却ですので発生時に費用処理することもできます。

5 社債発行費（新株予約権発行費を含む）

社債募集のための広告費、金融機関の取扱手数料等の社債発行のために直接支出した費用を繰延資産として計上した場合は「社債発行費」という勘定を使います。

社債発行費勘定は、社債の償還までの期間にわたり利息法により営業外費用として、償却しなければなりませんが、継続適要を条件として、定額法により償却することができます。

新株予約権発行費の場合は、発行後３年以内の効果の及ぶ期間にわたって定額法により償却しなければなりません。

税法上は随意償却ですのでいずれも発生時に費用処理することもできます。

6 開 発 費

新技術または新経営組織の採用、資源の開発、市場の開拓等のために支出した費用、生産能率の向上または生産計画の変更等により、設備の大規模な配置替えを行った場合等の費用で経常的費用でない費用を繰延資産として計上した場合は「開発費」という勘定を使います。

開発費は、支出後5年以内の効果の及ぶ期間にわたって売上原価または販売費及び一般管理費として、定額法その他合理的な方法により規則的償却をしなければなりません。税法上は随意償却です。

建設業法施行規則に定められた勘定の分類と償却

繰延資産

創立費	設立後5年以内の効果の及ぶ期間に定額法償却	税法は随意償却
開業費	開業後5年以内の効果の及ぶ期間に定額法償却	税法は随意償却
株式交付費	発行後3年以内の効果の及ぶ期間に定額法償却	税法は随意償却
社債発行費	社債発行費は社債の償還までの期間にわたり利息法（継続適要を条件に定額法）償却。新株予約権発行費は発行後3年以内の効果の及ぶ期間に定額法償却	税法は随意償却
開発費	支出後5年以内の効果の及ぶ期間に定額法償却	税法は随意償却

KEYPOINT

繰延資産は発生時に費用処理できるにもかかわらず、繰延資産として資産計上し（その分純資産は増加し）、財務内容をよくみせる会社は健全な会社とはいえません。

5 流動負債

1 流動負債とは何か

流動負債とは、営業循環過程で発生した負債および１年以内に返済しなければならない負債をいいます。

建設会社で前者に属するものは、一連の営業循環過程の中で発生する未成工事受入金、工事未払金、支払手形、あるいは施主、同業者、下請からの預り金です。これらは、返済期限が１年を超えていても流動負債となります。

これに対し、借入金、社債、未払金などの負債は、１年以内のものは流動負債、１年を超えるものは固定負債となります。

流動負債には次のような勘定があります。

流動負債に属する勘定

支払手形	未成工事受入金
営業外支払手形	不動産事業受入金
（割引手形）	不動産事業未払金
（裏書手形）	預り金
工事未払金	前受収益
短期借入金	賞与引当金
社債（１年以内償還予定）	役員賞与引当金
リース債務	完成工事補償引当金
未払金	工事損失引当金
未払費用	従業員預り金
未払法人税等	仮受金
未払事業所税	仮受消費税
未払消費税	その他流動負債

2 支払手形、営業外支払手形

支払手形勘定は、材料貯蔵品の購入代金、工事費、販売費及び一般管理費などの費用の営業取引に基づいて発生した債務を手形を振り出して支払ったときに処理する勘定です。

営業取引以外、たとえば、機械や工具など固定資産を購入したときに生じた債務を手形で支払った場合には、建設業の場合には営業外支払手形という勘定で処理し、金額的に僅少であればその他流動負債として処理します。

3 割引手形、裏書手形（注記される勘定）

受取手形はその支払期日以前に取引銀行で換金することができ、こうして換金をした手形のことを割引した受取手形、すなわち、割引手形といいます。

また受取手形は、工事未払金などの支払いのために裏書して債権者へ譲渡することがあります。こうした裏書した手形のことを、裏書して渡した受取手形、すなわち、裏書手形といいます。

割引手形や裏書手形は、支払期日にその受取手形が決済されなければ（不渡りとなれば）手形の遡求義務が生じ、手形に記載された支払い主に代わって支払わなければならなくなる可能性があります。

したがって、割引や裏書した手形は受取手形のマイナス勘定で、負債ではありませんが、これらの金額は**偶発債務**（場合によっては支払わなければならなくなる債務）としての性質をもっていますから、必ず**貸借対照表に注記**しなければなりません。そのためには、割引をしたときは割引手形勘定で処理し、裏書をしたときは裏書手形勘定で処理して、決算のとき、これらの残高を受取手形勘定より控除するとともに貸借対照表に注記する処理が一般的にとられています。

4 工事未払金

工事未払金勘定は、工事費用の未払額を処理する勘定で、一般企業の買掛金勘定に相当するものです。もちろん、工事原価に算入される材料貯蔵品の仕入代金も工事未払金勘定で処理します。そして、消費税を10%として税抜方式で仕訳する場合、工事未払金には消費税の仕入先への未払いが含まれます。

材料貯蔵品	100	工事未払金	110
仮払消費税	10		

工事未払金は、本来確定債務（債務としての金額が確定しているもの）にかぎられますが、工事が完成し、完成工事高を計上しても、原価の一部が請求書の未着で未確定な場合などがあります。こうした場合は、原価を適切な見積計算により計上せざるを得ないのですが、こうした見積計算により計上した未払金も工事未払金として処理するのが一般的です。もちろん、工事未払金勘定の細目において確定債務と見積計上部分とは区別しておかなければなりません。

5 短期借入金

短期借入金勘定というのは、返済期日が１年以内にくる借入金を処理する勘定です。したがって、長期の借入金でも分割返済などにより１年以内に返済しなければならない借入額は期末に短期借入金勘定に振り替えます。当座借越も短期借入金です。

短期借入金は、少なくともその細目において金融機関借入金、その他の借入金、長期借入金１年以内返済額とに分け、借入先ごとに管理しておく必要があります。

6 リース債務

リース資産の取得に伴う債務、ファイナンス・リース取引に伴う債務で決算期後1年以内に支払われるものは流動負債としてのリース債務、1年を超えて支払われるものは固定負債としてのリース債務として表示されます。したがって長期のリース債務は支払期日別金額を管理し、期末には1年以内の返済額を流動負債のリース債務に振り替える必要があります。

7 未 払 金

未払金勘定では、固定資産や有価証券の購入代金の未払い、未払配当金、広告宣伝費や交際費などの販売費及び一般管理費の未払いで、返済期限が1年以内にくるものを処理します。

8 未払費用

一定の契約に基づいて継続的な役務の提供を受ける場合、すでに提供された役務があれば、その対価が支払われていなくとも費用として計上しなければなりません。こうして計上した費用を処理する相手方勘定が未払費用勘定です。確定債務としての4の工事未払金や7の未払金とは違います。

未払費用もその細目において未払給料、未払利息、未払家賃などに分けておくとよいでしょう。

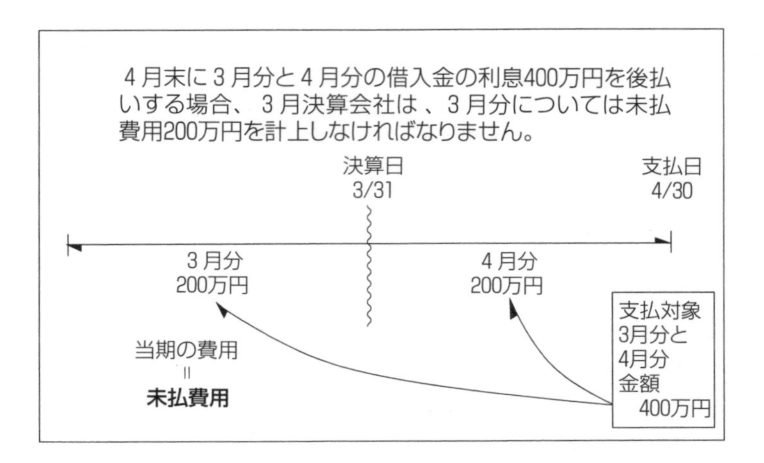

KEYPOINT

工事未払金⇒工事関係の営業債務を計上
未　払　金⇒固定資産の購入その他の確定債務を計上
未 払 費 用⇒時の経過によって発生する費用（家賃、支払利息等）の未払いを計上

9 未払法人税等

税引前当期純利益より控除する法人税・住民税（道府県民税及び市町村民税）及び事業税の納付見込額、また、これらの更正税金の未払額については、「未払法人税等」という勘定科目を使って流動負債に計上します。

法人事業税における外形標準課税分の未払額も「未払法人税等」の勘定で処理します。

10 未払事業所税

事業所税の納付見込額を計上する勘定です。僅少な場合は未払金で処理します。

11 未払消費税

消費税の納付額を処理する勘定です。

消費税は、税率が複数となったため原則として税抜方式で仕訳します。税抜方式で仕訳している場合は、消費税相当分は仮払消費税と仮受消費税として仕訳されていますから、仮払消費税と仮受消費税を相殺し、納付額を未払消費税に振り替えます。

すべての取引を税込方式で仕訳している場合は、税率ごとに勘定科目を区分して、納付税額を未払消費税に計上し、租税公課（消費税）で費用処理します。

納付額がマイナスになるときは還付となり、未収消費税となります。

12 未成工事受入金

引渡しを完了していない工事について、請負代金の一部を受け取った場合は、未成工事受入金勘定で処理します。

工事が完成したとき、完成工事未収入金と相殺します（44ページの例14の仕訳参照）。長期の請負工事について工事進行基準により完成工事高を計上している場合は、それによって計上された完成工事未収入金と対応する工事の未成工事受入金とを相殺処理します。

13 不動産事業受入金

販売用不動産の販売のための前受金を受け取った場合は不動産事業受入金勘定を使って処理し、未成工事受入金勘定と区別します。

14 不動産事業未払金

販売用不動産および不動産事業支出金のための未払金は、不動産事業未払金勘定を使って工事未払金勘定と区別します。

工事関連と不動産事業関連勘定等

工事関連	不動産事業関連	固定資産関連等
未成工事受入金	不動産事業受入金	前　受　金
工 事 未 払 金	不動産事業未払金	未　払　金

15 預り金

預り金勘定で処理するものは営業取引によって発生する得意先からの預り金や下請からの預り金など、長短を問わず流動負債で処理されるもの（営業循環過程内で発生）があります。また、その性質上、翌月に納付される従業員の社会保険料および源泉所得税の預り金も流動負債としての預り金です。しかし、建物などの一部を外部に賃貸した場合に受け入れる敷金あるいは保証金などは、ワンイヤールールにより１年以内に返済期日がくるものは流動負債、１年を超えて返済期日がくるものは固定負債の長期預り金となります。

上場会社等が作成する財務諸表規則では、株主、役員、従業員からの預り金はこの預り金勘定で処理せずその他流動負債として処理し、金額が大きければ、これをその負債の内容を示す勘定で区分表示しなければならないとされていますので、仮にこれらに対する預り金を預り金勘定で処理した場合は区分できるようにしておきます。預り金勘定は、その他細目において得意先預り金、下請預り金、社会保険料預り金、源泉税預り金等に分けておくとよいでしょう。

16 前受収益

一定の契約に従い継続して役務の提供を行う場合、すでに現金等の受入れがあったが、来期以降の収益となるものは前受収益勘定において処理することになります。したがって、前受収益は固定資産の売却代の手付金等を入手した場合の前受金とは異なります。

前受収益勘定もその細目において、前受利息、前受地代家賃等に分けておくとよいでしょう。

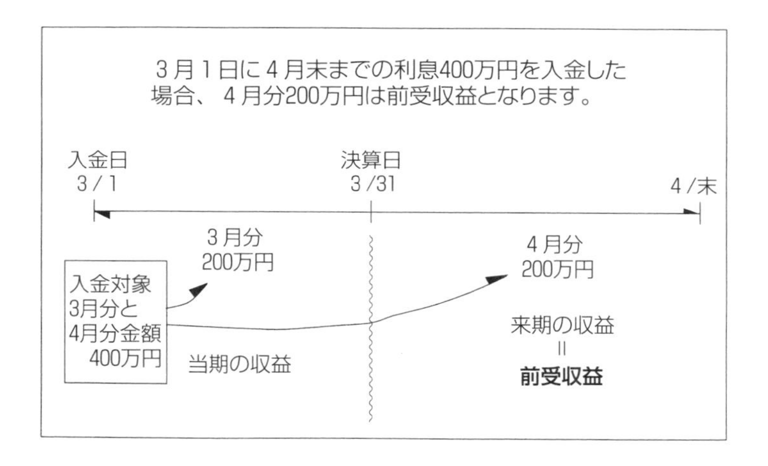

17 賞与引当金・役員賞与引当金

賞与は、儲かった会社が従業員に褒賞金として支給するというより、今日ではむしろ賃金の後払的性格が強まり、業績が良いからといって多額に支払ったり、悪いからといって支払わないような場合は少なくなってきています。

従業員の賞与は、支払いの時期や支給対象期間が労働協約等により定められていたり、また、定められていなくとも慣行的に定着している例が多く、さらにまた、賞与の支給額も労使間の協定等により確定していたり、また未確定であっても見積り可能な場合が少なくありません。

このようなことから、賞与は、**支払われた期に計上**（**現金主義による処理**）するのではなく、労働の対価として、**役務の提供を受けた期に計上**（**発生主義による処理**）しなければならないこととなります。したがって、決算期末において支払時期が未到来であっても、これらの賞与のうち当期に帰属する部分を、未払費用または賞与引当金として計上しなければなりません。賞与引当金は**負債性引当金**(当期の負担すべき費用を合理的に見積って負債として計上したもの）です。

KEYPOINT

賞与の負債計上は次のような違いがあります

① 個人別にすでに支払額が確定債務となっている場合
……………………………………………………未払金

② 個人別に期間対応分がほぼ計算できる場合
……………………………………………………未払費用

③ 前期実績等によって概算計上している場合
……………………………………………………賞与引当金

役員賞与は従来株主総会で利益処分として承認されていましたが、平成18年５月以降の決算では、支給額が合理的に見積もれる場合は、従業員の賞与引当金と区別して「役員賞与引当金」として、決算で計上できるようになりましたが、引当金として計上せず役員報酬に含めて毎月支払うことが一般的です。

賞与引当金の具体的計上方法および処理については、318ページの「11　賞与引当金の計上【上級】」を参照してください。

18 修繕引当金

完成工事高として計上した工事に係る機械等の修繕に対する引当金で、繰入額は工事原価に算入します。

19 完成工事補償引当金

工事の完成引渡後、瑕疵（かし）担保責任によりその工事の瑕疵補修をする場合があります。こうした事後的に発生する費用は、完成工事高を計上するときに合理的に見積計上し、完成工事原価として処理すべきものです。こうした事後的に発生する瑕疵補修の費用を過去の経験率等により計上したのが、完成工事補償引当金勘定です。したがって、完成工事補償引当金は負債性引当金です。

完成工事保証引当金繰入額は完成工事原価で処理します。

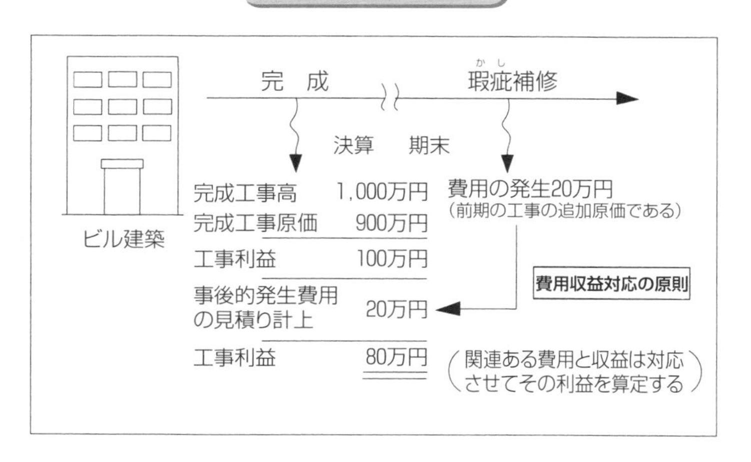

完成工事補償引当金の計上その他の処理については322ページの「13　完成工事補償引当金の計上【上級】」を参照してください。

20 工事損失引当金

手持工事のうち損失の発生が見込まれるものについて、将来の損失に備えるため、その損失見込額を工事損失引当金として計上します。工事損失引当金繰入額は完成工事原価で処理し、繰入額を損益計算書で注記します。

21 従業員預り金

従業員預り金勘定は、従業員からの預り金で社内預金等を記載する勘定です。社内預金制度のある会社は比較的大きな金額となりますので、他の預り金と勘定区分しておくほうがよいでしょう。

22 仮受金、仮受消費税

仮受金勘定は未整理の勘定であり、期末までにできるかぎり精算処理しなければなりませんが、決算期末において、なおその受入額の属すべき勘定あるいは金額が確定しない場合に処理する勘定が、仮受金額勘定です。

税抜方式（消費税分を区分して仕訳する方法）で消費税を処理する場合、取引先より入金する完成工事高100にかかる消費税を10％とすると10を仮受消費税勘定で処理します。

完成工事未収入金	110	完成工事高	100
		仮受消費税	10

23 その他流動負債

以上で述べたような流動負債勘定以外のものはその他流動負債勘定となりますが、金額的に重要な項目は勘定区分する必要があります。ただし、従業員預り金や仮受金などの金額が僅少であれば、その他流動負債として処理することもできます。もちろん、こうした場合でも、勘定の内訳においてその内容を表わす細目区分をしておく必要があります。

建設業法施行規則に定められた勘定分類

流動負債

支払手形	
工事未払金	
短期借入金	
リース債務	117ページ参照
未払金 未払費用	資産総額5/100以下であるときはその他流動負債に含めて記載できる。
未払法人税等	
未成工事受入金	
預り金 前受収益	資産総額5/100以下であるときはその他流動負債に含めて記載できる。
……引当金	修繕引当金
	完成工事補償引当金
	工事損失引当金
	役員賞与引当金
その他	その他流動負債、ただし資産総額5/100を超えるものについては当該負債を明示する科目をもって記載する。

（注）最近増加してきている「電子記録債務」は、支払手形に含めて記載しますが、独立した勘定科目で支払手形の下に記載してある会社もあります。

6 固定負債

1 固定負債とは何か

固定負債は、営業取引以外より生じる債務のうち決済まで1年を超えるものをいいます。分割返済される固定負債の1年以内の返済額は流動負債となります。

固定負債に属する勘定には次のような勘定があります。

固定負債に属する勘定

社債	繰延税金負債
転換社債	退職給付引当金
長期借入金	長期未払金
リース債務	その他固定負債

2 社債・転換社債

社債勘定は、社債の発行に伴う確定債務を処理する勘定です。償還期限が決算期後1年以内のものは流動負債社債（1年以内償還予定）勘定になります。

転換社債勘定は、一定の価額で株式に転換できる社債です。株価と転換価額を比較し、有利な場合は転換して株式を取得し、不利な場合は期日に社債として元本の返済を受けます。

3 長期借入金

長期借入金勘定では、返済期日が決算期後1年を超えて到来する長期借入金を処理します。したがって、分割返済などの場合、1年以内の返済額は短期借入金勘定に振り替えなければなりません。

長期借入金勘定は、その細目で金融機関借入金とその他の借入金に分けておくとよいでしょう。

その他の借入金はその細目において、株主、役員、従業員または関係会社からの借入金に分けておく必要があります。

4 リース債務

ファイナンス・リース取引における債務で決算期後1年以内に支払われるものは流動負債に計上し、1年を超えるものは固定負債に計上します。

5 繰延税金負債

税効果会計を採用する場合に、現在は課税されていないが将来課税される法人税・住民税及び事業税の納付見込額を計上する勘定です。繰延税金資産と相殺してなお残額があるときに計上します。詳しくは98ページおよび330ページの「17　税効果会計（繰延税金資産等の計上）【上級】」を参照してください。

6 退職給付引当金

退職金は、労働協約等に基づいて従業員が提供した労働の対価として支払われる賃金の後払いであるとともに、長期勤続者に相対的に優遇した支給をすることから、功績に対する報償あるいは老後の生活保障などの意味合いを合わせてもっています。

会社は労働協約等に基づき、従業員の提供した労働に対し、退職金の支給義務を条件付および期限付で負っていることから、適正な期間損益計算を行うためには、退職一時金や退職年金の支払時ではなく、労働の提供を受けた勤続期間にわたって、費用として計上しなければなりません。

従来は、これを退職給与引当金として期末の要支給額を基準に税法基準等で計上していましたが、平成13年３月期から、退職一時金や退職年金として従業員に将来支給される退職給付のうち期末までに発生していると認められる額を、一定の割引率で割り引いて、退職給付引当金として計上しなければならなくなりました。これによって従来退職給与引当金を税法基準等で計上していた会社は、大幅な引当不足を生じることとなりました。制度移行時の引当不足は15年以内に解消しなければならないことになっています。優良企業は概ね５年以内に解消しています。従業員300人未満の会社では、簡便法で期末要支給額を基準として見積計上することもできます。

なお、退職給付引当金は従業員に対するものであり、役員退職慰労引当金とは区別されます。

その計上方法等については320ページの「12　退職給付引当金の計上【上級】」で説明します。

なお、役員の退職金の支払に備えて内規等により計上する引当金は、「役員退職慰労引当金」として区分表示します。

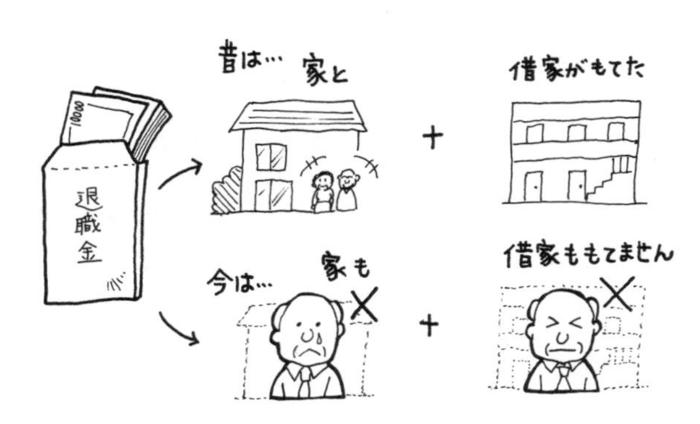

7 長期未払金

長期未払金は、固定資産の購入代金など営業取引以外の取引に基づいて発生した未払金で、その支払期日が1年を超えるものを処理します。

代表的取引は固定資産等を長期の分割払いで購入する取引です。

8 その他固定負債

その他固定負債勘定としては、長期営業外預り金や長期従業員預り金、長期営業外支払手形など固定負債としてすでに述べた勘定以外のものがあります。これらについては、その細目区分で勘定の残高がわかるようにしておく必要があります。長期未払金は金額が僅少ならばその他固定負債として処理できます。

建設業法施行規則に定められた勘定分類

固定負債

社債	
長期借入金	
リース債務	
繰延税金負債	税効果会計を採用しない場合は記載を要しない。
……引当金	退職給付引当金等
負ののれん	のれん勘定（92ページ参照）
その他	その他固定負債、ただし資産総額1/100を超えるものについては当該負債を明示する科目をもって記載する。

7 株主資本

1 株主資本とは何か

会社法のもとでは、「純資産の部」は「株主資本」「評価・換算差額等」および「新株予約権」とに区分され、株主資本の部は次の図のように、資本金、新株式申込証拠金、資本剰余金、利益剰余金、自己株式、自己株式申込証拠金が記載されます。株主資本は株主の払込資金、会社で稼いだ剰余金などです。

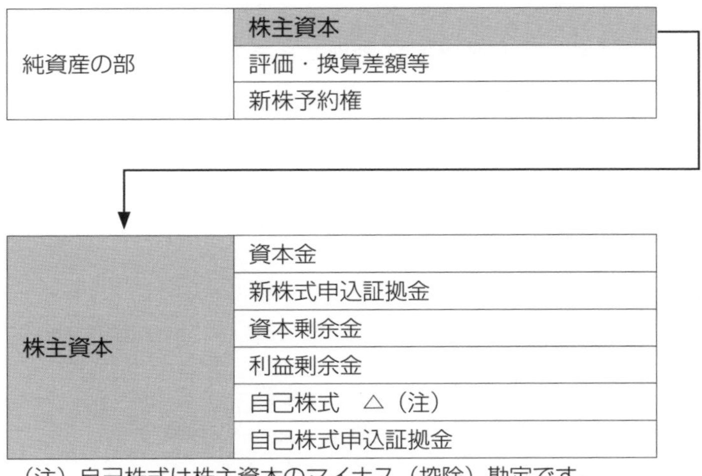

（注）自己株式は株主資本のマイナス（控除）勘定です。

2 資本金

資本金勘定というのは、「設立または株式の発行に際して、株主となる者が、会社に払込みまたは給付した財産額」のうち資本金に組み入れた額（資本金に組み入れなかった額は資本準備金となる（会社法445条第１項および第２項））および株主総会の決議により剰余金から組み入れられた額（会社法第448条ならびに第450条）です。

株式発行にあたって資本に組み入れなければならない額は、発行価額の２分の１以上となります。

3 新株式申込証拠金

新株式の申込期日後、払込期日の前日までにおける払込金は新株式申込証拠金という勘定を使って資本金勘定と区別します。

4 資本剰余金

資本剰余金は資本取引によって生じる剰余金であって損益取引から生じる利益剰余金とは区分されます。

資本剰余金は資本準備金とその他資本剰余金とに分かれます。

① 資本準備金

資本準備金は、株式の発行価額のうち資本に組み入れなかった額（会社法第445条第３・４項および第447条）。また、株主総会の決議により剰余金から振り替えることもできます（同法第451条）。

② その他資本剰余金

資本金および資本準備金の減少差益（資本の減少により減少した資本の額が、株式の消却または払戻しに要した金額および欠損の補てんに充てた金額を超える場合の超過額など）や、自己株式処分差益のように資本取引から生じる剰余金を計上します。

5 利益剰余金

利益剰余金というのは、損益取引から生じる剰余金であって、会社法のもとでは「利益準備金」と「その他利益剰余金」に分かれます。

利益剰余金	①利益準備金	
	②その他利益剰余金	…積立金
		繰越利益剰余金

① 利益準備金

従来、会社は資本準備金と合わせて、資本金の４分の１に達するまで、毎期決算期に、現金による配当、役員賞与等の支払額の10分の１以上を利益準備金として積み立てなければならないとされていました。また、中間配当（期の途中でする配当）をする場合は、配当額の10分の１を利益準備金として積み立てなければならないとされていました。

したがって、額面500円の株式に期末に１割の現金配当（50円）をする場合、５円以上の利益準備金を計上していかなければならないことになり、少なくとも55円以上の利益が必要となり、株主総会の利益処分案の決議を経て次のような仕訳をしました。

株主総会決議後の仕訳

借方	金額	貸方	金額	
当期未処分利益	55	配当金	50	10%
		利益準備金	5	

50円配当をするためには

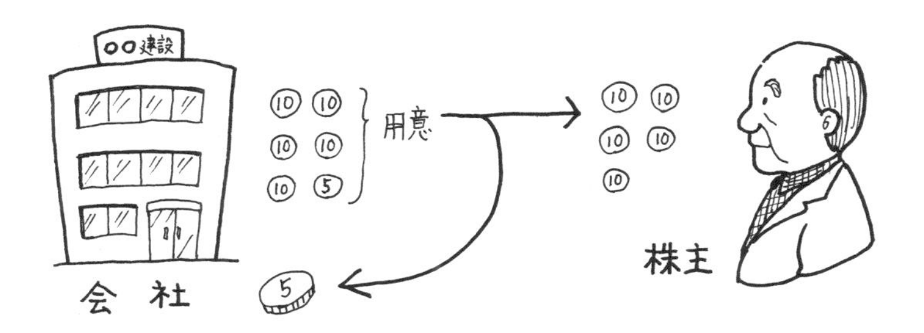

利益準備金は配当金等の支払いの１割以上を会社の内部に留保し、会社の財務体質をよくし、債権者を保護するために設けられている準備金です。

平成18年５月の会社法施行後は、配当の決定は株主総会決議が不要となりましたが、期中で剰余金の配当等をする場合は減少する剰余金の額に10分の１を乗じた額を資本準備金または利益準備金として計上しなければなりません（会社法第445条第４項）。ただし、資本準備金と利益準備金の合計額が資本金の４分の１に達している場合は計上不要とされ（会社計算規則第22条）、仕訳は次のようになります。

剰余金の配当

借方		貸方	
繰越利益剰余金	55	剰余金の配当	50
		利益準備金	5

利益準備金は株主総会の決議により剰余金から振り替えることもできます（会社法第451条）。

②　その他利益剰余金

その他の利益剰余金は、「任意積立金」と「繰越利益剰余金」に分類されます。

任意積立金は、①租税特別措置法の準備金と、②特定の目的のために利益処分によって積み立てた目的積立金と、③特に目的をもたない別途積立金とに分けられます。

租税特別措置法上の準備金はその内容を示す名称で「……準備金」として処理します。たとえば、海外投資等損失準備金、特別修繕準備金などがあります。目的積立金の例としては、何十周年記念事業積立金、事業拡張積立金、配当平均積立金などがあります。

配当等の利益処分や積立金の積立は「株主資本等変動計算書」の「繰越利益剰余金」の増減計算で行います。

繰越利益剰余金は「当期首残高」に「配当による減額」、「積立金の積立て・取崩し」等を増減し、損益計算書で算出された「当期純利益」を加算して「当期末残高」を算出します。当期末残高は貸借対照表と一致します。具体的に示すと次のようになります。

株主資本等変動計算書

	利益準備金	その他利益剰余金		利益剰余金合計
		…積立金	繰越利益剰余金	
当期首残高	3,000	4,000	6,000	13,000
当期変動額				
剰余金の中間配当			△500	△500
剰余金の配当			△500	△500
当期純利益			2,000	2,000
中間配当による積立て	50 ←	←	△50	0
配当による積立て	50 ←	←	△50	0
…積立金の積立て		1,000 ←	△1,000	0
当期変動額合計	100	1,000	△100	1,000
当期末残高	3,100	5,000	5,900	14,000

6 自己株式

「自己株式」は、自分の会社の株式を取得した場合処理する勘定科目で、株主資本の部でマイナス（控除）される勘定です。

自己株式の処分差額はその他資本剰余金の増減として処理します。処分差損がその他資本剰余金から減額しきれない場合は、その他の利益剰余金の繰越利益剰余金から減額します。

7 自己株式申込証拠金

払込期日に株主となるので、申込期日から払込期日の前日までの自己株式の申込証拠金は「自己株式申込証拠金」として、区別しておきます。

8 評価・換算差額

1 評価・換算差額等とは何か

評価・換算差額等という勘定は、会計制度の改正に伴い評価差額や換算差額を処理する勘定です。経済活動が複雑になり有価証券や土地等の価格が著しく変動し、取得原価主義では会社の実態が反映できないようになったため、有価証券やデリバティブ取引等から生じる金融商品や土地等について時価評価を採用するようになりました。その結果帳簿価格と時価との間に評価差額や換算差額が生じるようになりました。評価・換算差額等には次のものがあります。

評価・換算差額等	その他有価証券評価差額金
	繰延ヘッジ損益
	土地再評価差額金

① その他有価証券評価差額金

「その他有価証券」（66ページ参照）については、期末に時価評価します。帳簿価額と期末時価との差額が「その他有価証券評価差額金」となりますが、税効果会計による税金の調整をした後の金額が「評価・換算差額金等」の区分に計上されます（税効果会計は330ページ参照）。

② 繰延ヘッジ損益

ヘッジ会計の繰延ヘッジ損益は、税効果会計による税金の調整をした後の金額を、純資産の部の「評価・換算差額等」の区分に計上することとなりました。

③　土地再評価差額金

土地の再評価に伴う帳簿価額と時価との差額が「土地再評価差額金」です。プラスなら含み益、マイナスなら含み損となります。税効果会計による税金の調整をした後の金額が「評価・換算差額等」の区分に計上されます（税効果会計は330ページ参照）。

KEYPOINT

評価換算差額等がプラスの会社は有価証券や土地に含み益のある良い会社といえます。

しかし土地再評価後、土地の値下りが続き土地再評価差額金が含み益としての実態を表していない場合があります。

9　新株予約権

新株予約権は一定の価額で新株を購入する権利を処理する勘定です。新株予約権を行使し、あらかじめ決められた発行価格を払い込むと、新株が発行され、資本金が増加します。

新株予約権は従来負債として計上されていましたが、会社法では純資産の部の株主資本として計上されることとなりました。

建設業法施行規則による純資産の部は次のようになります。

建設業法施行規則に定められた勘定分類

純資産

<table>
<tr><td rowspan="8">株主資本</td><td colspan="2">資 本 金</td></tr>
<tr><td colspan="2">新株式申込証拠金</td></tr>
<tr><td>資本剰余金</td><td>資本準備金
その他資本剰余金</td></tr>
<tr><td rowspan="2">利益剰余金</td><td>利益準備金</td></tr>
<tr><td>その他利益剰余金　…準備金
…積立金
繰越利益剰余金</td></tr>
<tr><td colspan="2">自己株式　△</td></tr>
<tr><td colspan="2">自己株式申込証拠金</td></tr>
<tr><td colspan="2"></td></tr>
<tr><td rowspan="3">評価・換算差額等</td><td colspan="2">その他有価証券評価差額金</td></tr>
<tr><td colspan="2">繰延ヘッジ損益</td></tr>
<tr><td colspan="2">土地再評価差額金</td></tr>
<tr><td>新株予約権</td><td colspan="2"></td></tr>
</table>

会社法のもと、決算をむかえる会社は、上記の純資産の「当期首残高」、「期中における増減」、「当期末残高」を記載した株主資本等変動計算書を作成することとなっています（様式は364ページ参照）。

10 完成工事高および建設業の売上計上基準

1 完成工事高と売上計上の一般基準

会計学においては、売上計上ができるのは受け取る対価が確定し、財貨用役を提供したときとされています。

対価の確定というのは確定であって入金ではありません。それは、注文書、その他による買取りの意思表示がなされたことであり、それによって売り上げるべき数量および金額が確定します。しかし、注文があっても相手に物や用役を提供しなければ代金はもらえません。そこで、一般に物が出荷されたときに売上を計上する（「出荷基準」と呼ぶ）こととなります。

売上計上の要件

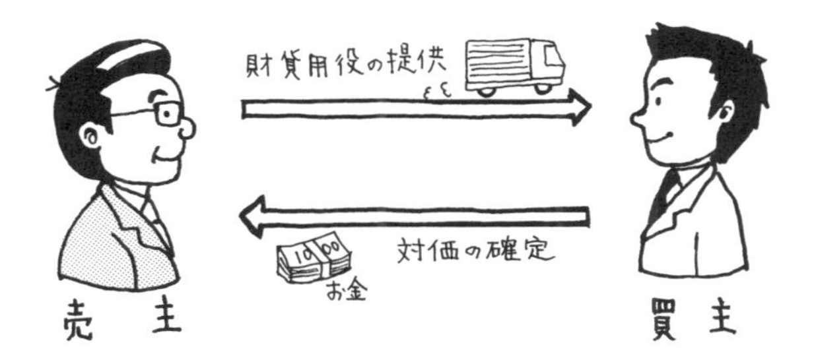

こうした2つの条件を満足して売上を計上する方法を「**実現主義の原則**」といいます。

建設業の売上高は完成工事高という勘定で処理しますが、建設業の売上計上基準には、次に述べる工事完成基準、部分完成基準および工事進行基準と呼ばれるものがあります。そして、令和3年4月から始まる決算期から新収益認識基準が適用されるようになりました。

KEYPOINT

建設業の売上計上基準

① 工事完成基準
② 部分完成基準
③ 工事進行基準
④ 新収益認識基準

2 工事完成基準

① 対価の確定

普通の見込生産をする会社では、あらかじめ製品を作っておいて、注文がきてそれを出荷した時点で、売上を計上します。このような会社では、注文がきてはじめて売上となる金額が確定します。注文がこなければ売れ残りとなり、やがてそれは不良在庫となります。

しかし、建設会社の場合は工事を施工するにあたり、原則として、請負契約書という注文書で、将来、売上金額となる金額が確定しているのです。

② 引渡しとは

対価が確定しているのならば、売上計上時点は引渡時点（財貨の提供）をいつと判断するかによります。では、工事の引渡しの時点とはいつのことをいうのでしょうか。

工事の引渡しの時点は、形式的な引渡書や完成届により判断するものではありません。それは、実質引渡しの完了を意味するのであって、たとえ竣工式や支払請求のための完成届等の形式的な引渡しと認める事実があっても、その後においてなお主要な部分の工事を継続する場合や、工事に重大な瑕疵があり、これを補修しなければその用に供せられない場合、あるいは莫大な仮設物を要する工事であってこれを撤去しなければ通常引渡しが完了しないような場合は、それらが完了してはじめて工事の完成引渡しとなり、収益計上の時点となります。

これが工事完成基準です。

③　対価の確定と請負金の見積計上

工事完成基準をこのように考えると、引渡時点で請負金の一部が確定しない場合は売上が計上できないのでしょうか。

建設業においては、工事の途中において設計変更や追加工事が発生します。特に工事の完了間近において設計変更や追加工事が生じ、しかも、それが期末近くであった場合、完成引渡した工事であっても請負金の一部が確定しない場合があります。

こうした場合は、期末の現況により、その金額を見積り、完成工事高を計上します。

なぜなら、期末までに施主からの注文書が出ていなくても、工事を引き渡すからには、内定している場合が多く、そうでなくとも見積書などを提出して交渉中であることから、交渉経過などを勘案して合理的に見積計上できるからです。

④　見積差額の処理

さて、見積計上した完成工事高が翌事業年度以降において確定した場合の増減差額は毎期経常的に発生するものであり、金額的にも総完成工事高に比べて僅少であることから、その確定の日を含む完成工事高として処理するのが一般的な処理です。

3　部分完成基準

工事完成基準に類するものとして部分完成基準という売上計上基準があります。

１つの契約により同種の建設工事等を多量に請け負った場合で、その引渡量に従って工事代金を受け取る特約、あるいは慣習がある場合、たとえば、１つの契約であっても工期を少しずつずらしたマンションを何棟か建て、棟ごとに引渡しをし、工事代金を受け取っていくような場合は、引渡しをする棟ごとに完成工事高を計上していかなければなりません。

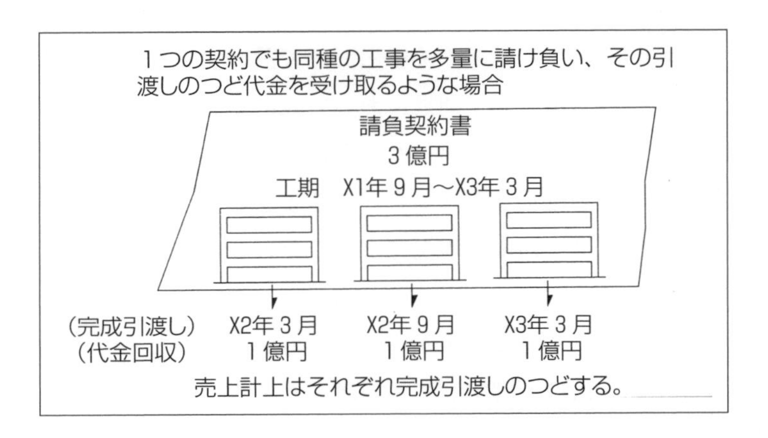

また、1つの建設工事等であっても、その建設工事等一部が完成し、その完成した部分を引き渡したつど、その割合に応じて工事代金を受け取る特約または慣習がある場合、たとえば、1本の契約の大規模な造成工事で、第1期、第2期、第3期と工事を分けて施工して部分的に引き渡して工事代金を受け取っていくような場合は、その部分的引渡しごとに完成工事高を計上していかなければなりません。

こうした場合、全体にかかる共通経費や工事原価は、請負金比率などの合理的な基準によって配分し、完成工事高に対応する完成工事原価を計上しなければなりません。

4　工事進行基準

工事進行基準というのは、工事の進行度合に合わせて損益を計上していく方法です。

①　工事進行基準の条件

工事進行基準による損益の計上が認められるためには、①建設業のように請負業であり、あらかじめ請負契約書により請負金額が定められている必要があります。また、②適正な工事収益率（総請負金÷総原価）の見積りが可能でなければなりません。そして、③工事期間が少なくとも１年を超える長期のものが対象となります。

長期の請負工事は、通常、大型工事となりますが、こうした工事を完成基準で決算すると、同じような営業活動を実施していても、工事が完成した事業年度のみ多額な完成工事高（したがって、完成工事損益）が計上されることとなってしまいます。

そこで、請負工事で長期なものについては、その総原価が適切に見積れるものにかぎり、工事進行基準による収益の計上を認めているのです。

もちろん、こうした長期の大型工事が毎期継続していくつも完成となるような大手の会社は、工事進行基準を採用しなくても、毎期の経営成績を表わす期間損益は、それほどゆがめられることはありませんが、そうでない会社の場合は、工事進行基準の採用をした方がその期の経営成績を正確に表示することができます。

工事進行基準を採用する場合、先に述べた条件にあたる工事について会社ごとに一定の基準、たとえば、工期が１年を超え請負金５億円以上の工事のような進行基準を採用する工事を定め、赤字、黒字を問わず毎期継続して工事進行基準により決算することが必要です。

KEYPOINT

四半期報告制度が導入され、工事進行基準を採用する会社が増加してきています。しかし、工事進行基準の利益率の見通しを誤り、完成近くに大きな損失を計上する会社もあります。

② 赤字工事の進行基準と工事損失引当金

今日、赤字工事は工事損失引当金を計上することになっています。

【設例１】 赤字工事の進行基準

進行基準を採用する工期２年、請負金20億円工事について、第１期末で利益率を検討した結果、見積総原価が22億円（10%の赤字）と見込まれた。第１期の発生原価は11億円、出来高50%であった。

この事例では、第１期、第２期の決算見込みは次のようになります。

単位：百万円

決算期	１期	２期（完成）	合計
完成工事高	1,000	1,000	2,000
完成工事原価	1,100	1,100	2,200
完成工事損益	−100	−100	−200

しかし、次年度以降において損失が見込まれる工事については、工事損失引当金を計上しなければならないので、第１期において第２期の損失見込額100百万円を計上しておくこととなります。

したがって第１期の工事損失は200百万円となり、第２期は100百万円の工事損失が出ますが、すでに計上してある工事損失引当金を取り崩すので、工事が予定通り終了すれば第２期の工事損失はゼロとなります。

単位：百万円

決算期	1期	2期（完成）	合計
完成工事高	1,000	1,000	2,000
完成工事原価	1,100	1,100	2,200
工事損失引当金	（計上）100	（取崩）−100	
完成工事原価計	1,200	1,000	2,200
完成工事損益	−200	0	−200

第２期において請負金や工事原価に増減が生じた場合の損益は第２期分の完成工事損益として計上されます。

過年度で黒字決算した工事も、工事利益率が下がると、最終的な全体工事損益が黒字でも、次の設例２のように赤字決算をしなければならないことが起こります。

【設例２】　工期３年、30億円の工事について工事進行基準を採用した。第１期は順調であったが、第２期において事故があり、当初の実行予算の工事利益率は30％から4％に下がった。

この事例の場合は、第１期は、30％の工事利益率で原価が700百万円なら完成工事高は1,000百万円で300百万円の工事利益が計上されます。第２期で事故が起こり、実行予算の見積総原価は2,880百万円となり、見積総工事利益は120百万円（工事利益率４％）となりました。すでに第１期で300百万円の工事利益を計上しているので、２期と３期で180百万円の工事損失を計上することになります。第２期と第３期の発生原価がそれぞれ1,090百万円とすると、第２期で90百万円、第３期で90百万円の赤字を計上することとなりますが、第２期においては、第３期の工事損失90百万円も工事損失引当金として先取りして計上しなければならないことから、第２期において180百万円の工事損失を計上することとなります。

単位：百万円

決算期	1期	2期	3期	合計
完成工事高	1,000	1,000	1,000	3,000
完成工事原価	700	1,090	1,090	2,880
完成工事損益		−90	−90	
工事損失引当金		−90	+90	
完成工事原価再計	700	1,180	1,000	2,880
完成工事損益	300	−180	0	120
工事利益率	30%	−18%	0%	4%

このように、工事進行基準を採用する場合は、工事途中の工事利益率の急激な悪化は、決算に非常に大きな影響を及ぼしますので、当初の実行予算での見積総原価の算定は、工事完了までの工事リスクをしっかり把握して行う必要があります。

工事損失引当金の計上額は、税務計算上損金と認められません。有税処理となります。

KEYPOINT

工事損失引当金の繰入額は、完成工事原価です。特別損失ではありません。

工事進行基準は適正な工事収益率が見積可能でなければなりません。そのためには原価管理がしっかりして、工事の実態が絶えず正確に反映できる制度が確立されていなければなりません。

③ 工事進行基準適用の要件

平成19年12月企業会計基準委員会より公表された「工事契約に関する会計基準」では、「工事契約については工事の進行途上においても、その進捗部分について成果の確実性が認められる場合には工事進行基準を適用し、この要件を満たさない場合には工事完成基準を適用する。」として原則が工事進行基準となっています。

工事契約に関して進行途上において進捗部分の成果が確実に認められるためには、「工事収益総額・工事原価総額・決算日における工事進捗度」について「信頼性をもって見積ることができなければならない。」とされています。

信頼をもって工事収益総額を見積るためには、工事の完成見込みが確実であり、そのためには工事の施工能力があり、かつ、完成を妨げる環境要因がないことが必要であり、また、工事について「対価の定め」があることが必要とされます。

信頼をもって工事原価総額を見積るためには、工事原価の事前の見積りと実績を対比することによって、適時・適切に工事原価総額の見積りを見直すことが必要とされます。

決算日における工事の進捗度を見積る方法として原価比例法を採用する場合は、工事収益総額と工事原価総額が信頼をもって算出されれば、決算日における工事の進捗をも信頼をもって見積ることができることとなります。

上記の工事進行基準適用の条件は、必ずしも工事の着工時に満足されているとはかぎりません。工期の長い大型工事では、工事着工時までに実行予算ができないことは多く、また、全体の請負金が決まっていない場合もあります。こうした場合は、進行基準適用の要件を満たした時点から進行基準を採用することとなります。進捗部分についての成果の確実性が保証されるためには、工事請負契約と実行予算ができてから進行基準を採用するのが一般的です。

工事進行基準は、長期の大型工事について適用されていましたが、平成20年４月から四半期決算制度が導入され、対象工事の規模がさらに小さくなり、**令和３年度から新しい収益認識基準が適用されると、「原則が工事進行基準で、例外が工事完成基準」となりました。**

④　税務と工事進行基準

税務では、工事進行基準と工事完成基準のいずれも認められた基準ですが、①工事の着手から完成引渡まで１年以上で、②請負金10億円以上で、③請負代金の２分の１以上が引渡期日から１年以上を経過する日後に支払われるものでない場合は、工事進行基準で決算しなければならないという進行基準の強制適用基準があります。

また、赤字工事であるからといって申告調整は不要で、進行基準の適用によって計算された未収入金は貸倒引当金の計上の対象債権になります。

⑤　仮設材等の回収計算

工事進行基準を採用する場合、より正確に期間損益を把握するという工事進行基準の趣旨からすれば、長期間使用する仮設材等の回収計算を毎期しなければなりません。

たとえば、第１期に5,000万円の仮設材を工事に投入し、第３期にこれを1,000万円で回収した場合、工事原価として負担すべき額は4,000万円です。この原価は、仮設材の使用期間中に原価に投入してやるべきもので、第１期、第２期、第３期に適切な原価の配分をしてやらなければなりません。そうでないと、次ページの例のように仮設材を投入した期の原価が増加し、回収した期はマイナスの原価が発生して黒字工事の場合は利益の先出しとなってしまうからです。

回収扱いの仮設材の原価配分は、使用工期を基準とする方法や出来高を基準とする方法がありますが、その使用目的によっていずれかの方法を決めます（具体的な計算方法は294ページ参照）。

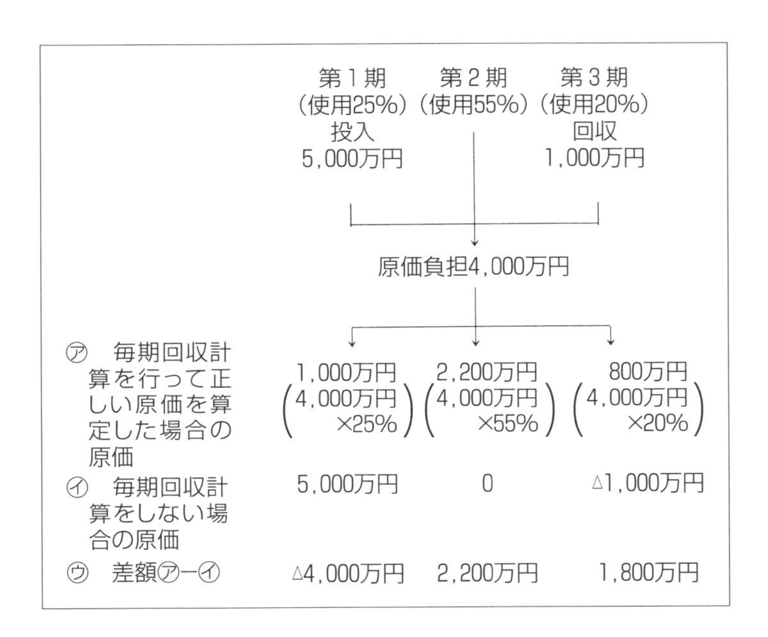

ただし、仮設材等でも使用料扱い（リースその他を活用）で、回収扱い計算をしなくてよい場合、および回収扱いのものがあっても全体の工事原価におけるウェイトが非常に僅少である場合は、毎期こうした回収計算をしなくてもよいでしょう。

なお、新しい収益認識基準によって毎月発生する原価に基づいて適正な収益率で収益を計上していく場合は、仮設材は回収計算方式ではなく使用料方式で毎月原価計上していくほうが実務的でしょう。

⑥　工事進行基準における見積総原価

工事進行基準を採用する場合、見積総原価を計算しなければなりませんが、少なくとも年２回程度はその見直し計算が実施されなければなりません。

建設業では、通常、工事の受注時に元積りを作成し、着工後、工事実行予算を作成し、その後修正があれば実行予算を見直します。

これらの元積りや実行予算は、詳細な原価の積上計算によって作成しますが、これらの予算に定められた総原価をもって進行基準決算のための見積総原価とできるのは、予算の作成と決算の間にあまり期間が経っていない場合のみです。

見積総原価は、ⓐすでに発生した原価、ⓑいまだ発生していないがすでに発注した原価、ⓒ発生も発注もしていない原価、より構成されます（223ページ参照）。

工事原価は、工事の進行に伴って、毎月発生し、ⓐおよびⓑは時が経過するに伴って増加し、ⓒは時が経過するに従って減少していきます。

進行基準採用工事の見積総原価が変動するのは、ⓒの見積額と実際発生額との間に差が生じることが主な原因です。見積要因が少なければ少ないほど、より正確な総原価の算定が可能となります。そこで、少なくとも年２回、中間決算と本決算の１～２ヵ月前に見積総原価の見直しを行い、工事の損益現況を把握しなければ工事の実態を反映した決算はできません。

さて、そのためにはどのようにして見積総原価を集計したらよいでしょうか。この見積総原価の算定については、220ページの「６　原価管理」で詳しく述べることにします。

⑦　四半期報告制度と工事損益の現況の把握

平成20年４月から、四半期ごとに会計報告をする四半期報告制度が開始されました。３月決算の場合、「２月で検討して３月に本決算」「８月で検討して９月に中間決算」をしていた今までに加えて、「５月で検討して６月に第一四半期」「11月で検討して12月に第三四半期」と年４回工事損益の現況を見直す会社が出てきましたが、令和３年度から適用される新しい収益認識基準では、毎月の原価管理の中で収益率の修正が必要となれば、その都度より適正な収益率で月次の完成工事高を計上していくこととなります。

⑧ 工事進行基準による決算の仕方【上級】

工事進行基準による決算の仕方を簡単な例で示すと、次のようになります。

① 請負金1,000,000,000円、工期３年の工事を受注し、受注時の見積総原価（元積り）は800,000,000円であった。

② **第１期目**の期末において未成工事支出金勘定は、283,000,000円の原価が発生していた。組立てハウス、その他回収を行う仮設材が、50,000,000円支出金の中に入っていたが、その最終回収原価が、社内の規定によれば10,000,000円であった。期末の第１回目の決算直前に、実行予算が作成され、見積総原価は、810,000,000円であった。なお、期末の工事月報の累計出来高は25％であった。

③ **第１期目の決算**

ⓐ **当期発生原価の把握**

未成工事支出金勘定の中に入っている仮設材の回収計算

（50,000,000円－10,000,000円）×25％＝10,000,000円
（投入原価）（最終回収原価）（出来高）（当期負担原価）

（注） 投入原価50,000,000円と最終回収原価10,000,000円の差額がこの工事で負担すべき工事原価。

50,000,000円－10,000,000円＝40,000,000円
（投入原価）（当期負担原価）（当期回収原価）

〈回収材の仕訳〉

材料貯蔵品　40,000,000 ／未成工事支出金　40,000,000

当期発生原価＝283,000,000円－40,000,000円＝243,000,000円

ⓑ **当期完成工事高の把握**

$$（請負金）1,000,000,000円\times\frac{（当期発生原価）\ 243,000,000円}{（期末見積総原価）\ 810,000,000円}$$
＝300,000,000円

ⓒ **完成工事高、完成工事原価の計上と完成工事損益**

完成工事未収入金（注）300,000,000 ／完 成 工 事 高 300,000,000
完成工事原価　243,000,000 ／未成工事支出金 243,000,000

当期完成工事利益＝300,000,000円－243,000,000円＝57,000,000円

（注）未成工事受入分があれば完成工事未収入金と相殺する。

④ **第２期目**　第１期末に行った仮設材の回収を未成工事支出金に戻す。

未成工事支出金　40,000,000／材料貯蔵品　40,000,000

⑤ 第２期目において、20,000,000円の設計変更が入り、期末においてこれを含めた総原価の見積りは、820,000,000円となった。未成工事支出金は680,000,000円であった。また、月報の出来高は80％となっていた。仮設材は新たに10,000,000円の投入があり、この最終回収価額は5,000,000円であった。

ⓐ **累計発生原価の把握**

未成工事支出金勘定の中に入っている仮設材の回収計算

｛(50,000,000円＋10,000,000円）－（10,000,000円＋5,000,000円)｝
×80％＝36,000,000円（累計負担原価）

（50,000,000円＋10,000,000円）－36,000,000円＝24,000,000円

材料貯蔵品　24,000,000／未成工事支出金　24,000,000

累計発生原価　680,000,000円－24,000,000円＝656,000,000円

ⓑ **累計完成工事高の把握**

$$1{,}020{,}000{,}000\text{円}\times\frac{656{,}000{,}000\text{円}}{820{,}000{,}000\text{円}}=816{,}000{,}000\text{円}$$

ⓒ **当期完成工事高、完成工事原価の把握**

当期完成工事高＝（累計完成工事高）816,000,000円－(既決算完成工事高）300,000,000円＝516,000,000円

当期完成工事原価＝（累計完成工事原価）656,000,000円－(既決算完成工事原価）243,000,000円＝413,000,000円

ⓓ **完成工事高、完成工事原価の計上と完成工事損益**

完成工事未収入金（注）516,000,000／完　成　工　事　高 516,000,000
完成工事原価　413,000,000／未成工事支出金 413,000,000

完成工事利益＝516,000,000円－413,000,000円＝103,000,000円

（注）未成工事受入金があれば完成工事未収入金と相殺する。

×２年３月期進行基準工事内訳表

工事No.×××　　工事名×××　　工期××－××　　第２回決算

	請負金	工事原価	工事損益
総　額	1,020,000,000	820,000,000	200,000,000
既決算	300,000,000	243,000,000	57,000,000
当期決算	516,000,000	413,000,000	103,000,000
累計決算	816,000,000	656,000,000	160,000,000
残工事	204,000,000	164,000,000	40,000,000

工事利益率	賦課金	資金利息	純損益	純利益率
19.6%	××	××	××	×%
19.0	××	××	××	×
20.0	××	××	××	×
19.6	××	××	××	×
19.6	××	××	××	×

上記の表は工事の決算状況や利益率の変動などがつかめ、また、累計決算額がわかることから完成時において赤字工事の税務調整計算にも役立つ資料となる。また、賦課金、資金利息など管理的情報も加えて管理上重要な工事の純損益計算ができる。

⑥ **第3期**に至り工事が完成した。順調に推移したため総工事原価は10,000,000円減少したとすると、次のような損益が発生することとなる。

X3年3月期進行基準工事内訳表

工事No.××× 工事名××× 工期××－×× （最終決算）

	請負金	工事原価	工事損益	工事利益率	
総額	1,020,000,000	810,000,000	210,000,000	20.6%	
既決算	816,000,000	656,000,000	160,000,000	19.6	
当期決算	204,000,000	154,000,000	50,000,000	24.5	
累計決算	1,020,000,000	810,000,000	210,000,000	20.6	
残工事	0	0	0	0	

上記事例は、わかりやすくするために3年工期の年度決算において説明していますが、四半期ごとに利益率を見直すとして四半期決算に置き換えれば、4月から6月を第1期、7月から9月を第2期…のようにみることもできます。また、都度利益率を見直すとすれば、当期決算が見直した月の月次決算に反映される損益となります。

KEYPOINT

進行基準の決算ポイント

① 利益率（実行予算）の見直しを行う。
② 出来高に見合う工事原価を計上する。

5 新収益認識基準

工事完成基準では、期末までに90%完成した工事の完成工事高の計上はありません。期間損益に反映されるのは翌期完成した時点です。完成前の施工実績を期間損益に反映しようとするのが工事進行基準です。しかし工事進行基準は、適正な工事収益率が算定できなければならず、しっかりした実行予算と出来高管理により、工事の進捗部分について成果の確実性が認められる場合に収益を計上するものでした。そこで、長期の大型工事についてのみ工事進行基準により決算をして、その他の工事については工事完成基準によることが一般的でした。

しかし、継続して同じような経営活動をしていても工事の完成の時期によって期間損益に偏りが生じることも多いことから、より正確に経営成績を期間損益に反映しようとすれば、発生主義的工事収益の認識が必要で、工事進行基準の範囲は拡大する必要があります。

国際会計基準では、期間損益の正確な把握に非常に重点が置かれます。なぜなら、期間損益が役員の経営責任と大きく結びついているからです。完成引渡し時点に計上される来期以降の損益よりも、在職期間の今期の損益のほうに関心があります。同様に、会社の投資家も今期の儲けの配分のためには、今期の経営成績を正確に反映する期間損益を知りたいと思うでしょう。

そこで、令和３年４月から収益計上基準が見直され、建設業では**財又はサービスに対する支配が顧客に一定期間にわたり移転する場合には、当該財又はサービスを顧客に移転する履行義務を充足するにつれて、一定期間の収益を認識する方法に変更する**こととなりました。

直訳したような基準でわかりにくい表現ですが、建設会社では工事契約のもとで工事を実施し、出来高が上がっていき、工事原価は未成工事支出金に集計され、その出来高は一定の期間にわたり顧客に移転していきます。つまり、会社が発注者との工事契約の義務を履行することによってその工事の未成工事支出金が集計され、かつ発注者との契約における義務の履行を完了した部分について対価を収益として計上するというものです。これは工事進行基準による収益の計上と同じです。

さらに一歩進んで、収益は出来高ですが、**履行義務の充足に係る進捗度の測定は、期末までに発生した工事原価が、完成までに予想される工事原価の総額に占める割合で行ってよい**とされました。

また、実行予算等ができていない場合は、**発生した原価を回収すると見込まれる場合は、原価回収基準で収益を計上してもよい**とされました。

もちろん金額的重要性から、短期の工事、少額工事は従来どおりの完成基準で決算することも実務上は可能でしょうし、着工したばかりで出来高も上がっていないような工事は未成工事支出金として計上したままで収益を認識しないことも可能でしょう。

しかし、このように工事進行基準の拡大概念のもとに、原価回収基準も認められるようになり、工事進行基準による売上比率は大幅に増加することになりました。その結果、建設業法施行規則の様式の損益計算書の注記から、**工事進行基準の完成工事高が削除**され、重要な会計方針として完成工事高の計上基準についての要領が追加され、重要な会計上の見積りとしてその内容や金額を注記することとなりました。

新収益認識基準を適用する場合の注記

様式第17号の２（注記表）記載要領 注2
（4） 完成工事高及び完成工事原価の認識基準、決算日における工事進捗度を見積もるために用いた方法その他の収益及び費用の計上基準について記載する。なお、会社が顧客との契約に基づく義務の履行の状況に応じて当該契約から生じる収益を認識するときは次の事項を記載する。
① 当該会社の主要な事業における顧客との契約に基づく主な義務の内容
② ①に規定する義務に係る収益を認識する通常の時点
③ ①及び②に掲げるもののほか、当該会社が重要な会計方針に含まれると判断したもの

令和５年３月期の有価証券報告書での「完成工事高の計上基準」の記載例は、次のようになっています。

「収益認識に関する会計基準」（企業会計基準第29号）注記事項

●鹿島建設株式会社
（前略）約束した財又はサービスに対する支配が顧客に一定の期間にわたり移転する場合には、当該財又はサービスを顧客に移転する履行義務を充足するにつれて一定の期間にわたり収益を認識する方法を採用しており、履行義務の充足に係る進捗度の測定は、主として各期末までに発生した工事原価が、予想される工事原価の合計に占める割合に基づいて行っている。
（開発事業等の記載省略）
　なお、建設事業及び開発事業において、契約における取引開始日から完全に履行義務を充足すると見込まれる時点までの期間がごく短い契約については代替的な取扱いを適用し、一定の期間にわたり収益を認識せず、完全に履行義務を充足した時点で収益を認識している。

●**大成建設株式会社**

（前略）土木・建築事業においては、工事契約を締結しており、工事の進捗に応じて一定の期間にわたり履行義務が充足されると判断していることから、少額又はごく短い工事を除き、履行義務の充足に係る進捗度に基づき収益を認識しております。なお、履行義務の充足に係る進捗度の見積りは、当該事業年度末までに実施した工事に関して発生した工事原価が工事原価総額に占める割合をもって工事進捗度とする原価比例法によっております。

　また、契約の初期段階を除き、履行義務の充足に係る進捗度を合理的に見積もることができないものの、発生費用の回収が見込まれる場合は、原価回収基準により収益を認識しており、少額又は期間がごく短い工事については、工事完了時に収益を認識しております。

<table>
<tr><th rowspan="2">従来の収益計上基準</th><th colspan="3">新収益認識基準</th></tr>
<tr><th>収益の認識時点</th><th colspan="2">収益の計上基準</th></tr>
<tr><td>進捗部分について成果の確実性が認められる工事は工事進行基準</td><td rowspan="2">財又はサービスに対する支配が顧客に一定の期間にわたり移転する場合には、当該財又はサービスを顧客に移転する履行義務を充足するにつれて、一定期間にわたり収益を認識</td><td rowspan="2">新工事進行基準</td><td>総工事原価に基づく比例配分基準で計上できる</td></tr>
<tr><td rowspan="2">その他の工事は工事完成基準</td><td>発生した費用の回収が見込まれる場合は原価回収基準で計上できる</td></tr>
<tr><td>その他の場合は完成引渡しの一定時点で収益を認識</td><td>完成基準</td><td>工事完成基準で計上</td></tr>
</table>

6 新収益認識基準による会計管理

完成工事に対して未成工事という概念があります。未成工事は原価を未成工事支出金で集計するとともに、それに相応する出来高を未成工事出来高という勘定で管理します。

未成工事出来高の相手勘定は、未成工事未収入金という勘定で管理します。出来高払いの入金があれば未成工事未収入金から回収します。未成工事未収入金は、工事期間中の取下金を管理する勘定です。期末に未成工事出来高は完成工事高に振り替え、未成工事未収入金は完成工事未収入金に振り替えます。

未収工事の会計管理

（単位：百万円）

受注400、実行予算320、着工1月工期5月　毎月の未成工事支出金80　決算期3月とすると、

毎月の仕訳は

未成工事支出金	001工事	80	/	工事未払金	80
未成工事未収入金	A商店	100	/	未成工事出来高	100

$$\frac{80}{320} \times 400 = 100 = \text{未成工事出来高}$$

となり、3月に現預金100の取下げがあったとすると、

取下げの仕訳は

現預金	100	/	未成工事未収入金	100

3月末勘定残高は

未成工事出来高300、未成工事支出金240　未成工事未収入金200

となり、決算仕訳は次のようになります。

未成工事出来高	300	/	完成工事高	300
完成工事原価	240	/	未成工事支出金	240
完成工事未収入金	200	/	未成工事未収入金	200

「未成工事出来高」と「未成工事未収入金」という勘定科目を導入することによって未成工事の損益状況および勘定残高が毎月管理

できるようになります。実行予算による合理的見積額で未成工事支出金の発生に比例して未成工事出来高を計上していきます。

新収益認識基準での決算は、1年以内の工事に工事進行基準を採用した場合と同じです。実行予算ができていない場合など進捗度を合理的に見積もることができないときに、発生する費用を回収することが見込まれる場合は、原価基準で発生した原価と同額を未成工事出来高として計上して、期末は完成工事高に振り替えることができます。

実行予算ができていないため、適正な工事収益率が算定できない場合は、従来の基準では未成工事支出金のまま棚卸資産として処理されますが、新基準では、発生した原価を回収すると見込まれる場合は原価回収基準で収益を計上してもよいとされました。

先の例によれば、原価回収基準で決算する場合は、3月末の未成工事支出金は240百万円ですので、完成工事高は240百万円計上することとなります。従来基準だと当該工事のこの期間における完成工事高・完成工事原価ともにゼロで決算することになりますが、新収益認識基準によると、完成工事240百万円、完成工事原価240百万円、工事損益0として決算することができます。期間の経営活動をより反映する損益計算書は新基準ということになります。

原価回収基準による損益計算

（単位：百万円）

従来の会計基準		新収益認識基準（原価回収基準）	
損益計算書		損益計算書	
完成工事高	0	完成工事高	240
完成工事原価	0	完成工事原価	240
完成工事損益	0	完成工事損益	0

11 完成工事原価

1 完成工事原価と未成工事支出金

完成工事原価勘定は、完成工事高と、計上したものに対応する工事原価を記載する勘定です。

建設業では、個別原価計算を行い、工事ごとに原価を集計していきます。工事が完成するまで、この原価は、原則として未成工事支出金勘定で処理され、完成によって未成工事支出金勘定より完成工事原価勘定に振り替えられます。原則としてというのは、工事が完成する前に完成工事原価に振り替えられる場合もあるからです。それは、工事進行基準を採用する場合などです。

2 完成工事原価の見積計上と見積差額の処理

完成引渡した工事であっても、その決算期において工事原価の一部が確定しないことがあります。こうしたケースは、請負金の一部が確定しない場合などに生じますが、単に下請等からの請求書が未着である場合などもあります。前者の場合は、下請より提出された見積書および決算期末の現況により、その金額を適正に見積計上し、後者の場合は、注文書、納品書、検収書等によりその金額を算定することとなります。

次期以降においてこの見積計上額と確定額とに差額が生じた場合の処理は、確定した期の完成工事原価として処理します。これは完成工事高の見積計上の場合と同じ理由によるものです。

12 販売費及び一般管理費

1 販売費及び一般管理費とは何か

販売費及び一般管理費というのは、本店、支店および支店に準じる営業所あるいは事業部等において発生した費用であり、期間費用として処理される営業費用です。

営業費用には、①営業収益（完成工事高）と個別的対応関係のある費用と、②個別的対応関係がなく、むしろ経常的・期間的に発生する費用があります。

①の営業費用は、たとえば、１つの工事に関連して発生した生コン代や鉄筋代、外注費や現場の職員の給料はまさに収益を獲得するために直接消費された原価で、こうした原価は、工事ごとに集計して、その工事が完成したときに収益（完成工事高）に対応する営業費用（完成工事原価）として処理されることとなります。

これに対して、本店などに勤務する人の給料や賞与、あるいは事務用品費などは、本店業務を行ううえで毎期発生する営業費用で個々の工事と個別的対応関係をもって発生するものとは違います。そこで、こうした営業費用は、期間的費用として発生した期に費用処理されます。これが建設業の販売費及び一般管理費です。

建設業における販売費及び一般管理費は次ページのように分類されます。

販売費及び一般管理費

役員報酬	事務用品費	寄 付 金
従業員給料手当	通信交通費	地代家賃
退 職 金	動力用水光熱費	減価償却費
退職給付費用	調査研究費	開発費償却
役員退職金	広告宣伝費	租税公課
法定福利費	貸倒引当金繰入額	保 険 料
福利厚生費	貸倒損失	雑 費
修繕維持費	交 際 費	

2 役員報酬

役員報酬は、取締役、執行役、会計参与または監査役に対する報酬（役員賞与引当金繰入額を含む）をその細目において区分しておく必要があります。使用人兼務役員の使用人給与相当額は、従業員給料手当として処理されることになります。役員報酬は、株主総会でその限度額が決められますので決定に従った支払いがなされなければなりません。

3 従業員給料手当

本支店の従業員に対する給料、諸手当および賞与ならびに使用人兼務役員の使用人給料相当額をそれぞれ計上します。賞与関係は、給料手当とその内訳において区分し、特に賞与引当金繰入額はわかるようにしておく必要があります。また、契約社員の給料、アルバイトの給料などその内訳で区別しておく必要があるでしょう。

4 退職金（退職給付費用、役員退職金）

建設業の退職金勘定では、退職給付引当金繰入額、実際支給退職金と退職給付引当金との差額、退職年金掛金が計上されます。役員の退職金関係の費用もこの勘定で処理されます。一般企業では役員の退職金関係の費用は役員退職金として独立表示します。

退職給付費用は従業員の将来の退職給付の支払いを、勤務期間中の現在価値に換算して計上した退職費用です。

退職給付費用には、将来の退職給付の期末までの発生額のうち当期負担すべき費用で、勤務費用（退職給付見込額のうち当期に発生したと認められる額を一定の割引率および残存勤務期間に基づき割引いて計算）に、利息費用（期首の退職給付債務に割引率を乗じて計算）を加え、企業年金制度を採用している場合は、年金資産の当期の期待運用収益（期首の年金資産に予想される期待運用収益率を乗じて計算）等を加味して計算します。かなり難しい数理計算が入ります。従業員300人未満の会社では簡便法として、期末要支給額を基準として見積計上することもできます。なお、建設業法施行規則では、退職給付会計を採用している場合は「退職給付費用」として表示しますが、採用しないでよい小規模な会社は、従来どおり役員および従業員に対する退職金（退職年金掛金を含む）に関する費用は「退職金」で処理することも認められています。

5 法定福利費

健康保険料、厚生年金保険料、労働保険料等の事業主負担分を計上します。

6 福利厚生費

厚生費としては従業員の慰安娯楽費や医療費や慶弔見舞費や貸与被服費などがあります。寮などの費用、たとえば寝具損料、炊事用品代などは施設費などの細目で集計します。

7 修繕維持費

修繕維持費は、多い場合は、建物、機械装置、車両運搬具、備品等に分けて修繕費を集計しておくこともよいでしょう。

工事現場に投入した重機等の修繕費は当該現場の原価となります。

8 事務用品費

事務用品費は、事務用消耗品費として帳簿や用紙類の購入費や印刷費、固定資産に計上しない事務用の備品を処理します。その他、この費目の細目に新聞や雑誌、参考書などの図書等購入費などもあると有益でしょう。

9 通信交通費

通信交通費には、郵便や電信電話などの通信費、電車代・バス代・借上乗用車代・自家用乗用車の燃料代などの交通費、出張旅費・転勤旅費・引越運賃などの旅費等に細目別分類をしておくとよいでしょう。あるいは、金額が大きければ通信費と旅費交通費はそれぞれ別々に１項目として分類する方法もあるでしょう。

10 動力用水光熱費

動力用水光熱費は、その細目において電力料、水道料、ガス代、その他に分けて集計しておくとよいでしょう。

11 調査研究費

技術研究および開発のための費用で、試験研究費、調査費、講習会費用、書籍教材代などを計上します。

12 広告宣伝費

新聞、ラジオ、テレビ等の広告料、カレンダー、手帳代、会社のPR関係費用などを計上します。

13 貸倒引当金繰入額、貸倒損失

受取手形、完成工事未収入金など営業上の債権に対する貸倒引当金繰入額、営業債権の実際の貸倒損失を記載します（312ページ「10　貸倒引当金の計上」参照）。

14 交際費

得意先および来客接待費、得意先慶弔見舞品代、中元歳暮品代などを記載します。建設業の場合は特に交際費が多く、その内容により、飲食代、ゴルフ経費、観覧経費、贈答品代、餞別慶弔費、その他等に細目を分けて管理する必要があるかもしれません。

KEYPOINT

交際費については「伺書」を作成し、目的・内容等を記載して承認を受けておくのが一般的です。税務上は損金算入限度があるので、区分して把握する必要があります。

15 寄付金

寄付金は一般寄付金のほかに、国または地方公共団体などへの指定寄付金および試験研究法人に対する寄付金など、その性質により細目で分けておく必要があります。

16 地代家賃

地代家賃は、事務所、寮、社宅等の借地料としての地代と、借家料としての家賃をその細目において分けておくとよいでしょう。

現場事務所等の地代家賃は工事原価となります。

17 減価償却費

減価償却費は、建物、構築物、機械装置、車両運搬具、工具器具、備品、無形固定資産等に細目を分け、工事原価となるものは現場（未成工事支出金）に配賦し、本社・支店等に係るものは販売費及び一般管理費として処理されます。

18 開発費償却

繰延資産として計上した開発費の償却額を計上します。

19 租税公課

租税公課として処理されるものは、不動産取得税、固定資産税、事業所税、印紙税等の租税と、道路占有料その他の公課、税込方式による納付消費税などがあります。また、資本金１億円超の法人を対象とした法人事業税の「外形標準課税」における「付加価値割」および「資本割」も原則として租税公課で処理されます。これらは非常に重要な費用ですので細目においてわかるように区分しておく必要があります。

建設業で使用する収入印紙は、非常に高額なものが多く、帳簿で受払（購入・使用・残高）の管理しておくとよいでしょう。また、未使用の収入印紙は期末に在庫を調査し、販売費及び一般管理費から資産勘定に振替処理する必要もあります。

KEYPOINT

収入印紙については、建設業では高額なものが多いので現金と同じ管理をすること！

20 保険料

火災保険料、自動車保険料、その他に細目で分けて計上するとよいでしょう。

21 雑　費

会議費、会食費などの会議費、社外打合わせ費用、その他の渉外費、諸手数料、工事引当費用（工事獲得のための費用で未獲得となった費用）、諸会費、その他を適切な細目区分に基づいて計上します。また、この中に販売費及び一般管理費総額の10分の１以上の項目があれば１つの独立項目として雑費より抜き出し、その内容がわかる勘定科目で表示することになっています。

建設業法施行規則に定められた勘定分類

販売費及び一般管理費

役員報酬		貸倒引当金繰入額	
従業員給料手当		貸倒損失	
退職金	退職給付費用は区分表示する	交際費	
法定福利費		寄付金	
福利厚生費		地代家賃	
修繕維持費		減価償却費	
事務用品費		開発費償却	
通信交通費		租税公課	
動力用水光熱費		保険料	
調査研究費		雑費	(注)
広告宣伝費			

(注)　雑費に属する費用で販売費及び一般管理費の総額の10分の1を超えるものは当該費用を明示する科目で掲記する。

13 営業外収益

1 営業外収益とは何か

営業外収益は、営業活動以外の原因によって生じる収益であって、余った資金を外部に投資したり、資産を外部に貸付けたりすることにより発生する収益のほか、為替差益などのように会社の外部要因により発生する経常的利益を記載します。

営業外収益勘定には次のような勘定があります。

営業外収益に属する勘定

受取利息 有価証券利息 受取配当金 有価証券売却益 雑 収 入

2 受取利息

受取利息勘定は、預貯金の利息、貸付金の利息、工事代利息などに区分して処理されなければなりませんが、預貯金については、当座、普通、定期など預金別に管理する必要があります。また、貸付金利息は相手先ごと、工事代利息は工事ごとに管理されていなければなりません。

3 有価証券利息

公社債利息、その他の有価証券利息を計上します。

4 受取配当金

株式配当金、出資金配当金、その他の配当金などに細目を分けておくとよいでしょう。配当金は入金時ではなく権利が確定した日に未収配当金を計上します。

5 有価証券売却益

有価証券売却益は、売買目的の株式、公社債等の売却益を計上します。株式売却益、公社債売却益などに細目を分けておくとよいでしょう。

有価証券売却益は、流動資産として有価証券の売却利益を計上するもので、関係会社株式、投資有価証券の売却にかかわるものは特別利益となります。

しかし、投資有価証券の売却益であっても金額が僅少であれば営業外収益の雑収入として処理してよいものとされています。

有価証券売却益は、売却価額と帳簿価額との差額の売却益から、さらに証券会社手数料、有価証券取引税等売却に要した費用を控除した額を計上します。

KEYPOINT

有価証券売却損益は「金融商品に係る会計処理基準」によって、「入金日ではなく」「約定日基準」で計上します。

6 雑収入

雑収入としては、材料貯蔵品売却益、地代家賃収入、設計料収入、為替差益、国税・地方税の還付加算金、未払配当金の除斥期間終了に伴う取崩額、また、税込方式を採用している場合の還付消費税などがありますが、内容別に分けておき、金額が大きければ勘定を区分する必要があるでしょう。逆に、営業外収益としての有価証券売却益、あるいは特別利益としての投資有価証券売却益、固定資産売却益、償却済債権取立益等であっても金額の僅少なものは雑収入として処理してもよいでしょう。

14 営業外費用

1 営業外費用とは何か

営業外費用は、営業活動以外の原因によって生じる当期の費用であって、外部から借り入れた資金利息、有価証券の売却損、あるいは経営外的要因により発生した為替差損などを記載します。

営業外費用に属する勘定科目としては次のような勘定があります。

営業外費用に属する勘定

支払利息	株式交付費償却
社債利息	社債発行費償却
貸倒引当金繰入額	有価証券売却損
貸倒損失	有価証券評価損
創立費償却	雑 支 出
開業費償却	

2 支払利息

支払利息勘定には、銀行その他からの借入金等に対する支払利息を記載します。

支払利息は、借入金等に対して発生する利息ですが、長期の手形払いまたは長期延払で購入した物品は、その代金と利息相当額が明らかに区分されているときは、これを支払利息として処理します。

公共工事等の受注にあたり、前受金を受け取るために保証会社に保証をしてもらうことがあります。この場合、保証料を支払いますが、こうした保証費用は、工事受注に関連して支出する直接経費として工事原価で処理する場合と、前受金を受領するための一種の金融費用であるとして営業外費用で処理する2つの処理がありますが、いずれの処理も実務上認められています。

3 社債利息

社債や新株予約権付社債に関する支払利息を計上します。

4 貸倒引当金繰入額、貸倒損失

貸付金などの営業外債権に対する貸倒引当金繰入額並びに実際の貸倒損失を記載します（312ページ「10　貸倒引当金の計上」参照）。異常なものは特別損失となります。

5 創立費償却ほか

繰延資産としての創立費、開業費、株式交付費、社債発行費の償却額は、×××償却として営業外費用で処理します。

6 有価証券売却損

有価証券売却損は、売買目的で保有する一時保有の株式、社債、公債等の売却損を計上します。

株式売却損、公社債売却損、その他の有価証券売却損などに細目で分けておきます。

7 有価証券評価損

有価証券評価損は、売買目的の有価証券の時価の下落による有価証券の評価損および著しく価格が下落して回復する可能性がない有価証券の評価損を計上する勘定で、こうした評価損については、288ページの④評価の検討以下で説明しますが、原則として、経常的または僅少な有価証券の評価損は営業外費用、そうでないものは特別損失として処理することとなります。

雑支出

雑支出勘定では、材料貯蔵品売却損、為替差損、その他を記載しますが、内容別に分けておき、金額が大きければ勘定を区分表示する必要があります。逆に、営業外費用としての有価証券売却損、あるいは特別損失としての投資有価証券売却損、固定資産売却損等であっても金額の僅少なものは雑支出として処理してもよいでしょう。

建設業法施行規則に定められた勘定分類

営業外収益

受取利息及び配当金	受取利息
	有価証券利息
	受取配当金
その他 (その他営業外収益、ただし営業外収益の10分の1を超えるものは当該収益を明示する科目で記載する)	有価証券売却益
	雑 収 入

営業外費用

支払利息	支払利息
	社債利息
貸倒引当金繰入額	
貸倒損失	
その他 (その他営業外収益、ただし営業外費用の10分の1を超えるものは当該費用を明示する科目で記載する)	創立費償却
	開業費償却
	株式交付費償却
	社債発行費償却
	有価証券売却損
	有価証券評価損
	雑 支 出

15 特別損益

1 特別損益とは何か

特別損益というのは、前期損益修正あるいは臨時損益のような項目であって、たとえば次のようなものがあります。

特別損益となる項目

- (1) 前期損益修正
  - (イ) 過年度における費用・収益の修正額
  - (ロ) 過年度における引当金の過不足修正額
  - (ハ) 過年度償却済債権の取立額
- (2) 臨時損益
  - (イ) 固定資産売却損益・除却損益
  - (ロ) 転売以外の目的で取得した投資有価証券の売却損益
  - (ハ) 災害による損失

もちろん、このような項目であっても、金額的に僅少なもの、または毎期経常的に発生するものは経常損益計算に含めることができます。それは、①金額的に僅少、または②毎期経常的に発生するようなものをあえて特別損益としなくとも、企業の毎期の収益力を示す経常損益に影響が少ないからです。もちろん、特別損益として処理すべき項目を特別損益として処理することは正しい処理ですから、金額が僅少でも特別損益として処理するほうがよいのはいうまでもありません。

KEYPOINT

前期損益修正損(益)勘定について…上場会社などではなくなる

上場会社などでは、「会計上の変更及び誤謬の訂正に関する会計基準」により、平成23年４月１日以後開始する事業年度から、原則として前期損益修正損（益）の勘定科目はなくなりました。

会計方針等の変更や過去の誤謬の訂正は、特別損益の前期損益修正損（益）でなく、過去にさかのぼって決算修正することになりました。その結果、当期の決算書では期首の利益剰余金で修正額が加減算されることになります。また、固定資産の耐用年数の変更や減価償却方法の変更は過去に遡及した修正は行わず、残りの耐用年数期間で償却することとなります。

しかし、上場会社など以外の会社では、従来通り、過年度分の修正や訂正は過去にさかのぼって修正は行わず、その期の特別損益として前期損益修正損（益）で処理したり、僅少ならば営業外損益として処理することになります。ただ、今後、前期損益修正損（益）という勘定はあまり使わず、その内容を表す勘定科目名で表示されることとなるでしょう。

特別利益に属する勘定

前期損益修正益（貸倒引当金戻入益など）
固定資産売却益（土地売却益など）
その他特別利益（投資有価証券売却益など）

特別損失に属する勘定

前期損益修正損（過年度分賞与支給額など）
固定資産売却損（土地売却損など）
減損損失　　　（土地、有価証券などの減損）
その他特別損失（災害損失、合理化損失など）

2 前期損益修正益

前期損益修正益として計上されるものには、償却済債権取立益、貸倒引当金戻入額、その他過年度の損益修正益項目を記載しますが、金額が多ければその内容を示す表示をすべきでしょう。

なお、完成工事高および完成工事原価の予定計上額と確定額との差額は、企業会計原則にいう金額が重要でないもの、または毎期経常的に発生するものとして、それぞれ確定した期の完成工事高および完成工事原価として処理します。

3 固定資産売却益

固定資産売却益は、建物、構築物、機械装置、船舶、車両運搬具、工具器具、備品、土地、無形固定資産、投資不動産等の売却益を記載します。

土地、建物、構築物、船舶、投資不動産等の固定資産売却益は、臨時的に発生するものであり、生じる利益も大きいのですが、備品などの売却は比較的、経常的に発生するとともに売却益も僅少であるので営業外収益の雑収入として処理することもできます。

4 その他特別利益

その他臨時的に発生する特別利益としては、投資有価証券売却益などがありますが、これらの項目が金額的に大きければ当該利益の内容を示す科目で区分表示する必要があります。

5 前期損益修正損

賞与や事業税の費用処理を現金主義（支払った期に費用処理する方法）から発生主義（発生した期に費用処理する方法）に変更した

場合、費用として計上する額が前期分と当期分と重複します。こうした場合は、現金主義による分は過年度損益修正損となりますが、上場会社では当期の期首利益剰余金を修正（２期比較の有価証券報告書では前期を修正）し、発生主義ベースで計算したものが当期の営業費用となります。

前期損益修正損でも金額が重要でないものや経常的に発生するものは営業費用や営業外費用として処理してよいでしょう。

6 固定資産売却損

固定資産売却損は、固定資産売却益と同じように、建物や土地などその内容によって区分しておく必要があります。

土地、建物、構築物、船舶、投資不動産等の固定資産売却損は臨時的に発生するものですが、車両や備品などの売却は比較的経常的に発生するとともに売却損も僅少であるので、営業外費用の雑支出として処理することもできます。

7 減損損失

価値が著しく下落して回復の可能性がない場合、減損損失を計上します。通常、投資有価証券や土地等の固定資産において価値が帳簿価額の50％以下になったときには、評価減をします。

KEYPOINT

含み損のある固定資産等を次期において売却する意思決定が期末前後になされると、当期の決算で減損損失の計上が必要となるので、意思決定する時期に注意する必要があります。

その他特別損失

その他臨時的に発生する特別損失としては、投資有価証券売却損、ゴルフ会員権等の評価損や売却損、固定資産除却損、災害損失、固定資産圧縮損、異常な為替差損、支出効果の期待されなかったことによる繰延資産の一時的償却などがありますが、これらの項目が金額的に大きければ当該損失の内容を示す科目で区分表示する必要があります。

KEYPOINT

ゴルフ会員権の預託金額相当分は債権なので、これを下回る評価損は有価証券評価損ではなく貸倒損失となる。

建設業法施行規則に定められた分類

特別利益

前期損益修正益	金額が重要でないものはその他特別利益に含めて記載できる。
その他	それぞれの当該利益を明示する科目を用いて掲記する。ただし金額が重要でないものは区分掲記を要しない。

特別損失

前期損益修正損	金額が重要でないものはその他特別損失に含めて記載できる。
その他	それぞれの当該損失を明示する科目を用いて掲記する。ただし金額が重要でないものは区分掲記を要しない。

16 法人税、住民税及び事業税

法人税・住民税（都道府県民税および市町村民税）・利益を基準として課税される事業税の納付見込額、また、これらの更正税金・還付税金を計上します。更正税金や還付税金は多額の場合は区分表示しなければなりません。

法人事業税の外形標準課税部分の付加価値割および資本割については利益に対する課税ではないので、原則として、販売費及び一般管理費の租税公課で処理します。

税効果会計を採用する場合「法人税等調整額」という勘定を使って「法人税、住民税及び事業税」を加・減算して「繰延税金資産」「繰延税金負債」等を計上します（330ページ「17　税効果会計（繰延税金資産等の計上）【上級】」参照）。

17 関係会社の債権債務等の勘定区分

会社法、建設業法施行規則や金融商品取引法により提出する財務諸表では、関係会社に対する債権債務および損益項目について、脚注表示あるいは区分表示が要求されています。そこで、必ず勘定科目の細目においてその他のものと区分しておかなければなりません。

また会社法では、取締役、執行役、会計参与および監査役に対する債権債務について、その総額を記載しなければならないことになっていますので、これら債権債務が勘定の内訳でわかるように勘定の細目において区分しておく必要があります。

18 引当金繰入額の勘定区分

上場会社等が財務諸表を作成するにあたり従わなければならない財務諸表規則では、引当金繰入額の表示が要求されていますので、会社法や国土交通省令の勘定区分において区分されないものでも、それぞれ該当する勘定科目の内訳として役員退職慰労引当金繰入額、賞与引当金繰入額、貸倒引当金繰入額などに細目区分し、必要に応じて区分表示することとします。

Ⅳ　会計帳簿の記帳と管理ポイント

勘定科目がわかり、仕訳をしたら、それを帳簿に記帳し、集計していかなければなりません。
この章では、こうした会計帳簿全般についての記載の仕方と管理ポイントについて述べます。

1 主要帳簿と補助帳簿

簿記における帳簿とは、会社の財産の変動および損益の発生を、継続的に記録し、管理する書類で、主要帳簿と補助帳簿とに分かれます。

主要帳簿というのは、一事業年度における全取引を簿記上の計算単位としての勘定に分解する**仕訳帳**(注)と、その分解した勘定を集計して財政状態を把握し、損益計算を行う**総勘定元帳**からなります。

(注) 今日では、ほとんどの会社が伝票会計を採用していますが、この伝票会計では仕訳帳の役割を会計伝票がはたします。

補助帳簿には、総勘定元帳の特定の勘定の内容を、人名(会社)ごとあるいは品名ごとに口座を設けて記帳する**補助元帳**と、特定の勘定の取引の内容をその発生順にくわしく記載していく**補助記入帳**とがあります。

主要帳簿の役割はすべての取引を伝票により分解(仕訳)し、その取引を総勘定元帳により総括的・体系的に分類・集計・管理し、会社の経営成績や財政状態を把握することにあります。これに対し、**補助帳簿の役割は個々の勘定をさらに細かく実体に合わせて直接的・個別的にその増減や残高を管理していく**ことにあります。

したがって、主要帳簿は勘定科目と金額に重点がおかれます。たとえば、「売掛金1,000万円が手形で回収された」ということに重点があります。しかし、どこの会社の売掛金残高がいくらあり、そのうちいくらが入ったのか、受け取った手形は、誰が振り出し、裏書人があるかないか、決済日がいつか、支払場所はどこか、手形番号はいくつかなど細かな点まで記録した補助帳簿がなければ、会社の損益計算はできても会社の財産の管理はできないのです。

会社の財産の管理も重要な経理の仕事です。たとえば、有価証券をいくらもっているか、何という銘柄を何株もっているか、いま時価がいくらか、含み損益がいくらあるか、などということは補助帳簿がなければわかりません。

こうして主要帳簿と補助帳簿はそれぞれの役割をもっていて、会社の運営にあたって欠くことのできないものとなっているのです。

帳簿の体系

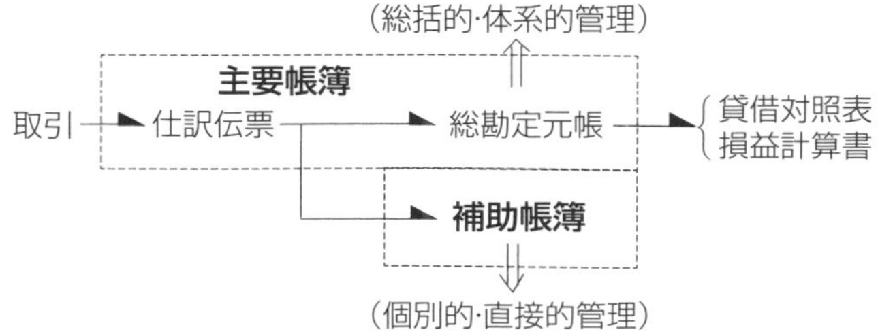

(総括的·体系的管理)
主要帳簿
取引 → 仕訳伝票 → 総勘定元帳 → 貸借対照表 / 損益計算書
仕訳伝票 → 補助帳簿
(個別的·直接的管理)

2 会計伝票

1 種　類

仕訳は会計伝票を使います。会計伝票には次のようなものがあります。

会計伝票

入金伝票（入金取引を仕訳する伝票）
出金伝票（出金取引を仕訳する伝票）
振替伝票（振替取引を仕訳する伝票）

仕訳は、取引を左側（借方）と右側（貸方）と二面的に分解する作業です。したがって、伝票には借方と貸方の２つの欄が必要となります。しかし、借方が現金となる入金取引、あるいは貸方が現金となる支払取引は非常にその件数も多いことから、後に述べるように簡略化した様式の入金伝票を使います。

伝票の様式は会社によって特注した伝票が使われる場合もあります。

たとえば、預金伝票、受取手形の受取伝票、支払手形の振出伝票、あるいは工事未払金伝票、仮払金伝票、一般管理費伝票、賃金伝票、原価（未成工事支出金）伝票など、それぞれの会社においてその記載すべき事項を適確に記入できる様式で印刷した伝票があります。

2 伝票の記載事項

こうして伝票の様式は会社の必要性に合わせて精緻化できますが、少なくとも次の事項が記載されていなければなりません。

会計伝票の記載事項

① 日　　付
② 取引の内容を示す勘定科目
③ 金　　額
④ 取引の相手先
⑤ 取引の内容を説明する摘要
⑥ 伝票の記票者の印および承認者の印
⑦ 伝票の整理ナンバー

3 伝票記載の注意事項

伝票の作成は、正確に、明瞭に、早期に、行わなければなりません。計算ミスがあったり、勘定科目を間違えたり、あるいは、不明瞭な字で書いたり、摘要に何の記載もなく内容がわかりにくかったり、あるいはまた、何日分も伝票処理をためておいては経理マンとして失格です。

また、１枚の伝票はその裏付けとなる証憑書類に基づいて起票されなければなりません。これは使い込みや不正を防止するために非常に重要なことです。お金を払う場合は請求書が会社にこなければなりません。払ったらそれを裏づける領収証が必要です。そしてまた、証憑書類があっても、たとえば営業の者がもってきた飲食代の領収証を、会社の費用として処理し営業担当者にその代金を支払う場合、その飲食代を会社の費用として認めるか否かの責任者の承認がなければなりません。これが伝票に記載した承認印のもつ役割です。

伝票を正しく起票すること、それは経理の第一歩であると同時に、経理にとってもっとも大切な仕事なのです。

4 伝票の記載の仕方

ここでは市販の伝票を中心に伝票の記載の仕方を示すこととします。

① 入金伝票

市販の入金伝票は次ページのような様式となっています。

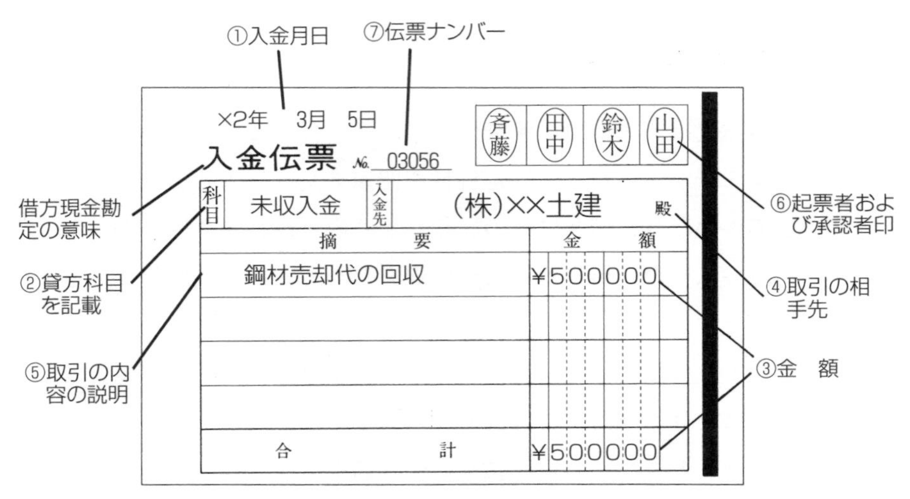

たとえば、㈱××土建より売却した鋼材の代金50万円の入金が、×2年3月5日にあったというような例の場合、仕訳は次のようになります。

現　　金　50万円　／　未収入金　50万円

したがって、これを入金伝票に記載すると上のようになります。

②　支払伝票

市販の支払伝票の様式は、次のようなものです。

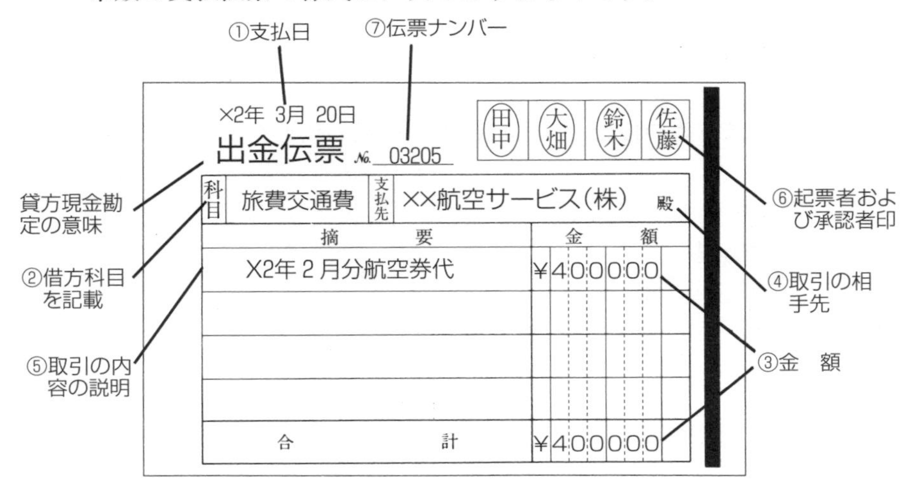

たとえば、××航空サービス㈱で購入した航空券代40万円を×２年３月20日に支払った場合の例の仕訳は次のようになります。

旅費交通費　40万円　／　現　　金　40万円

したがって、出金伝票に前ページのように記載します。

③　振替伝票

市販の振替伝票の様式は次のような様式となっています。

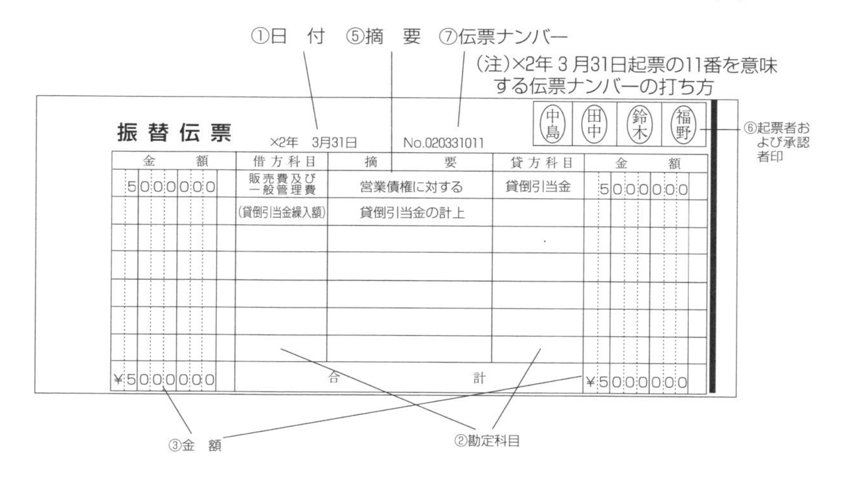

たとえば、期末の×２年３月31日に営業債権に対する貸倒引当金500万円を計上した場合の仕訳は次のようになります。

販売費及び一般管理費　500万円　／　貸倒引当金　500万円
（貸倒引当金繰入額）

したがって、これをこの振替伝票に記載すると上のようになります。

KEYPOINT

仕訳伝票は、証憑書類を添付して承認を受けることから、取引の決裁書でもある。

3 総勘定元帳

総勘定元帳は、会計伝票により借方・貸方に分解した取引を、勘定科目ごとに分類・集計していく主要帳簿です。したがって、会社の勘定科目の分類に従って勘定科目ごと、金額に重点をおいて集計する次のような２つの様式があります。次ページの〔例１〕は勘定科目別に取引の発生順に年度単位で打ち出す様式であり、〔例２〕は月別に勘定科目ごとに打ち出す様式です。

この場合、必ず記帳の基礎となった伝票等のナンバー記載が必要です。また、１つの勘定でもその内容を示す勘定細目ごとに集計していく必要があります。たとえば、社外立替金勘定を発注者立替金、同業者立替金、その他の立替金などに区分している場合は、それらの細目ごとに総勘定元帳を記帳していくほうがよいでしょう。そうすることによって毎月勘定明細表を作成することができます。今日電算機で作成する帳簿はこのような様式になっています。

KEYPOINT

- 毎月の管理は、月別勘定科目別の様式（次ページの〔例2〕）で実施し、年度では、勘定科目別月別の様式（次ページの〔例1〕）で打ち出して保存している会社が多い。
- 毎月打ち出して勘定残高を検証し、消し込みをしていくことが、決算の早期化のためには重要。

〔例１〕勘定科目別に取引の発生順に年度単位で記載する様式

××勘定×C

××勘定×B

××勘定×A

×2年 月／日	伝票No.	摘　要	借　方	貸　方	借貸	残　高
		前期繰越	51,000		借	51,000
4/5	×××	…………				
4/7	×××	…………		3,000		
		次月繰越		90,000	借	90,000
		4月計	200,000	200,000		
5/1		前月繰越	90,000	0	借	90,000
5/3	×××	…………	5,000			
5/4	×××	…………	3,000			

〔例２〕月別に勘定科目ごとに総勘定元帳を記載する様式

総勘定元帳

科目		日付	伝票No.	摘　要 (相手科目名称)	前月残高		当月発生				当月残高	
	細科目						借　方	貸　方	差　引			
××勘定					D	1,000,000						
	××A	×	×××	………			500,000					
		×	×××	………			200,000	50,000				
		×	×××	……… 小計			700,000	50,000	D	650,000	D	1,650,000
	××B				D	500,000						
		×	×××	………			100,000					
		×	×××	………			100,000					
				小計			200,000		D	200,000	D	700,000
				合計		3,000,000	1,500,000	500,000		1,000,0000	D	4,000,000

×2年4月総勘定元帳

｛D 借方を意味する
　C 貸方　　〃

×2年5月総勘定元帳

4 補助帳簿の種類

補助帳簿は実際に財産を管理し、保全するために必要なものですが、代表的なものとしては次のようなものがあります。

補助帳簿の種類

勘定	補助帳簿
現金	現金出納帳
当座預金	当座預金出納帳
定期預金等	預金台帳
受取手形	受取手形記入帳
材料貯蔵品	材料貯蔵品台帳
未成工事支出金	原価計算報告書、未成工事支出金補助簿、工事台帳
完成工事未収入金	取下金台帳
有価証券	有価証券台帳
固定資産	固定資産台帳、減価償却費明細表
従業員貸付金	従業員貸付金台帳
支払手形	支払手形記入帳
未払金	工事未払金台帳
未成工事受入金	取下金台帳
借入金	借入金台帳
従業員預り金	従業員預金台帳
販売費及び一般管理費	販売費及び一般管理費補助簿

これらは建設業における一般的な補助帳簿です。たとえば、受注活動に伴う支出を仮払金で処理している会社は工事の管理区分ごとに仮払金を整理した補助帳簿を作成しなければなりませんし、取引先や関係会社に長期の貸付けがある場合はそれら相手先ごとに補助

帳簿を作成する必要があります。

 補助帳簿の作成の仕方

今日、会社は伝票会計を採用し、それを電算機で処理し、総勘定元帳を作成し、試算表を作り、貸借対照表と損益計算書を作ることが多くなっています。

このような電算機会計の中にあっては補助帳簿も電算機で打ち出されることが多くなっています。

電算機が入っていない場合は、当然、補助帳簿の記載は手書きとなりますが、電算機が入っている場合には次の３通りの作成方法があります。

① 電算機で作成
② 手書きで作成（数期間にわたり使用するもの）
③ 電算機の打出しの資料を受けて手書きで次の打出しまで補助簿として活用する

今日、事務量は増加する一方です。しかし、経理に携わる人間の数は一向に増加しません。こうした事態から、必然的に会社では電算機導入が進み、経理補助簿も電算機で作成される傾向にあります。しかし、たとえ電算機が入っていても、たとえば、有価証券台帳のように何期にもわたって保有されるようなものは、数期にわたる動きのわかる手書き補助簿が補助簿として適しています。もちろん、支払手形などは振出期日別や支払期日別、あるいは支払銀行別に簡単に集計できる電算機の補助簿が非常に有効です。

電算機の補助簿は、毎日入力し、タイムリーに画面でみる場合には問題ありませんが、一定期間ごとに入力し打ち出す場合、たとえ

ば、資材の受払いや従業員預金等、常に残を知らなければならないようなものには必ずしも適切とはいえません。かといって、手書きの補助簿ではこれらの記帳にはかなりの労力を要します。そこで、電算機の補助簿と手書き補助簿の併用の方法が考えられます。これは、電算機の補助簿にかなりの余白を設け、これを次の打出しまでの補助簿として手書きで活用し、実残を絶えず管理していく方法です。

しかし実際には、電算機が導入されているにもかかわらず、打出しの様式が悪いために、相変わらず労力をかけて手書き補助簿を作っていたり、あるいは必要な補助簿すら作成していないような場合があります。

打出し様式が悪いものは早期に改善し、また、不要な残業はやめて電算機の打出しを有効に使いたいものです。

最近では毎日電算入力し、画面により実際の残高を管理している会社が多くなっていますが、このような場合でも、不正防止のために毎月必要最低限の補助簿は打ち出して、査閲等を受け、保管していなければなりません。

KEYPOINT

不正防止のために、毎月必要最低限の補助簿は「打ち出して、査閲し、保管する」こと！

6 補助帳簿の様式と記載の仕方

1 現金出納帳と管理ポイント

通常、本店および支店等、個々の現金出納の多いところでは出納伝票をまとめて集計表および現金金種別残高表（様式は次ページの出納報告書参照）を作成し、１件ごとに出納伝票を電算入力して、現金出納帳を作成します。金銭の出入の少ない出張所、工事現場では手書きで現金出納帳をつけます。

現金出納帳は現金の収入および支出を発生順に記録する補助記入帳です。これらの様式と管理ポイントは次のようになります。

現金出納帳

令和X２年		伝票No.	摘　要	出納先	入　金	出　金	残　高
4月	1日	×××	前期繰越		200,000		200,000
	2	×××	帰任の旅費交通費	鈴木××		150,000	50,000
	3	×××	当座預金払出し	××銀行××支店	300,000		
			小　　計		1,000,000	950,000	50,000
	30		次月繰越			50,000	
			合　　計		1,000,000	1,000,000	

発生順に記載

仕訳伝票の借方現金勘定より記載（入金）

仕訳伝票の貸方現金勘定より記載（出金）

毎月一致させる

毎日現金残高は現金を実査し、照合する

KEYPOINT

現金は帳簿で今いくらあるのかわかるようにしておくこと（他の者が査閲し、現金残高と照合できるようにしてあること）が不正防止のために重要です！

現金残合わせる

定期的に検印を受ける

入出金伝票No.	×××～×××
振替伝票No.	×××～×××

出納報告書

令和X2年3月5日

摘要	枚数	金額
前日繰越現金		98,330
入金総額(A)	10	1,500,000
出金総額(B)	15	1,000,000
本日繰越現金		598,330
振替伝票総額(C)	200	50,200,000
合計(A+B+C)	225	52,700,000

現金内訳			
金種	金額	金種	金額
10,000円	500,000	50円	200
5,000円	20,000	10円	100
1,000円	70,000	5円	10
500円	7,000	1円	20
100円	1,000		
合計			598,330

預金日報				
種類	前日繰越額	預入額	払出額	本日繰越額
普通	5,000,000	12,000,000	8,000,000	9,000,000
当座	20,000,000	8,000,000	12,000,000	16,000,000
通知	30,000,000	10,000,000	5,000,000	35,000,000
定期	100,000,000	0	0	100,000,000
その他				
合計	155,000,000	30,000,000	25,000,000	160,00,000

経理部長	林
経理課長	鈴木
係長	原田
仕訳担当者	田中
出納担当者 預金	前田
出納担当者 現金	森

2 当座預金出納帳と管理ポイント

今日、会社の支払いはほとんど小切手や手形で行われています。小切手で支払った場合、受取人が銀行に小切手を持ち込み現金化するわけですが、この時点で銀行の当座預金から引き出されます。当座預金出納帳は、会社の当座預金勘定を銀行別に管理する補助簿です。

当座預金出納帳の様式と管理ポイントは次のようになります。

当座預金出納帳

××銀行

令和X2年		伝票No.	摘　要	預　入	引出		残　高
					小切手No.	金　額	
4月	1日		前期繰越	1,000,000			1,000,000
	2	×××	××土木㈱		AB49001	200,000	
	3	×××	××建設㈱		AB49002	500,000	300,000
	5	×××	普通預金より	1,000,000			1,300,000
			小　計	8,000,000		6,800,000	1,200,000
	30		次月繰越			1,200,000	
			合計	8,000,000		8,000,000	

仕訳伝票の借方当座預金勘定より記載

仕訳伝票の貸方当座預金勘定より記載

発生順に記載

毎月一致させる

必ず小切手ナンバーを記載するとともに小切手帳発行控も保管する

銀行の当座預金の受払いのコピーを入手し、銀行との勘定残の不一致を調べる

KEYPOINT

不正防止のために書き損じの小切手も廃棄せず必ず使用不能の処理をしてナンバー順に綴じ込んでおくこと！

3 その他の預金関係の補助簿

そのほか預金関係の補助簿は、普通預金は預金通帳そのものが出納記録として使えますので、銀行の打出しに摘要をつけ加えて補助

記入帳の代用にできます。通知預金や定期預金は、動きが少ないので、銀行別に預金の種類別に残高の内訳（預入日、満期日、解約日、金額、利率等）を記載した補助簿を作成しておきます。

KEYPOINT

現金と預金の補助簿は必ず別のものとし、普通預金通帳は毎月記帳し、使用済通帳は連続して綴じておくこと！

4 受取手形記入帳と管理ポイント

受取手形記入帳は、受取手形を入手順に次のような様式に従って管理し記載します。

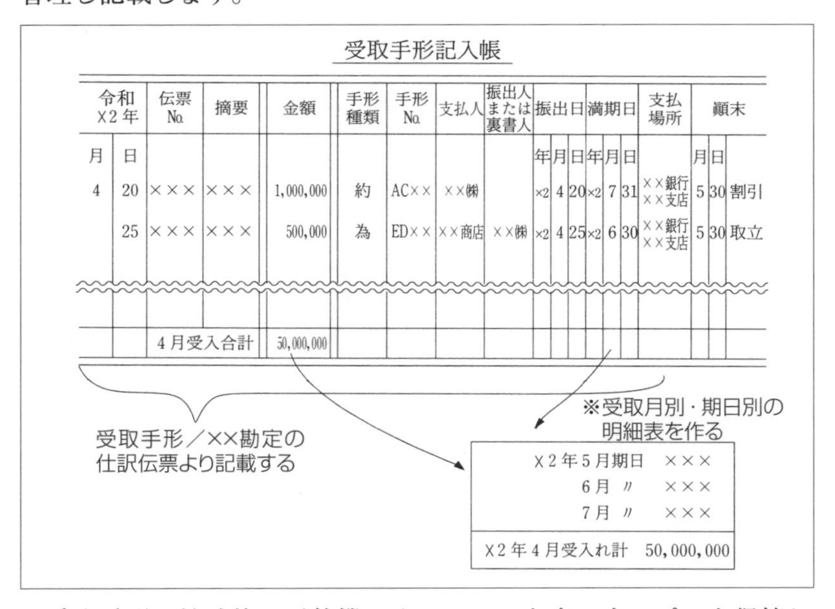

受取手形記入帳

令和X2年		伝票No.	摘要	金額	手形種類	手形No.	支払人	振出人または裏書人	振出日			満期日			支払場所	顛末		
月	日								年	月	日	年	月	日		月	日	
4	20	×××	×××	1,000,000	約	AC××	××㈱		×2	4	20	×2	7	31	××銀行××支店	5	30	割引
	25	×××	×××	500,000	為	ED××	××商店	××㈱	×2	4	25	×2	6	30	××銀行××支店	5	30	取立
		4月受入合計		50,000,000														

受取手形の補助簿が電算機に入っていても裏・表コピーを保管しておくことや、日々の手形管理のためには上のような手書きの補助簿を作成し、顛末を管理していくことが必要でしょう。電算機に入っていれば支払期日別打出し等の明細表は簡単に出ますが、そう

でない場合は、上記のような受取月別・期日別の合計表を作る必要があります。また、手形の現物は支払期日別に分類して管理保管するのがよいでしょう。

5 支払手形記入帳と管理ポイント

支払手形の発行順に次のような様式で記載しますが、摘要には支払手形の社内での管理ナンバーを通してつけておく必要があるでしょう。

電算機処理されれば、振出月別・銀行別・期日別の明細表が簡単にできますが、そうでない場合は、資金管理の必要性から振出月別・期日別・銀行別の明細表を作成し支払手形の決済に必要な資金を必要な時期に銀行に振り込まなければなりません。

支払手形記入帳

令和X2年		伝票No.	摘要	金額	手形種類	手形No.	振出人または裏書人	受取人	振出日			満期日			支払場所	顛末	
月	日								年	月	日	年	月	日		月	日
4	20	×××	×××	5,000,000	約	AB××		××㈱	×2	4	20	×2	6	30	××銀行 ××支店		
		4月振出	合　計	80,000,000													

××勘定／支払手形の仕訳伝票より記載する

※期日・銀行別の明細表を作る

支払期日	合　計	××銀行	××銀行
X2.6.30	×××	×××	×××
7.31	×××	×××	×××
8.31	×××	×××	×××
X2年4月振出計	80,000,000	×××	×××

KEYPOINT

- 支払手形発行控はすべて（使用不能処理をした書き損じを含む）必ず保管しておくこと！
- 支払手形の領収証は必ず入手すること！

6 材料貯蔵品受払台帳と管理ポイント

① 材料貯蔵品受払台帳

材料貯蔵品の受払台帳は、品名規格ごとに次のような様式の補助記入帳を作成します。

受入れとなる場合は、外部より購入した場合と現場より戻ってきた場合とがあります。払出しは現場への払出しが中心ですが、下請その他に売却する場合もあります。

３月１日に、鉄筋××が100万円納入され、倉庫で検収をした場合の仕訳は次のようになります。

材料貯蔵品（鉄筋××）100万円　／　工事未払金　100万円

このうち５万円を３月５日に現場（××工場現場）に払い出した場合は次のような仕訳となります。

未成工事支出金　５万円（××工事現場）　／　材料貯蔵品　５万円（鉄筋××）

これらの取引は次のように記帳します。

材料貯蔵品受払台帳

品名　鉄筋　規格　××

令和X２年		摘要	受入高					払出高					残高		
月	日		伝票No.	送り状No.	数量	単価	金額	伝票No.	送り状No.	数量	単価	金額	数量	単価	金額
3	3	××商事	××	××	××	××	1,000,000						××	××	1,000,000
3	5	××工事現場						××	××	××	××	50,000	××	××	950,000
3	31												××	××	50,000
3	31	次期繰越								××		50,000			
					××	××	××			××		××			
4	1	前期繰越			××	××	50,000								

受入高 ⇩ 仕訳伝票の借方材料貯蔵品勘定より記載

払出高 ⇩ 仕訳伝票の貸方材料貯蔵品勘定より記載

残高：月次ごとあるいは少なくとも期末には棚卸をして、数量および評価（不良品あるいは価値の下がっているものの有無）を検討

② 払出単価の算出方法

材料の払出しおよび残高の金額の算定の仕方については、主として次のような方法があります。

移動平均法―受入前残高金額に受入金額を加えて総数量で除して次の払出単価を決める方法（一般的方法）

先入先出法―先に仕入れたものから先に払い出されたと仮定して払出単価を決める方法（期末在庫は時価に近い）

後入先出法―後に仕入れたものから先に払い出されたと仮定して払出単価を決める方法（期末在庫は時価と乖離）

今、特定の材料貯蔵品口座において次ページのような受払取引があったとすると、空欄になっている①～⑩の払出額および残高は、いずれの評価方法をとるかにより次ページのように異なります。どの処理も正しい処理として認められていますが、一度採用した処理はみだりに変更してはいけません。それは、変更すると期間損益に変動が生じるからです。

KEYPOINT

設例のような価格上昇期には後入先出法の払出高がもっとも高くなる……利益が少なくなる。

（単位：円）

算出方法	払出高	残　高
移動平均法	2,300	1,200
先入先出法	2,200	1,300
後入先出法	2,500	1,000

なお、平成22年４月より上場会社等では棚卸資産の評価額が時価と乖離する後入先出法の採用はできなくなりましたが、収益計上時点に近い費用評価法であることから管理会計では使うことは可能です。

単管パイプ規格×××

材料貯蔵品受払表

(単位：円)

	受入高			払出高			残高		
	数量	単価	金額	数量	単価	金額	数量	単価	金額
前期繰越	10	100	1,000	—	—	—	10	100	1,000
X1/8購入	10	120	1,200	—	—	—	20	110	2,200
X1/9払出	—	—	—	10	①	②	10	③	④
X2/2購入	10	130	1,300	—	—	—	20	⑤	⑥
X2/3払出	—	—	—	10	⑦	⑧	10	⑨	⑩

移動平均法

	受入高			払出高			残高		
	数量	単価	金額	数量	単価	金額	数量	単価	金額
前期繰越	10	100	1,000	—	—	—	10	100	1,000
X1/8購入	10	120	1,200	—	—	—	20	110	2,200
X1/9払出	—	—	—	10	110	1,100	10	110	1,100
X2/2購入	10	130	1,300	—	—	—	20	120	2,400
X2/3払出	—	—	—	10	120	1,200	10	120	1,200
計	30		3,500	20		2,300	10		1,200

30-3,500

一致する

先入先出法

	受入高			払出高			残高		
	数量	単価	金額	数量	単価	金額	数量	単価	金額
前期繰越	10	100	1,000	—	—	—	10	100	1,000
X1/8購入	10	120	1,200	—	—	—	20	110	2,200
X1/9払出	—	—	—	10	100	1,000	10	120	1,200
X2/2購入	10	130	1,300	—	—	—	20	125	2,500
X2/3払出	—	—	—	10	120	1,200	10	130	1,300
計	30		3,500	20		2,200	10		1,300

30-3,500

一致する

後入先出法

	受入高			払出高			残高		
	数量	単価	金額	数量	単価	金額	数量	単価	金額
前期繰越	10	100	1,000	—	—	—	10	100	1,000
X1/8購入	10	120	1,200	—	—	—	20	110	2,200
X1/9払出	—	—	—	10	120	1,200	10	100	1,000
X2/2購入	10	130	1,300	—	—	—	20	115	2,300
X2/3払出	—	—	—	10	130	1,300	10	100	1,000
計	30		3,500	20		2,500	10		1,000

30-3,500

一致する

(注) 上記例のように後入先出法は在庫評価額が時価と大きく乖離するので上場会社等では採用できなくなり、移動平均法を採用している会社が多い。

要があります。そうすることによって残高を把握し、長期未精算を防止します。

このほか、未成工事支出金補助簿、工事台帳、原価計算報告書などの補助簿や勘定の費目別集計表については次章「原価計算と原価管理」で述べます。

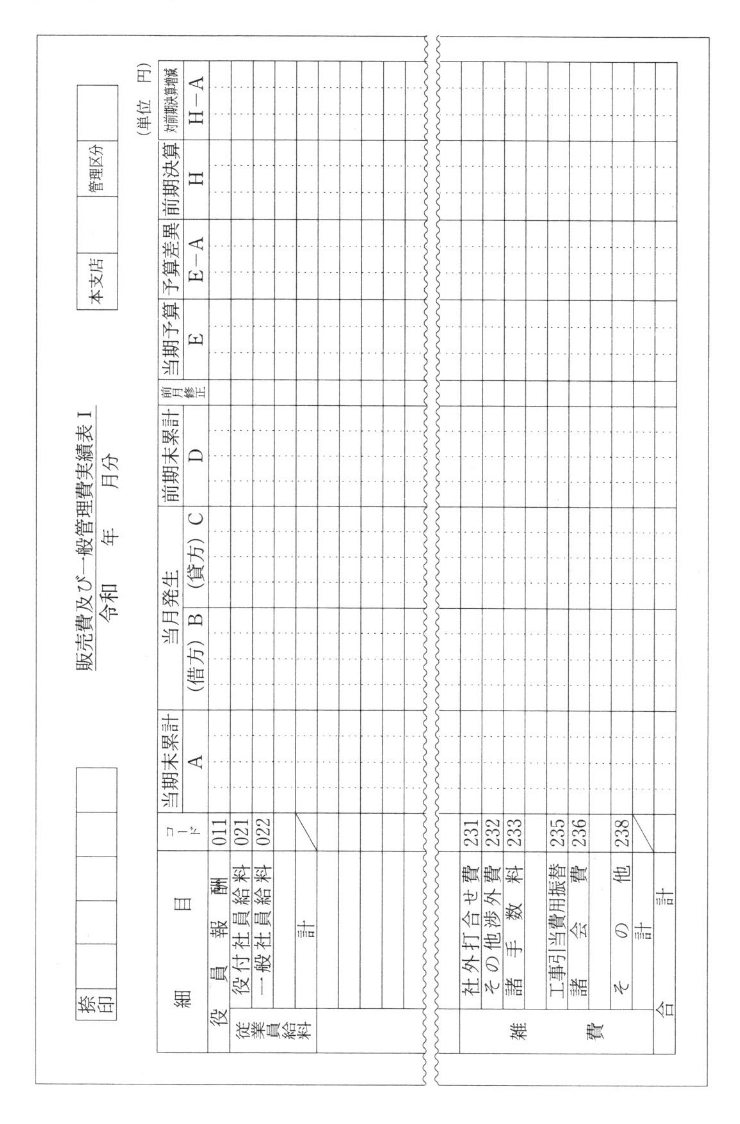

販売費及び一般管理費実績表 I
令和　年　月分

捺印

本支店　管理区分

（単位　円）

細目		コード	当期末累計 A	当月発生 (借方) B	当月発生 (貸方) C	前期末累計 D	前月修正	当期予算 E	予算差異 E−A	前期決算 H	対前期決算増減 H−A
役員報酬		011									
従業員給料	役付社員給料	021									
	一般社員給料	022									
	計										
雑費	社外打合せ費	231									
	その他渉外費	232									
	諸手数料	233									
	工事引当費用振替	235									
	諸会費	236									
	その他	238									
	計										
合計											

その他の補助簿の様式（市販されている）

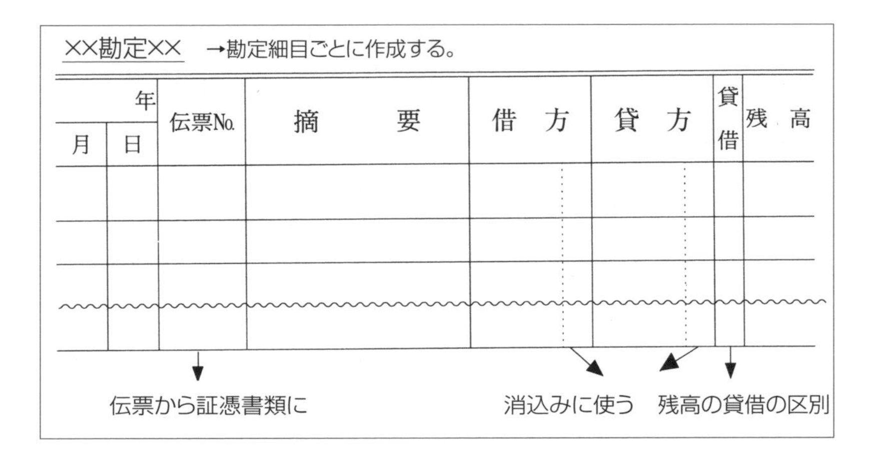

KEYPOINT

- 仮払金・立替金等は必ず消込みをして未精算分がわかるようにすること！
- 精算が遅れているものに注意して督促すること！

V　原価計算と原価管理

原価計算はなぜ必要なのでしょうか。建設業の原価計算はどのようになされるのでしょうか。そして、その原価はどのように集計され、管理されていかなければならないのでしょうか。
この章では、これらについて説明します。

1 原価計算とは何か

建設業の原価計算は、個別原価計算と呼ばれるものです。

1 原価計算の種類

原価計算とは、いくらかかって製品ができあがったか計算することですが、生産形態には、たとえば、テレビやラジオのように同じものを大量に継続して作る場合と、建設業や造船業のように異なる製品を注文により１つずつ作る場合とがあります。

① 総合原価計算

同じものを大量に継続して生産する場合には、一定期間に発生した原価の総額を生産数量で割れば個々の原価が計算できます。このような原価計算の方法を総合原価計算といいます。

② 個別原価計算

これに対し、異なる製品を１つずつ作る場合は、個々の注文ごとに原価を計算していかなければその製品にかかった原価の総額は把握できません。こうした原価計算の方法を個別原価計算といいます。

建設業の原価計算は個別原価計算です。

同じものを反復して作る場合……総合原価計算
異なるものを１つずつ作る場合…個別原価計算←建設業の場合

2 原価計算の目的

ところで原価計算はなぜ必要なのでしょうか。

① 財務目的から必要

注文を受け、物を作り、それを完成し、引き渡し、代金を受け取り、１つの営業取引が完結します。会社はいったいこの取引でいくら儲かったのか計算しなければなりませんし、棚卸資産がいくらあるかも計算しなければなりません。そのためにはいくら工事原価が発生したか、絶えず集計していかなければなりません。これが財務目的から必要となる原価計算です。

② 管理目的から必要

会社というものはかかった原価をただ集計していればよいというものではありません。原価をできるだけ低減させ、利益が少しでも多く出るように努力しなければなりません。そのためには、事前に、かかるだろう原価を計算して予算を作り、実際にかかった原価とこの予算とを比較・分析しつつ、無駄なものは抑え、より安く、よりよいものを作っていく必要があります。こうした管理目的のためにも原価計算はぜひとも必要なものです。

③ 受注価格の決定のためにも必要

原価計算は、価格の形成のためにも有益な情報を提供することとなります。工事を受注するにあたり、いったいいくらでできるか見積りをします。この見積りは、工種ごとの原価の積上げにより算定されることになります。これも一種の原価計算です。

④　予算編成のためにも必要

予算を編成したりする場合にも、しっかりとした原価計算が行われていなければなりません。いったい手持工事の採算はどうなのか、これからどれだけの原価が発生するのか、来期完成したときどのくらいの損益が出るか、これらのことがわからなければ来期の予算は組めません。原価計算によりすでに発生した原価をつかみ、将来発生するであろう原価を予測できてはじめて来期の予算が組めることとなります。

⑤　経営の基本計画の決定のためにも必要

適切な個別原価計算が全工事についてなされることにより、会社の欠点あるいは弱点がクローズアップされてきます。土木部門が弱い、民間工事の採算が悪い、特にマンション工事の利益率が低い等々のことがわかってきます。そして、今後どのような政策をとるべきか、という経営の基本計画の設定にあたり原価計算はいろいろな情報を提供してくれることになります。

3　原価計算の一般基準

原価計算は財務目的や管理目的などにより必要とされるものですから、次のような基準に従って作成されなければなりません。

①　財務目的に役立つためには

(i)　受注した工事に対応する原価を工事ごとに集計していく。

(ii)　工事ごとに集計する原価は信憑性がなければなりません。そのためには実際に発生した原価の集計が基本となります。

(iii)　したがって、予定価額や標準価額を使って原価の一部を計算する場合、実際原価との差額の調整計算が必要です。たとえば、機械使用料を社内規定で工事原価に配賦した場合、実際の減価償却費との差額は期末に調整計算をしなければなりません。

(iv) また、財務会計機構と有機的つながりをもつために個々の工事の原価に関する記録を統括する勘定を財務会計の中にもっていなければなりません。建設業では、工事ごとに未成工事支出金勘定で集計します。こうして集計された原価は、財務諸表作成のための棚卸資産の評価や、売上原価の計算のための基礎資料を提供することとなります。

② 管理目的に役立つためには

管理目的に役立つためには、前記のほかにさらに次のような原価計算をしなければなりません。

(i) 原価計算では、原価管理の責任を明確にしておかなければなりません。そのためには、原価計算をする原価単位とその工事の管理責任体制とが相互に結合していなければなりません。

(ii) また、原価を工種別・要素別に適切に分類し、実績と標準とを比較・対比・検討できるようにしておかなければなりません。

(iii) このほか価格決定のための見積原価計算、予算管理のための実行予算による原価計算などは過去の実績、現状の正確な分析、将来の的確な予測により算定されなければなりません。

原価計算単位のとり方（決算のための工事の区分の仕方）

原価計算を行う集計単位は、通常、工事ごとに工事番号を付して行われます。

この原価集計単位は、原則として個々の契約ごとに行うべきでしょうが、実務的には、①同一発注者からいくつかの工事の発注が出て、同一作業所で、しかも完成時期が同一決算期であるような工事は、１つの原価単位となることもありますし、②マンションとその中に入るテナントなどの場合、発注者が異なっていても同一作業所で同じ決算期で工事を施工する場合は１つの原価単位となることもあります。また、③１つの契約でも、工期が１期、２期と分かれる場合は、工期ごとに原価単位を設定することもあります。あるいは、④施主の異なる少額の同一決算期の工事は、雑工事として一括計上管理することもあります。

しかし、あくまで原価は、契約ごとの個別原価計算であり、これらの基準は事務便宜上のものですから、いくつかの契約を合計して原価計算単位とする場合、１つの原価計算単位の細目計算においてその採算が明確にされている必要があります。また同時に、発注者に対する債権管理も契約ごとになされなければなりません。そして、このような実務的要請より生じた原価単位の一本化や細分化は、期間損益計算を恣意的に動かしたりするものであってはなりません。そのためには、工事着手前に原価計算単位を明確にするとともに、完成時期の異なるいくつかの契約を１つの原価計算単位とする場合は税務上問題となる可能性が強いことから十分に検討して決める必要があります。

3 原価の分類

1 原価要素の大分類

建設業の原価計算は、原価要素を、材料費、労務費、外注費および経費に分けて計算します。

① 材料費とは

材料費は財貨の消費によって生じる原価であり、その性質によって本工事材料費と仮設材料費に分かれます。

本工事材料費とは、工事に直接投入されて工事の本体を形作るものであり、鉄筋、鉄骨、生コン、セメント、管類、組積材などのことです。これに対し、**仮設材料費**とは、工事実施を補助する役割をもって現場に投入されるもので、工事の完了とともに撤去される足場材、鋼製型枠材、ベニヤなどのことです。

② 労務費とは

労務費とは、工事に直接従事した直接雇用の作業員に対する賃金、給料、手当等であり、直接的労働用役の消費によって生じる原価のことです。したがって、工事現場の管理にあたる技術者および事務職員の給料、手当、賞与は経費として処理されることとなります。

また逆に、外注費であってもその内容が役務の提供を主たる目的とする場合は労務費として処理できます。

③ 外注費とは

外注費は、工種・工程別等、工事のために素材、半製品、製品等を作業とともに提供し、これを完成する契約、いわゆる下請契約に基づいて発生した原価のことです。

④ 経費とは

経費とは、工事について発生した材料費、労務費、外注費以外のもので、設計料、機械使用料、現場の技術者および事務職員の給料等や光熱費、水道料、旅費交通費などです。

2 原価要素の細分類（例示）

こうした大分類に従ってさらに次のような細分類を行います。原価の分類の仕方は、会社および工種（土木、建築、プラント）などによって異なりますが、その一例を示すと次ページ以下のようになります。

材料費

	細目
材料費	鋼製足場材費
	鋼製仮枠材費
	単管パイプ
	メタルフォーム費
	道路補板費
	形鋼材費
	その他鋼材金物費
	木材費
	ベニヤパネル費
	電用品費
	管類費
	機工用品費
	安全施設費
	備品費
	仮建物費
	仮設雑材料費
	共益費
	仮設材料費計
	鉄筋材費
	形鋼材費
	金物費
	セメント費
	生コンクリート費
	杭地業材費
	管類費
	セグメント費
	組積材費
	骨材及び土石材費
	木材及びボード材費
	火薬材費
	建具材費
	内装材費
	断熱材費
	設置用機器購入費
	造成用土地購入費
	本工事雑材料費
	本工事材料費計
	材料費計

経費

	細目	
経費	機械使用料	社内
		社外
	動力用水光熱費	電気・水道料
		油脂燃料費
	運賃	
	修繕費	
	設計費	
	地代家賃	
	損害保険料	
	労災保険料	
	人件費(A)	技能員給料
		技能員賞与
	保安警備費	
	補償費	
	工事経費計	
	人件費(B)	一般社員給料
		一般社員賞与
		傭員給料
		傭員賞与
	退職金	
	法定福利費	
	福利厚生費	
	労働安全管理費	
	租税公課	
	旅費交通費	
	通信費	
	事務用品費	
	交際費	
	雑費	
	共通経費	
	一般経費計	
	経費計	
未成工事支出金計		

労務費、外注費

建築工事

区分	細目
労務費	鳶土工賃
	型枠大工工賃
	造作大工工賃
	鉄筋工賃
	枠工賃
	鍛冶及び溶接工賃
	左官工賃
	雑工賃
	労務費計
外注費	仮設工事費
	土工事費
	杭打工事費
	型枠工事費
	コンクリート工事費
	鉄筋工事費
	鉄骨工事費
	被覆工事費
	組積工事費
	防水工事費
	石及び擬石工事費
	タイル工事費
	木工事費
	屋根及びスレート工事費
	カーテンウォール工事費
	金物・板金工事費
	左官工事費
	金属製建具工事費
	木製建具工事費
	ガラス工事費
	塗装工事費
	内装装飾工事費
	JV工事費
	雑工事費
	電気工事費
	衛生工事費
	空調工事費
	昇降機工事費
	諸設備工事費
	屋外施設工事費
	解体工事費
	外注費計

土木工事

区分	工事	細目
労務費		A
		B
		C
		D
		E その他
		労務費計
外注費	仮設工事費	A
		B
		C
		D その他
		計
	測量試験工事費	A
		B
		C その他
		計
	型枠工事費	A
		B
		C その他
		計
	土木工事費	A
		B
		C
		D その他
		計
	機械土木工事費	A
		B
		C
		D その他
		計
	杭打抜工事費	A
		B
		C
		D
		E その他
		計
	鉄筋鉄骨工事費	A
		B
		C その他
		計
	配管工事費	A
		B
		C その他
		計
	舗装工事費	A
		B その他
		計
	浚渫工事費	A
		B
		C
		D その他
		計

区分	工事	細目
外注費	諸設備工事費	A
		B
		C
		D
		E
		F その他
		計
	外柵工事費	A
		B その他
		計
	特殊工事費	A
		B
		C
		D
		E
		F その他
		計
	建築工事費	A
		B
		C
		D その他
		計
	JV工事費	
	雑工事	A
		B
		C
		D
		E
		F その他
		計
	外注費計	

(注) A～Fは外注業者別に分類

プラント工事

	細目	
労務費	鳶土工賃	
	型枠大工工賃	
	造作大工工賃	
	鉄筋工賃	
	斫工賃	
	鍛冶及び溶接工賃	
	左官工賃	
	雑工賃	
	労務費計	
外注費	仮設工事費	A
		B
		C
		D
		E
		F その他
		計
	鳶工工事費	A
		B
		C
		D
		E
		F その他
		計
	建築工事費	A
		B
		C
		D
		E
		F その他
		計
	配管工事費	A
		B
		C
		D その他
		計
	製缶工事費	A
		B
		C
		D その他
		計
	機械装置工事費	A
		B
		C
		D
		E その他
		計
	煙突煙道工事費	A
		B
		C
		D その他
		計

	細目	
外注費	電気計装工事費	A
		B
		C その他
		計
	塗装工事費	A
		B
		C その他
		計
	保冷工事費	A
		B
		C その他
		計
	保温工事費	A
		B
		C その他
		計
	大口径配管工事費	A
		B
		C その他
		計
	鉄骨工事費	A
		B
		C その他
		計
	試験検査工事費	A
		B
		C その他
		計
	試運転調整工事費	A
		B
		C その他
		計
	解体工事費	A
		B
		C その他
		計
	防蝕工事費	
	被覆工事費	
	JV工事費	
	雑工事費	A
		B
		C
		D
		E
		F その他
		計
	外注費計	

建設業法施行規則の原価の分類

材料費
労務費
外注費
経　費
- 動力用水光熱費
- 機械等経費
- 設計費
- 労務管理費
- 租税公課
- 地代家賃
- 保険料
- *従業員給料手当
- *退職金
- *法定福利費
- *福利厚生費
- 事務用品費
- 通信交通費
- 交際費※
- 補償費
- 雑費
- 出張所等経費配賦額

（*印は経費のうち人件費）

※税務申告上の必要性から交際費は必ず区分表示しておくこと！

4 原価伝票とその処理

原価計算は財務会計の機構の中に織り込まれていなければなりません。

ここでは具体的に取引例を仕訳して、これらがどのように財務会計の枠の中で記帳されていくかを示してみましょう。

1 原価に関する伝票処理の例示

まず取引例とその仕訳は次のようになります。

① A社より現場（0011）に材料（セメント）が納入され、100万円の請求書が現場に届いた。

未成工事支出金100万円　／　工事未払金100万円
（0011）（材料費・セメント費）　（A社）

② 倉庫より材料（鉄筋）50万円が現場（0011）に搬入された。

未成工事支出金50万円　／　材料貯蔵品50万円
（0011）（材料費・鉄筋材費）　（鉄筋）

③ 現場（0011）の下請のB会社の外注費（土工事）の当月の請求は100万円であった。

未成工事支出金100万円　／　工事未払金100万円
（0011）（外注費・土工事費）　（B社）

④　機械使用料10万円が支店より現場（0011）につけ替えられた。

未成工事支出金10万円　／　仮受金10万円
（0011）（経費・社内機械使用料）　（機械使用料）

⑤　設計料100万円が本店より現場（0011）につけ替えられた。

未成工事支出金100万円　／　仮受金100万円
（0011）（経費・設計料）　（設計料）

こうした原価に関する取引の起票は、現場で起票しなければならないものとして①②③のような取引と、本店または支店において起票されて現場につけ替えられてくる④⑤のようなものに分かれます。

これらの取引はいずれも振替伝票が使われますが、たとえば、①の振替伝票の記載は次のようになります。

請　求　書

振替伝票

令和×2年7月31日　㊞　㊞　㊞　㊞

経理	課長	係員	関係先	課長	係員	仕出	所長	係員	相手先コード	相手先住所氏名
							㊞	㊞	×××	東京都××市×× A社 ㊞

年月日	内容仕様型状寸法	長さ	数量	単価	金額	請求内容	振込銀行
×2 7/31	7月納入分					作業所名 ××作業所	××銀行××支店
	××セメント		××	××	500,000	注文番号 第×××号	口座名義　A社
	××セメント		××	××	500,000	注文金額 10,000,000	支払内訳
						既請求額 5,000,000	月日 ×2.8.25　現手　1,000,000
						今月請求額 1,000,000	現手
						差引残額 4,000,000	小切手　銀行　No.
							支手振出日
管理区分　××工事 0011			(借方) 未成工事支出金 材料費セメント		1,000,000	(貸方) 工事未払金	伝票No. ×××××

通常このような工事未払金を相手勘定とする原価伝票は、所定の様式によってワンライティングで記票され、請求書を兼ねた工事未払金の伝票でA社の押印がなされたものが使われます。

現場で起票した伝票は、控えを現場で保管するとともに、正伝票を月に１回支店または本店に送付して勘定処理をします。

支店等より現場につけ替えられる原価は、支店等で直接勘定処理するとともに、その控えが定期的に現場に送られてきます。

現場で保管する伝票は月ごと、原価費目別にファイルしておき、後日支店等より送付されるその現場の未成工事支出金経理補助簿や、原価計算報告書や、その他の勘定内訳表と照合する必要があります。

2 現場の出納に関する伝票処理と管理ポイント

現場では小口の現金受払いを行います。現場ではできるかぎり現金の受払いを少なくするために、出来高の検収や資材の検収を行い、請求書を受けつけますが、その支払いは、原則として支店や本店で行います。したがって、現場で起こす伝票は大半が先の例に示したような下記のような仕訳となります。

未成工事支出金（××原価費目）　／　工事未払金（××会社）

しかし、旅費や、電気代、家賃など少額の経費は現場で支払われます。この支払いは、定期的に支店等より資金が送付されてきますのでこの資金により支払います。

資金の現場への送付は、現場の近くの銀行に会社名義の現場の所長または出納責任者名の普通預金口座を開設し、ここに振り込まれます。現場では、この預金を必要に応じて銀行より引き出し、小口の経費の支払いにあて、伝票処理し、定期的に証憑をつけて伝票を送付します。

（支店等の仕訳）	仮払金（0011現場）	××	／	預金	××
（現場の仕訳）	預金	××	／	仮受金（0011現場）	××
（現場の出納）	現金	××	／	預金	××
未成工事支出金（0011現場）		××	／	現金	××

したがって、現場では預金台帳と現金出納帳をつける必要があります。期末には、現場の手持ちの現金はゼロとし、すべて預金にして銀行の残高証明をとり、支店に送るのがよいでしょう。

KEYPOINT

現場の小口資金の管理の要点

① 預金台帳をつける。
② 現金出納帳をつける。
③ 定期的に使った資金の内容を支店等に報告する。
　伝票には所長、経理責任者の印を押し、領収証等をつけて送る。
④ 期末は手持ち資金はゼロにしてすべて預金とし、銀行の残高証明を支店に送る。

3 未成工事支出金の勘定処理と補助簿

未成工事支出金の計上に関する代表的取引の仕訳は、前の仕訳例でもわかるように次のようなものです。

① 未成工事支出金（材料費××）／ 工事未払金
　　〃　　（労務費××）／　〃
　　〃　　（外注費××）／　〃
　　〃　　（経　費××）／　〃

② 未成工事支出金（材料費××） ／ 材料貯蔵品

③ 未成工事支出金（経費・機械使用料） ／ 仮受金（機械使用料）

（経費・設計料） ／ 〃 （設計料）

④ 未成工事支出金（経費××） ／ 現金

これらの仕訳は、伝票により次のように総勘定元帳に記入されていきます。

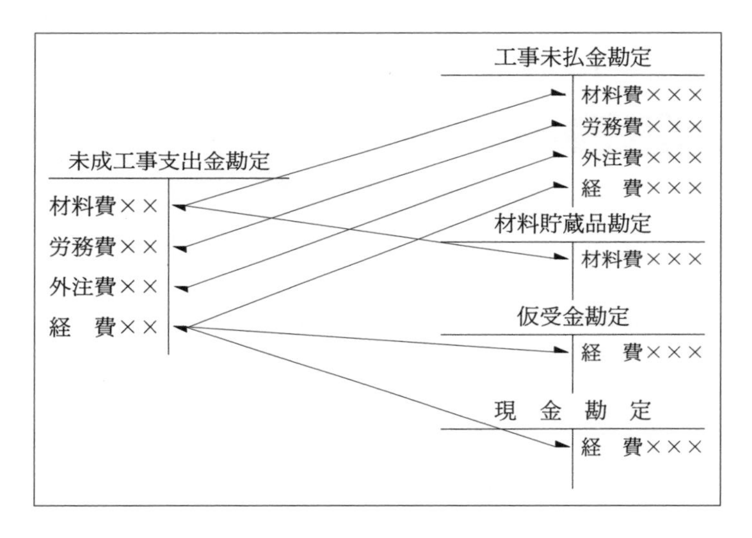

この未成工事支出金は工事ごとに補助簿がつけられます。その様式は原価計算報告書の様式で、１つの取引ごとにすべてが記載されます。原価計算報告書とこの補助簿の違いは、たとえば、外注費（土工事）でも１ヵ月に数件の取引があれば、補助簿ではこの取引すべてを記載しますが、原価計算報告書では１ヵ月の合計額がまとめて記載されます。補助簿を作成しない場合は原価伝票を工事別・月別・原価費目別にファイルしてそれを集計し、工事別の原価計算報告書を作ります。

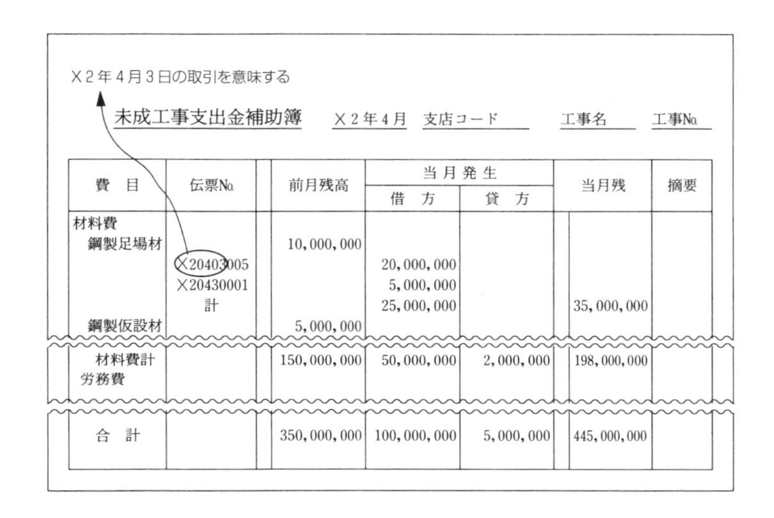

X2年4月3日の取引を意味する

未成工事支出金補助簿　X2年4月　支店コード　　工事名　　工事No.

費目	伝票No.	前月残高	当月発生		当月残	摘要
			借方	貸方		
材料費						
鋼製足場材		10,000,000				
	X20403005		20,000,000			
	X20430001		5,000,000			
	計		25,000,000		35,000,000	
鋼製仮設材		5,000,000				
材料費計		150,000,000	50,000,000	2,000,000	198,000,000	
労務費						
合計		350,000,000	100,000,000	5,000,000	445,000,000	

こうして工事ごとに管理される未成工事支出金は、完成すれば完成工事原価に振り替えられます。

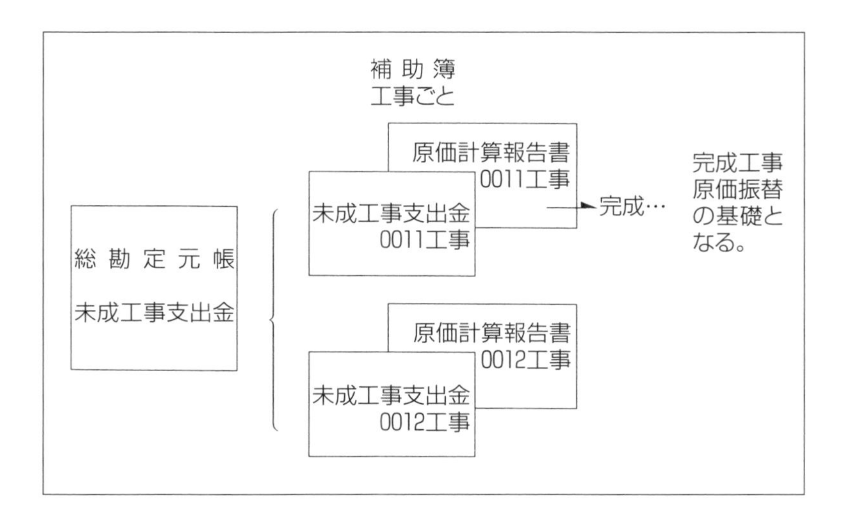

5 原価計算報告書の様式

原価計算報告書の様式は一例を示すと次ページのようになります。

第１表は原価計算報告書の表紙で、第２表以下は先に述べた原価費目の分類に従って細分化されていきます。

この様式は実行予算欄をとり、工事の出来高と実際発生原価、予算残高が比較できるようになっています。工事の出来高は工事月報より記入されます。また、本支店の管理費目の賦課金、および工事へ投入した資金と工事代金の取下げとを比較して、実質負担した資金にかかわる資金利息の計算をも行って、工事の純損益計算をもしています。

工事が儲かったかどうかの判断は、社内の管理計算では、工事損益計算だけではなく純損益計算までしなければなりません。たとえば、工事損益は黒字であっても、支払条件が悪く、資金利息が多額にかかれば工事の純損益は赤字となり、こうした工事ははたして会社に貢献した工事であるか疑問となります。純損益計算ではこうした事実が明確にクローズアップされてきます。

建設業法施行規則では最後に完成工事原価をまとめて、決算書として次のような「完成工事原価報告書」を作成します。

完成工事原価報告書

自　令和　年　月　日
至　令和　年　月　日

会社名

千円

Ⅰ	材料費	×××
Ⅱ	労務費	×××
	（うち労務外注費××）	
Ⅲ	外注費	×××
Ⅳ	経費	×××
	（うち人件費××）	
	完成工事原価	×××

〈第 1 表〉

原価計算報告書

本支店	工事No.

管理区分	
発 注 者	
工　期	

年　月

受注金額

工　種	
受注形態	

備考	

項目		コード	実行予算		当月発生	累　計	予算残高	当期発生	備　考
			当初	変更					
工事出来高									
工事支出金	材 料 費								
	労 務 費								
	外 注 費								
	工事経費								
	一般経費								
	計								
工 事 損 益									
工事損益率									
脚注	本店賦課金								
	支店賦課金								
	資 金 利 息								
	計								
純　損　益									
純 損 益 率									
取　下　金									

〈第 2 表〉

原価計算報告書

年　月

本支店	工事No.

項　目		コード	実行予算		当月発生	累　計	予算残高	当期発生	備　考
			当初	変更					
材料費	鋼製足場材費 ⋮								
	仮設材料費計								
	鉄 筋 材 費 ⋮								
	本工事材料費計								
	材料費合計								
労務費	とび土工賃 ⋮								
	労務費合計								
外注費	仮設工事費 ⋮								
	外注費合計								
経費	機械使用料 ⋮								
	工事経費計								
	人 件 費 ⋮								
	一般経費計								
	経 費 合 計								
未成工事支出合計									

6 原価管理

現場の仕事では、原価を計算することと、原価を管理することが最大の仕事です。

原価管理は、効率的にしかも経済的に工事を施工し、受注した工事の原価をできるかぎり低減させなければなりません。

1 実行予算による原価管理

発生する原価を管理するためには、原価の標準を設定し、これと実際発生した原価を絶えず比較・分析していかなければなりません。

この標準原価としての意味をもつものは、建設業の場合は実行予算となります。実行予算は、工事の施工にあたって必要と考えられる原価を集計して作成される原価計算書であり、発生する詳細な原価の積上げにより作成されます。

① 実行予算の作成の時期

工事着工して間もない段階では工事全般にわたる詳細な資料が整備できないことから、受注に際して作成した元積りを手直しして、これを原価管理の指針とします。しかし、少なくとも着工してから2～3ヵ月以内には実行予算を作成し、これをもって原価管理の指針とすべきです。さらに、長期の工事の場合などは、請負金の変更や資材労賃の変動などにより、当初の実行予算を見直す必要が出てきます。これを**修正実行予算**といいます。

②　実行予算の作成の仕方

実行予算は工種別に原価を集計して作りますが、最終的原価の分類は原価計算報告書と同じようになっていなければなりません。原価計算報告書と同じ原価分類をすることによってはじめて発生原価と比較・検討ができるからです。

実行予算の一例を示すと次の様式のようになります。この例は、実行予算書の第１表です。第２表は原価計算報告書の様式により費目別に細分された表となり、第３表はその計算基礎がその費目ごとにつきます。

実行予算書　　部支店長名 ㊞　　工事長名 ㊞　　所長名 ㊞

作成日　年　月　日

工事名		工期		工事の概要
発注者名		発注形態		
作業所名		取下条件		
工事場所				

項目			元積り		実行予算		増減
受注金額 (A)				100%		100%	
工事原価	材料費	仮設材料費					
		本工事材料費					
		計					
	労務費						
	外注費						
	経費	工事経費					
		一般経費					
		計					
	合計 (B)						
工事損益（A－B）							
本店賦課金							
支店賦課金							
資金利息							
計 (C)							
純損益（A－B－C）							
予算編成上の特記事項他							

2　工事損益現況表による原価管理

現場では少なくとも年２回工事損益の現況を把握するため、実行予算と対比しつつ、発生した原価と今後発生するであろう原価を分析し、最終的工事損益がどのようになるか検討する必要があります。特に工事進行基準を採用している場合はぜひとも必要なことです。

①　工事損益現況表の作成の時期

工事損益の現況の検討は中間決算および本決算期末日に行われるのが一番よいのですが、実務的には決算期末の忙しい時期を避け、しかも決算に有益な情報を提供できる決算月の１ 〜 ２ヵ月前に行われます。

②　工事損益現況表の作成の仕方

工事損益現況表は、実行予算と対比する形式で前期および当期においてすでに発生した原価を原価計算報告書より記入するとともに、現場での工事の指図状況や進捗度に見合って期末までの予定発生原価と出来高を記入し、これを合計して今期の発生予定原価と出来高を算出します。さらに、来期以降の出来高および発生予定原価を見積って工事損益の現況を把握し、これを実行予算と対比して差額を検討します。したがって、その様式は224ページのようになります。

未発生の原価には、すでに発注していて未検収の原価と、いまだ発注していない原価とがあります。発注していない原価は単価および数量の見積りが必要となります。また発注している原価でも単価契約などの場合は今後発生する数量を見積らなければなりません。

これらの見積りは、積算等の資料をもとに残工事を見積り、現況を分析するとともに、将来の価格の動向などをも加味してできるかぎり客観的に決定しなければなりません。

さらに、未発生原価の中に加えておかなければならない原価は、不慮の事故や手直し等により発生する予備的費用を過去の経験率より割り出してこれに含めておく必要があるでしょう。

未発生原価は工事が完成に近づくほど減少してきます。したがって、工事が順調に推移すれば工事利益率は、上記のような予備費としての原価が減少することにより、徐々に上昇することとなります。こうした関係を図に示すと次のようになります。

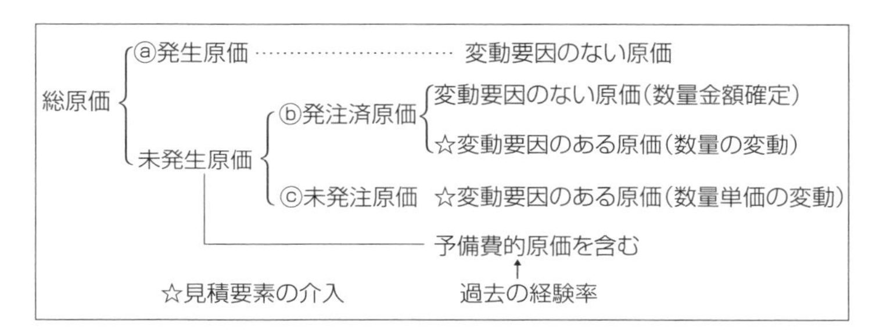

こうして毎期検討される工事損益現況報告は、工事損益の現況を把握した、いわば生の声であり、工事の原価管理はもとより、予算の作成等において重要な情報を提供することとなります。工事進行基準を採用している場合は、工事損益現況報告の原価率で決算をすることとなります。

発注者名
工事件名
工　　期　自 X1年2月1日　　　至 X3年10月31日

工事損益現況表 (X2年2月28日現在)

(単位：千円)

項目		実行予算	前期末現在	X1.4/1～X2.2/28実績	X2.3/1～3/31見込	今期計	X2.4/1～最終	総合計	差異	備考
		①	②	③	④	⑤=③+④	⑥	⑦=②+⑤+⑥	⑧=⑦−①	
受注金額又は出来高 (A)		500,000	50,000	180,000	20,000	200,000	280,000	530,000	30,000	設計変更
工事原価	材料費									
	生コン費	20,000	500	8,500	2,000	10,500	13,000	24,000	4,000	使用量増加
	：	：	：	：	：	：	：	：	：	
	計									
	労務費									
	：	：	：	：	：	：	：	：	：	
	計									
	外注費									
	：	：	：	：	：	：	：	：	：	
	計									
	経　費									
	：	：	：	：	：	：	：	：	：	
	計									
	工事原価計(B)	400,000	41,000	160,000	18,000	178,000	216,000	435,000	35,000	
	工事損益(A)−(B)	100,000	9,000	20,000	2,000	22,000	64,000	95,000	−5,000	

(注)　工事損益現況表の総括表としては、221ページの実行予算書の様式を使って実行予算と損益現況とを比較する。

3 月次の原価管理と個々の原価管理

工事月報、原価計算報告書、工事台帳

実行予算がいくつかの期を通じての「工事の全体的管理」の基礎とすれば、前ページの**工事損益現況表**は期ごとに検討される「工事の現況報告」です。現場での月次原価管理は、これらの資料と毎月の出来高と発生原価、すなわち、実際の進捗度を示す**工事月報**の出来高と**原価計算報告書**の発生原価とを比較検討することにあります。

そのためには、工種別に出来高が計上される工事月報（227ページ様式参照）と要素別に原価が集計される原価計算報告書とが比較可能なようになっていなければなりませんので、原価要素は、要素別・工種別に分類できるようにしておかなければなりません。また、たとえば、現場に搬入された鉄筋等は未成工事支出金勘定で処理されますが、実際に使用していなければ出来高を構成しませんので仮出来高として月報に計上し、それが使用されたときに本来の出来高に計上します。あるいは、埋殺しのシールド機などは、現場に搬入されたとき、かなりの原価が発生しますが、工事が進捗しなければ実際出来高は上がりませんので、こうした原価は回収計算をすることが必要となってきます。

そして、さらに日々の原価管理は、**工事台帳**に示された個々の予算額と発注額の管理、発注額と出来高の管理など細かな原価管理を実施していかなければなりません。

そのためには、228ページのような原価管理のための**工事台帳を作成して個々の原価の発注管理や出来高管理をしていく必要がある**でしょう。

工事の採算の向上、それは適切な原価管理から生まれます。現場

の担当者としてはいかによい仕事をいかに安く仕上げるか常に心がけていく必要があります。

建設業の収益の源は現場です。現場こそ会社にとって最大の財産なのです。

そしてさらに、新しい収益認識基準によって、現場での原価管理の重要性は一段と高まってきました。出来高と原価との比較、実行予算に過不足はないか、収益率は修正する必要はないか、出来高に見合う原価が正しく計上されているか、そして毎月の原価の計上と予算との比較、これらは現場の判断に大きく依存します。

年度決算から四半期決算、そして月次決算、常に現場で工事の実態をつかんで、それを会社の経営成績として損益に反映していくこと、新しい収益認識基準は現場の力に大きく一存します。

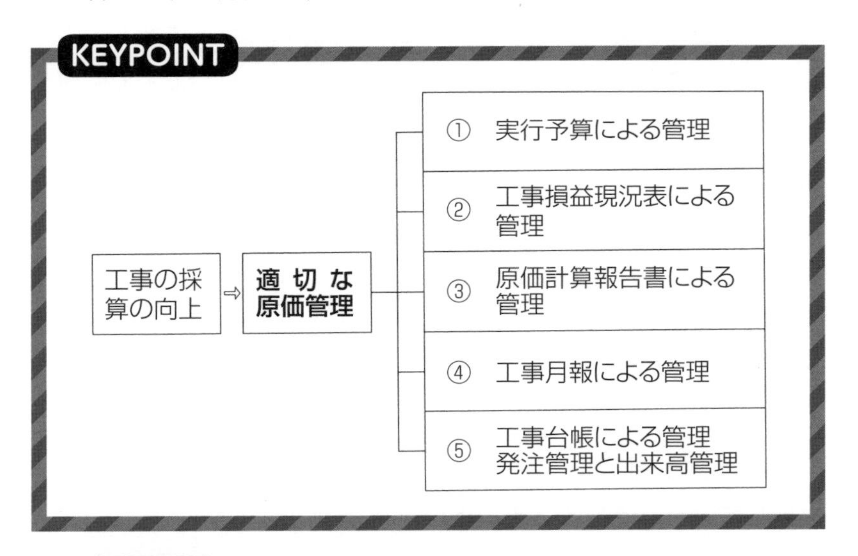

KEYPOINT

建設業では、工事現場間で原価を付け替えることで工事損益の調節を行っていることがあります。これは粉飾決算であり不正行為です。各現場ごとの工事原価を正しく締め切り、正確な工事損益を計上する社内規律の徹底が必要です。

工事月報（×年×月）

工事名	
工期	
作成日	

項目	契約金額	本出来高						仮出来高					
		前月迄		当月分		合計		前月迄		当月分		合計	
		数量	金額	数量	金額	数量	金額	数量	金額	数量	金額	数量	金額
大開除根													
大工事切盛土工													
軟弱地盤改良													
土工事捨土工													
道路工事													
隧道工事													
擁壁工事													
雨水排水工事													
汚水排水工事													
排水工事遊水池1													
〃 2													
法面工事													
公園工事													
植生工事													
交通安全施設工事													
防災工事													
工事用道路工事													
植栽工事													
○ ○ ○													
○ ○ ○													
○ ○ ○													
○ ○ ○													
計													
仮設工事													
諸経費													
合計													

（注） 工事月報には、その月の主な作業の写真をつけて報告します。

工種別実行予算の発注実績管理用工事台帳

工　事　台　帳

工事名×××宅地造成工事

工　　種　×××　　原価費目　××　××

数　量　　金　額

実行予算　100,000　500,000,000

注文年月日	発注先	注文書No.	台帳No.	数量	金額	累計		予算残	
						数量	金額	数量	金額
×年×月×日	×××××	××	××	50,000	260,000,000	50,000	260,000,000	50,000	240,00,000
×1年5月10日	○○建設㈱	150	18	20,000	100,000,000	70,000	360,000,000	30,000	140,000,000

発注先ごとの出来高管理用工事台帳

工　事　台　帳

台帳No.18

工事名×××宅地造成工事

注 文 書　No.150

工　　種　×××　　原価費目　××　××

発 注 先　○○建設㈱

発注金額　100,000,000円

支払条件　毎月25日〆切　10%保留金　翌月末50%現金　50%3カ月手形

年月日	出来高		支払額		保留額		備考
	当月	累計	当月	累計	当月	累計	
×1.4/25	50,000,000	50,000,000					
5/31			45,000,000	45,000,000	5,000,000	5,000,000	
7/25	50,000,000	100,000,000					
8/31			45,000,000	90,000,000	5,000,000	10,000,000	

Ⅵ　J・V
（ジョイント・ベンチャー）
の会計処理

今日の建設業は、工事のかなりの部分がJ・Vです。したがって、J・Vの会計処理を知らなければ、建設業の工事の会計処理は半分わからないといっても過言ではないでしょう。それほどJ・V工事が多いのです。

この章では、J・Vとは何か、およびJ・V工事の会計処理について説明します。

1 Ｊ・Ｖとは何か

建設業においてジョイント・ベンチャー（Joint Venture 以下Ｊ・Ｖという）と呼ばれる工事形態があります。Ｊ・Ｖとは、２社以上の会社が共同企業体を結成して工事を施工する形態ですが、最近このＪ・Ｖ工事が非常に増加してきています。したがって、Ｊ・Ｖの会計処理も知らなければなりません。

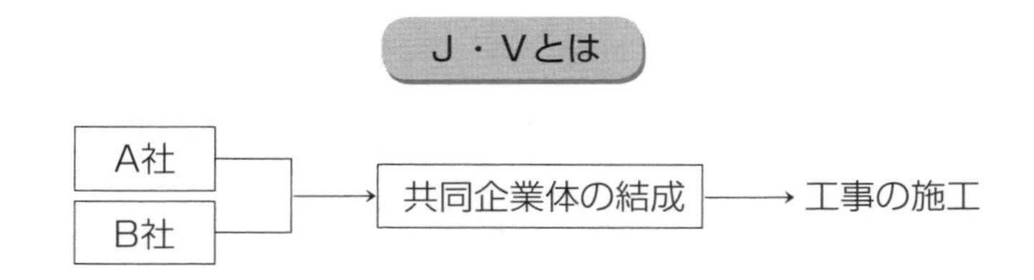

2 Ｊ・Ｖの効用と問題点

Ｊ・Ｖは中小建設業者の保護育成に役立ちます。Ｊ・Ｖを組むことにより、従来、中小建設業者が受注できなかったような工事に参加できるようになり、また、すぐれた企業とのＪ・Ｖは多くのものを他社より学ぶことができます。

Ｊ・Ｖを組むことは、資金力や技術力を増加させ、単独ではなし得ない大きな工事の施工を可能にするとともに、また、危険の分散をはかることができるようになります。

しかし、同時に共同施工による不能率化や公正な競争入札を阻害する欠陥もあります。

3 Ｊ・Ｖの形態と分類

Ｊ・Ｖは受注形態により表Ｊ・Ｖと裏Ｊ・Ｖ（協力施工方式ともいう）とに分かれます。また、施工形態により共同施工のＪ・Ｖと分担施工のＪ・Ｖとに区別されます。

受注形態による分類	施工形態による分類
① 表　Ｊ・Ｖ	① 共同施工方式のＪ・Ｖ
② 裏　Ｊ・Ｖ（協力施工方式）	② 分担施工方式のＪ・Ｖ

表Ｊ・Ｖとは、発注者に対してＪ・Ｖの存在が明示され、請負契約書上も共同企業体として工事を受注します。これに対し、**裏Ｊ・Ｖ**あるいは**協力施工方式**というのは、原則として発注者に対してＪ・Ｖの存在が明示されず、請負契約書上も単独企業（通常はＪ・Ｖの代表者）が受注する形態をとるものです。

共同施工方式のＪ・Ｖとは、数社が一体となって特定工事の全工区および全工種を施工する方法であり、損益的にも合同計算を行い、それをＪ・Ｖへの出資比率により配分します。これに対し、**分担施工方式のＪ・Ｖ**とは、１つの工事を一定区間あるいは一定工種ごとにそれぞれの業者が分担して工事を行う方法です。したがって、Ｊ・Ｖの共通経費はお互いに負担しますが、分担工事部分はそれぞれ各社が責任をもって施工し、その損益は、自己の責任において管理することからそれぞれの会社に帰属することとなります。

Ｊ・Ｖの会計処理は、こうしたＪ・Ｖの組合わせによって異なってきますが、Ｊ・Ｖを考えるにあたって共同企業体の構成員としての地位、すなわちＪ・Ｖの代表会社（**スポンサー**ともいう）であるか否かという区別も非常に重要な区別です。

Ｊ・Ｖの構成員は、いわば幹事会社としての代表会社とその他の構成員（**非スポンサー**ともいう）とに分かれますが、代表会社は、そのＪ・Ｖを代表して、発注者との折衝、請負代金の回収、Ｊ・Ｖの財産の管理等の総括的責任を有し、特に裏Ｊ・Ｖにあってはただ１人の契約当事者となります。したがって、会計処理も代表会社となる場合と他の構成員となる場合とでは異なってきます。

したがって、Ｊ・Ｖ工事は、基本的には次の８つの形態に分けて考える必要があります。

① 表Ｊ・Ｖ—共同施工方式—スポンサー　　工事のＪ・Ｖ
② 表Ｊ・Ｖ—共同施工方式—非スポンサー　　〃
③ 表Ｊ・Ｖ—分担施工方式—スポンサー　　〃
④ 表Ｊ・Ｖ—分担施工方式—非スポンサー　　〃
⑤ 裏Ｊ・Ｖ—共同施工方式—スポンサー　　〃
⑥ 裏Ｊ・Ｖ—共同施工方式—非スポンサー　　〃
⑦ 裏Ｊ・Ｖ—分担施工方式—スポンサー　　〃
⑧ 裏Ｊ・Ｖ—分担施工方式—非スポンサー　　〃

J・V工事の完成工事高の計上方法

Ｊ・Ｖ工事の完成工事高の計上方法は、表Ｊ・Ｖ工事の場合は、契約上共同企業体への発注であることから共同企業体への出資割合により各自の持分を完成工事高に計上しますが、裏Ｊ・Ｖあるいは協力施工方式の工事の場合は、契約当事者であるスポンサーが全額完成工事高を計上し、非スポンサーはその持分を計上しています。

このような完成工事高の計上方法は、いずれも発注者との第一次的取引契約に重点をおいたものです。

形態別の完成工事高の計上方法

J・V 形 態	全額計上	出資割合計上
表J・V共同施工方式スポンサー		○
表J・V共同施工方式非スポンサー		○
表J・V分担施工方式スポンサー		○
表J・V分担施工方式非スポンサー		○
裏J・V共同施工方式スポンサー	○	
裏J・V共同施工方式非スポンサー		○
裏J・V分担施工方式スポンサー	○	
裏J・V分担施工方式非スポンサー		○

（注）裏J・Vは252ページの協力施工方式となってきています。

しかし、完成工事高を競うあまり、表J・V工事において100%完成工事高を計上するような会社が現われ、現在そのようなことがないよう指導されています。

5 J・V工事の会計仕訳【上級】

J・V工事の会計仕訳は、まだ制度的に確立したものがなく、ここでは設例を中心に1つの会計処理を示すこととします。

1 表J・V共同施工方式

表J・V共同施工方式の会計処理は、①J・Vを独立の会計単位として処理する方式と、②J・Vを独立の会計単位としないで処理する方式とに分かれます。以下共同施工の設例で説明します。

Ｊ・Ｖ共同施工方式の設例

（単位：千円）

① Ｊ・Ｖ構成員および出資割合（共同施工）
A社　70%（スポンサー）
B社　30%（非スポンサー）
（決算期は両社とも３月31日、年１回）

② 工期
×１年４月１日～×２年３月31日

③ 請負金額および入金状況
請負金額　2,000,000

入金状況	×１年９月	1,000,000
	×２年３月	800,000
	×２年６月	200,000
	計	2,000,000

（注）入金はすべて現金とします。

④ 原価
協定内原価　1,800,000
×１年４月～×２年３月の間の毎月150,000発生
発生翌月末支払い（手形1/2、現金1/2）
協定外原価
A社　10,000
B社　5,000
（両社とも×１年４月発生。４月支払い（現金））

（注）**協定外原価**とは、Ｊ・Ｖ成立以前の各社の単独の営業経費、設計料およびＪ・Ｖ協定書に定められた協定原価と構成員各社の実費との差額等の原価で各構成員会社が単独に負担する原価です。

①　表J・V共同施工方式の仕訳〈J・Vを独立の会計単位として処理する場合〉

（J・V全体の仕訳）

（単位：千円）

取　　引	J・V			
㋑協定内原価の発生	未成工事支出金	150,000	工事未払金	150,000
		⋮		⋮
	未成工事支出金	1,800,000	工事未払金	1,800,000
		（×1年4月～×2年3月）		
㋺構成員からの資金の受入れ	現金	75,000	受入出資金	150,000
	受取手形	75,000		⋮
		⋮		
	現金	825,000	受入出資金	1,650,000
	受取手形	825,000		
		（×1年5月～×2年3月）		
㋩原価の支払い	工事未払金	150,000	現金	75,000
		⋮	受取手形	75,000
				⋮
	工事未払金	1,650,000	現金	825,000
			受取手形	825,000
		（×1年5月～×2年3月）		
㊁協定外原価の発生および支払い	――			
㋭請負金の入金	取下分配金	1,000,000	未成工事受入金	1,000,000
		（×1年9月）		
㋬請負金のA社からB社への配分	（注）　A社よりの通知により計上		（A社　700,000　B社　300,000）	

取　　引	J・V			
㋣請負金の入金	取下分配金	800,000	未成工事受入金	800,000
		（×2年3月）		
㋠請負金のA社からB社への配分	（注）　A社よりの通知により計上。		（A社　560,000　B社　240,000）	
a　決算直前の状況	未成工事支出金	1,800,000	工事未払金	150,000
	取下分配金	1,800,000	受入出資金	1,650,000
			未成工事受入金	1,800,000
		3,600,000		3,600,000
b　決算整理仕訳	完成工事未収入金	200,000	完成工事高	2,000,000
	未成工事受入金	1,800,000		
	（完成工事高の計上）			
	完成工事原価	1,800,000	未成工事支出金	1,800,000
	（完成工事原価の計上）			
	取下分配金	200,000	未払分配金	200,000
	（未払分配金の計上）			
	未収出資金	150,000	受入出資金	150,000
	（未払出資金の計上）			
		（×2年3月）		
c　決算整理後の試算表	取下分配金	2,000,000	受入出資金	1,800,000
	完成工事未収入金	200,000	工事未払金	150,000
	未収出資金	150,000	未払分配金	200,000
	完成工事原価	1,800,000	完成工事高	2,000,000
		4,150,000		4,150,000
d　損益計算書	完成工事原価	1,800,000	完成工事高	2,000,000
	完成工事利益	200,000		
		2,000,000		2,000,000

取　　引	J・V
e　貸借対照表	完成工事未収入金 200,000　工事未払金 150,000 未収出資金 150,000　未払分配金 200,000 350,000　350,000
ⓡJ・Vからの報告に基づく決算整理仕訳	—
A.B両社の完成工事損益	—
ⓝ構成員からの資金の受入れ	現金 75,000　未収出資金 150,000 受取手形 75,000 （×２年４月）
ⓛ原価の支払い	工事未払金 150,000　現金 75,000 受取手形 75,000 （×２年４月）
ⓞ請負金の入金	未払分配金 200,000　完成工事未収入金 200,000 （×２年６月）
ⓦ請負金のA社からB社への配分	（注）A社よりの通知により計上。（A社　140,000　B社　60,000）

(構成員各社の仕訳)

取引	A社	B社
㋑協定内原価の発生	未成工事支出金 105,000 工事未払金 105,000 ⋮ 未成工事支出金 1,260,000 工事未払金 1,260,000 (×1年4月～×2年3月) (注) J・Vよりの報告に基づき計上。	未成工事支出金 45,000 工事未払金 45,000 ⋮ 未成工事支出金 540,000 工事未払金 540,000 (×1年4月～×2年3月) (注) J・Vよりの報告に基づき計上。
㋺J・Vに対する資金の拠出	工事未払金 105,000 現金 52,500 支払手形 52,500 ⋮ 工事未払金 1,155,000 現金 577,500 支払手形 577,500 (×1年5月～×2年3月) (注) J・Vよりの請求に基づき拠出する。 B社の手形をA社が受領し、A社がJ・Vに対してB社分を含めて手形を発行するケースもある。	工事未払金 45,000 現金 22,500 支払手形 22,500 ⋮ 工事未払金 495,000 現金 247,500 支払手形 247,500 (×1年5月～×2年3月) (注) J・Vよりの請求に基づき拠出する。
㋩原価の支払い	―	―
㋥協定外原価の発生および支払い	未成工事支出金 10,000 現金 10,000 (×1年4月)	未成工事支出金 5,000 現金 5,000 (×1年4月)
㋭請負金の入金	現金 1,000,000 未成工事受入金 700,000 預り金 300,000 (×1年9月)	―
㋬請負金のA社からB社への配分	預り金 300,000 現金 300,000 (×1年9月)	現金 300,000 未成工事受入金 300,000 (×1年9月)

取引	A社				B社			
㋣請負金の入金	現金	800,000	未成工事受入金	560,000	——			
			預り金	240,000				
	（×2年3月）							
㋠請負金のA社からB社への配分	預り金	240,000	現金	240,000	現金	240,000	未成工事受入金	240,000
	（×2年3月）				（×2年3月）			
決算直前の状況	現金	672,500	支払手形	577,500	現金	287,500	支払手形	247,500
	未成工事支出金	1,270,000	工事未払金	105,000	未成工事支出金	545,000	工事未払金	45,000
			未成工事受入金	1,260,000			未成工事受入金	540,000
		1,942,500		1,942,500		832,500		832,500
	（注）支払手形は全額決済時期が未到来であるとした。				（注）支払手形は全額決済時期が未到来であるとした。			
㋷J・Vからの報告に基づく決算整理仕訳	完成工事未収入金	140,000	完成工事高	1,400,000	完成工事未収入金	60,000	完成工事高	600,000
	未成工事受入金	1,260,000			未成工事受入金	540,000		
	完成工事原価	1,270,000	未成工事支出金	1,270,000	完成工事原価	545,000	未成工事支出金	545,000
	（×2年3月）				（×2年3月）			
A.B両社の完成工事損益	完成工事高			1,400,000	完成工事高			600,000
	完成工事原価				完成工事原価			
	協定内原価		1,260,000		協定内原価		540,000	
	協定外原価		10,000	1,270,000	協定外原価		5,000	545,000
	完成工事利益			130,000	完成工事利益			55,000
㋦J・Vに対する資金の拠出	工事未払金	105,000	現金	52,500	工事未払金	45,000	現金	22,500
			支払手形	52,500			支払手形	22,500
	（×2年4月）				（×2年4月）			
㋸原価の支払い	——				——			

取引	A社				B社			
㋒請負金の入金	現金	200,000	完成工事未収入金 預り金	140,000 60,000				
	（×2年6月）							
㋓請負金のA社からB社への配分	預り金	60,000	現金	60,000	現金	60,000	完成工事未収入金	60,000
	（×2年6月）				（×2年6月）			

②　表J・V共同施工方式の仕訳〈J・Vを独立の会計単位として処理しない場合〉

（単位：千円）

取引	A社				B社			
㋑協定内原価の発生	未成工事支出金 立替金	105,000 45,000	工事未払金	150,000	未成工事支出金	45,000	工事未払金	45,000
	未成工事支出金 立替金	1,260,000 540,000	工事未払金	1,800,000	未成工事支出金	540,000	工事未払金	540,000
	（×1年4月～×2年3月）				（×1年4月～×2年3月） （注）A社よりの報告に基づき計上			
㋺協定内原価のうちB社負担分のB社からA社への支払い	現金 受取手形	22,500 22,500	立替金	45,000	工事未払金	45,000	現金 支払手形	22,500 22,500
	現金 受取手形	247,500 247,500	立替金	495,000	工事未払金	495,000	現金 支払手形	247,000 247,500
	（×1年5月～×2年3月）				（×1年5月～×2年3月）			
㋩協定内原価の支払い	工事未払金	150,000	現金 支払手形	75,000 75,000				
	工事未払金	1,650,000	現金 支払手形	825,000 825,000				
	（×1年5月～×2年3月）							

取引	A社	B社
㊁協定外原価の発生および支払い	未成工事支出金 10,000 現金 10,000 （×1年4月）	未成工事支出金 5,000 現金 5,000 （×1年4月）
㋭請負金の入金	現金 1,000,000 未成工事受入金 700,000 預り金 300,000 （×1年9月）	
㋬請負金のA社からB社への配分	預り金 300,000 現金 300,000 （×1年9月）	現金 300,000 未成工事受入金 300,000 （×1年9月）
㋣請負金の入金	現金 800,000 未成工事受入金 560,000 預り金 240,000 （×2年3月）	
㋠請負金のA社からB社への配分	預り金 240,000 現金 240,000 （×2年3月）	現金 240,000 未成工事受入金 240,000 （×2年3月）
決算直前の状況	現金 672,500 支払手形 825,000 受取手形 247,500 工事未払金 150,000 未成工事支出金 1,270,000 未成工事受入金 1,260,000 立替金 45,000 2,235,000 2,235,000 （注）受取手形、支払手形は全額決算時期が未到来であるとした。	現金 287,500 未払手形 247,500 未成工事支出金 545,000 工事未払金 45,000 未成工事受入金 540,000 832,500 832,500 （注）支払手形は全額決算時期が未到来であるとした。
㋷決算整理仕訳	完成工事未収入金 140,000 完成工事高 1,400,000 未成工事受入金 1,260,000 完成工事原価 1,270,000 未成工事支出金 1,270,000 工事未払金 45,000 立替金 45,000 （注）工事未払金の期末残高150,000のうち45,000はB社の負担分であり、A社を通じて下請に対する支払いがすべて行われるために、期中においては全額計上していたものであるため、期末に相殺消去する。 （×2年3月）	完成工事未収入金 60,000 完成工事高 600,000 未成工事受入金 540,000 完成工事原価 545,000 未成工事支出金 545,000 （注）A社よりの完成報告に基づき上記決算整理仕訳を行う。 （×2年3月）

取引	A社	B社
A.B両社の完成工事損益	完成工事高　1,400,000 完成工事原価 　協定内原価　1,260,000 　協定外原価　10,000　1,270,000 完成工事利益　130,000	完成工事高　600,000 完成工事原価 　協定内原価　540,000 　協定外原価　5,000　545,000 完成工事利益　55,000
㋦協定内原価のうちB社負担分のB社からA社への支払い	現金　22,500　立替金　45,000 受取手形　22,500 （×２年４月）	工事未払金　45,000　現金　22,500 支払手形　22,500 （×２年４月）
㋸協定内原価の支払い	工事未払金　105,000　現金　75,000 立替金　45,000　支払手形　75,000 （×２年４月）	
㋾請負金の入金	現金　200,000　完成工事未収入金　140,000 預り金　60,000 （×２年６月）	
㋻請負金のA社からB社への配分	預り金　60,000　現金　60,000 （×２年６月）	現金　60,000　完成工事未収入金　60,000 （×２年６月）

2 裏J・V共同施工方式

裏J・Vの場合は、一般的にA社が100％完成工事高を計上する会計処理がとられます。したがって、次ページ以下のような仕訳となります。

ここで問題となるのは、A社は契約上ただ1人の請負人ですが、工事を施工している実体は、表J・Vの場合と何ら変わりなく、さらに、B社の地位はA社の下請ではなく、A社とともに工事を施工する共同企業体の構成員です。そこで、こうしたA社の処理（A社が元請であり、B社がA社の下請とするような会計処理によって、A社が請負金を100％完成工事高として計上する処理）にはその妥当性に疑問が残ります。言い換えれば、表J・Vの仕訳こそ実体に合った会計処理といえます。同様のことが、後で述べる裏J・V分担施工方式のA社の会計処理にもいえます。

こうした批判より「協力施工方式」の処理が生まれました。

（単位：千円）

表J・V			裏J・V		
	A社（スポンサー）	B社		A社（スポンサー）	B社
完成工事高	1,400,000	600,000	完成工事高	2,000,000	600,000
完成工事原価	1,270,000	545,000	完成工事原価	1,870,000	545,000
完成工事利益	130,000	55,000	完成工事利益	130,000	55,000

（注）裏 J・VではA社の完成工事高と完成工事原価は表 J・Vと比してそれぞれ600,000千円（B社の完成工事高分）だけ増加することとなる。

裏Ｊ・Ｖ共同施工方式の仕訳

（単位：千円）

取引	A社				B社			
㋑協定内原価の発生	未成工事支出金	150,000	工事未払金	150,000	未成工事支出金	45,000	工事未払金	45,000
	未成工事支出金	1,800,000	工事未払金	1,800,000	未成工事支出金	540,000	工事未払金	540,000
	（×１年４月～×２年３月）				（×１年４月～×２年３月）			
					（注）A社よりの報告に基づき計上。			
㋺協定内原価のうちB社負担分のB社からA社への支払い	現金	22,500	仮受金	45,000	工事未払金	45,000	現金	22,500
	受取手形	22,500					支払手形	22,500
	現金	247,500	仮受金	495,000	工事未払金	495,000	現金	247,500
	受取手形	247,500					支払手形	247,500
	（×１年５月～×２年３月）				（×１年５月～×２年３月）			
㋩協定内原価の支払い	工事未払金	150,000	現金	75,000	―			
			支払手形	75,000				
	工事未払金	1,650,000	現金	825,000				
			支払手形	825,000				
	（×１年５月～×２年３月）							
㋥協定外原価の発生および支払い	未成工事支出金	10,000	現金	10,000	未成工事支出金	5,000	現金	5,000
	（×１年４月）				（×１年４月）			
㋭請負金の入金	現金	1,000,000	未成工事受入金	1,000,000				
	（×１年９月）							
㋬請負金のA社からB社への配分	仮払金	300,000	現金	300,000	現金	300,000	未成工事受入金	300,000
	（×１年９月）				（×１年９月）			

取引	A社	B社
㋣請負金の入金	現金 800,000 / 未成工事受入金 800,000 （×２年３月）	——
㋠請負金のA社からB社への配分	仮払金 240,000 / 現金 240,000 （×２年３月）	現金 240,000 / 未成工事受入金 240,000 （×２年３月）
決算直前の状況	現金 672,500 / 支払手形 825,000 受取手形 247,500 / 工事未払金 150,000 未成工事支出金 1,810,000 / 未成工事受入金 1,800,000 仮払金 540,000 / 仮受金 495,000 3,270,000 / 3,270,000 （注）受取手形、支払手形は全額決済時期が未到来であるとした。	現金 287,500 / 支払手形 247,500 未成工事支出金 545,000 / 工事未払金 45,000 / 未成工事受入金 540,000 832,500 / 832,500 （注）支払手形は全額決済時期が未到来であるとした。
㋷決算整理仕訳	完成工事未収入金 200,000 / 完成工事高 2,000,000 未成工事受入金 1,800,000 仮払金 60,000 / 工事未払金 60,000 （注）完成工事未収入金のうちB社帰属分を未払金に計上。 完成工事原価 1,810,000 / 未成工事支出金 1,810,000 立替金 45,000 / 仮受金 45,000 （注）工事未払金のうちB社負担分を立替金に計上。 仮受金 540,000 / 仮払金 600,000 完成工事原価 60,000 （注）B社請負金相当額600,000（仮払金）とB社原価相当額540,000（仮受金）との差額60,000（B社利益）を完成工事原価に加算。 （×２年３月）	完成工事未収入金 60,000 / 完成工事高 600,000 未成工事受入金 540,000 完成工事原価 545,000 / 未成工事支出金 545,000 （注）A社よりの完成報告に基づき上記決算整理仕訳を行う。 （×２年３月）

取引	A社	B社
A.B両社の完成工事損益	完成工事高 2,000,000 完成工事原価 　協定内原価 1,800,000 　協定外原価 10,000 　B社利益相当額 60,000　1,870,000 完成工事利益 130,000	完成工事高 600,000 完成工事原価 　協定内原価 540,000 　協定外原価 5,000　545,000 完成工事利益 55,000
㋦協定内原価のうちB社負担分のB社からA社への支払い	現金 22,500　立替金 45,000 受取手形 22,500 （×2年4月）	工事未払金 45,000　現金 22,500 支払手形 22,500 （×2年4月）
㋸協定内原価の支払い	工事未払金 150,000　現金 75,000 支払手形 75,000 （×2年4月）	
㋾請負金の入金	現金 200,000　完成工事未収入金 200,000 （×2年6月）	
㋻請負金のA社からB社への配分	工事未払金 60,000　現金 60,000 （×2年6月）	現金 60,000　完成工事未収入金 60,000 （×2年6月）

3 表Ｊ・Ｖ分担施工方式

表Ｊ・Ｖ分担施工方式の場合は、１つの工事を一定工区あるいは工種により業者が分担して施工することより、各構成員がそれぞれの分担工事ごとに独立採算計算を行います。したがって、大半が単独工事と同じ会計処理をすることとなりますが、共同企業体として発生する共通経費についてはＪ・Ｖ協定書に定める比率により各社負担することとなります。

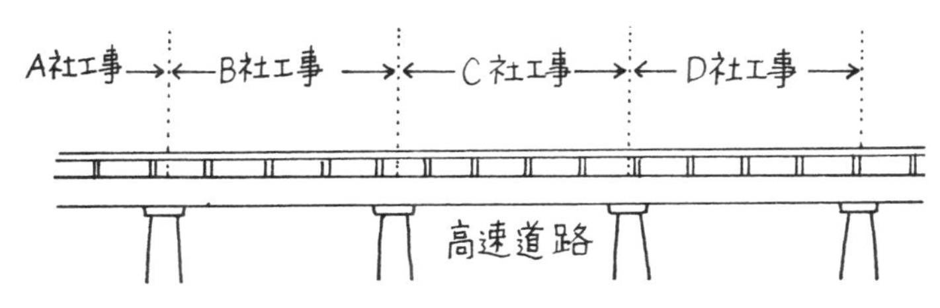

A社、B社、C社、D社がそれぞれ独立採算計算

共同施工のＪ・Ｖと分担施工のＪ・Ｖの損益計算の違いは、共同施工の場合、Ｊ・Ｖで発生した原価の負担は出資割合で負担しますから、損益も出資割合で配分されることとなります。ただ、Ｊ・Ｖ全体の原価として認め難い、個々の会社で発生した原価はそれぞれの会社が負担する単独費用となります。

これに対し、分担施工の場合は、事前に工事を分担し各社が施工していきますから、それぞれの工事に対して発生した原価の負担は、その工事を担当している会社が負担することとなります。しかし、Ｊ・Ｖを組んで受注した工事ですから、Ｊ・Ｖとして負担すべき共通の原価が発生します。通常、こうした原価は分担した工事の額により各社が負担することとなります。こうした原価の負担、損益の分配関係はＪ・Ｖ結成にあたって必ずＪ・Ｖ協定書に明確に記載しておきます。設例によって仕訳すると次のようになります。

Ｊ・Ｖ分担施工方式の設例

（単位：千円）

① Ｊ・Ｖ構成員および分担施工額

A社（スポンサー）	1,400,000
B社	600,000
計	2,000,000

（決算期は両社ともに３月31日、年１回）

② 工期

×１年４月１日～×２年３月31日

③ 請負金の入金

	全　体	（A社施工分）	（B社施工分）
×１年９月	1,000,000	800,000	200,000
×２年３月	700,000	400,000	300,000
×２年４月	300,000	200,000	100,000
計	2,000,000	1,400,000	600,000

（注）入金はすべて現金とする。

④ 原価

	A社	B社
個別原価		
×１年４月～×２年３月まで毎月発生額	100,000	40,000
発生翌月支払い（手形1/2、現金1/2）		
共通原価：Ｊ・Ｖでの精算は翌月とする。		
×１年４月発生、４月支払い（現金）	20,000	5,000
Ｊ・Ｖ協定書による共通原価負担割合	70%	30%

表J・V分担施工方式の仕訳

（単位：千円）

取引	A社 借方		A社 貸方		B社 借方		B社 貸方	
㋑個別原価の発生	未成工事支出金	100,000	工事未払金	100,000	未成工事支出金	40,000	工事未払金	40,000
	未成工事支出金	1,200,000	工事未払金	1,200,000	未成工事支出金	480,000	工事未払金	480,000
	（×1年4月～×2年3月）				（×1年4月～×2年3月）			
㋺個別原価の支払い	工事未払金	100,000	現金	50,000	工事未払金	40,000	現金	20,000
			支払手形	50,000			支払手形	20,000
	工事未払金	1,100,000	現金	550,000	工事未払金	440,000	現金	220,000
			支払手形	550,000			支払手形	220,000
	（×1年5月～×2年3月）				（×1年5月～×2年3月）			
㋩共通原価の発生および支払い	未成工事支出金	14,000	現金	20,000	未成工事支出金	1,500	現金	5,000
	立替金	6,000			立替金	3,500		
	（×1年4月）　立替金＝20,000×30%				（×1年4月）　立替金＝5,000×70%			
㊁共通原価の精算	現金	6,000	立替金	6,000	未成工事支出金	6,000	現金	6,000
	未成工事支出金	3,500	現金	3,500	現金	3,500	立替金	3,500
	（×1年5月）				（×1年5月）			
㋭請負金の入金	現金	1,000,000	未成工事受入金	800,000	――			
			預り金	200,000				
	（×1年9月）							
㋬請負金のA社からB社への配分	預り金	200,000	現金	200,000	現金	200,000	未成工事受入金	200,000
	（×1年9月）				（×1年9月）			
㋣請負金の入金	現金	700,000	未成工事受入金	400,000	――			
			預り金	300,000				
	（×2年3月）							

取引	A社				B社			
㋠請負金のA社からB社への配分	預り金	300,000	現金	300,000	現金	300,000	未成工事受入金	300,000
	（×２年３月）				（×２年３月）			
決算直前の状況	現金	632,500	支払手形	550,000	現金	272,500	支払手形	220,000
	未成工事支出金	1,217,500	工事未払金	100,000	未成工事支出金	487,500	工事未払金	40,000
			未成工事受入金	1,200,000			未成工事受入金	500,000
		1,850,000		1,850,000		760,000		760,000
	（注）支払手形は全額決算時期が未到来であるとした。				（注）支払手形は全額決算時期が未到来であるとした。			
㋷決算整理仕訳	完成工事未収入金	200,000	完成工事高	1,400,000	完成工事未収入金	100,000	完成工事高	600,000
	未成工事受入金	1,200,000			未成工事受入金	500,000		
	完成工事原価	1,217,500	未成工事支出金	1,217,500	完成工事原価	487,500	未成工事支出金	487,500
	（×２年３月）				（×２年３月）			
A.B両社の完成工事損益	完成工事高			1,400,000	完成工事高			600,000
	完成工事原価				完成工事原価			
	個別原価		1,200,000		個別原価		480,000	
	共通原価		17,500	1,217,500	共通原価		7,500	487,500
	完成工事利益			182,500	完成工事利益			112,500
㋦工事未払金の支払い	工事未払金	100,000	現金	50,000	工事未払金	40,000	現金	20,000
			支払手形	50,000			支払手形	20,000
	（×２年４月）				（×２年４月）			
㋸請負金の入金	現金	300,000	完成工事未収入金	200,000	──			
			預り金	100,000				
	（×２年４月）							
㋾請負金のA社からB社への配分	預り金	100,000	現金	100,000	現金	100,000	完成工事未収入金	100,000
	（×２年４月）				（×２年４月）			

4 裏J・V分担施工方式

裏J・V分担施工方式の場合は247ページの「3　表J・V分担施工方式」の仕訳とスポンサー会社A社の仕訳が異なる点は次のところです。

裏J・V分担施工方式の仕訳

（単位：千円）

取　　引	A社			
㋭請負金の入金	現　　金	1,000,000	未成工事受入金	1,000,000
	（×1年9月）			
㋬請負金のA社からB社への配分	未成工事支出金	200,000	現　　金	200,000
	（×1年9月）			
㋣請負金の入金	現　　金	700,000	未成工事受入金	700,000
	（×2年3月）			
㋠請負金のA社からB社への配分	未成工事支出金	300,000	現　　金	300,000
	（×2年3月）			
決算直前の状況	現　　金	632,500	支払手形	550,000
	未成工事支出金	1,717,500	工事未払金	100,000
			未成工事受入金	1,700,000
		2,350,000		2,350,000
㋷決算整理仕訳	完成工事未収入金	300,000	完成工事高	2,000,000
	未成工事受入金	1,700,000		
	未成工事支出金	100,000	工事未払金	100,000
	（注）完成工事未収入金のうちB社帰属分を未払金に計上			
	完成工事原価	1,817,500	未成工事支出金	1,817,500
A.B両社の完成工事損益	完成工事高			2,000,000
	完成工事原価			
	個別原価		1,200,000	
	共通原価		17,500	
	B社施工高		600,000	1,817,000
	完成工事利益			182,000
㋦請負金の入金	現　　金	300,000	完成工事未収入金	300,000
㋸請負金のA社からB社への配分	工事未払金	100,000	現　　金	100,000
	（×2年4月）			

裏J・Vでは、A社の完成工事高と完成工事原価は表J・Vと比してそれぞれ600,000千円（B社の完成工事高分）だけ増加することとなります。

6 協力施工方式【上級】

裏J・Vは協力施工方式という工事形態に変わりつつあります。

これは、J・V工事のように共同企業体を結成して工事を施工するのではなく、元請会社より下請契約により工事を受注し、しかもその下請契約が、特定の工事の下請契約ではなく、工事全般について、技術者等を派遣して元請会社に協力して施工するというような包括的下請契約であるところに特色があります。

この協力施工方式の会計処理は次のようになります。

A社は元請となり20億円の工事を受注し、B社はA社より、その30%相当の6億円につき工事を協力下請業者として共同施工する。その他の条件は243ページの「2　裏J・V共同施工方式」と同じとすると、244ページから246ページの仕訳㋑から㋻は次の点が異なってきます。

① 協定内原価が発生したとき、元請A社はB社の持分相当を立替金として処理します。そして、B社の出来高相当分を未成工事支出金（外注費）と工事未払金（B社）に計上します。

協定内原価の発生	㋑	未成工事支出金	105,000	工事未払金	150,000
		立　替　金	45,000		
		⋮	⋮	⋮	⋮
		未成工事支出金	1,260,000	工事未払金	1,800,000
		立　替　金	540,000		
		未成工事支出金（外注費）	50,000	工事未払金（B社）	50,000
		⋮	⋮	⋮	⋮
		未成工事支出金（外注費）	600,000	工事未払金（B社）	600,000
		（×1年4月～×2年3月）			

② A社は協定内原価のうち立替金として処理したB社負担分を請求し、これを受け取り立替金を消します。

協定内原価のうちB社負担分のB社からA社への支払い	㋺ 現　　　金 受 取 手 形 現　　　金 受 取 手 形	22,500 22,500 247,500 247,500	立 替 金 立 替 金	45,000 495,000
	（×1年4月～×2年3月）			
	㋦ 現　　　金 受 取 手 形	22,500 22,500	立 替 金	45,000
	（×2年4月）			

③ 発注者より請負金をA社が受け取ったつど、協力施工業者B社に配分します。このとき、工事未払金を消します。

請負金のA社からB社への配分	㋬ 工事未払金（B社）	300,000	現　　金	300,000
	（×1年9月）			
	㋠ 工事未払金（B社）	240,000	現　　金	240,000
	（×2年3月）			
	㋻ 工事未払金（B社）	60,000	現　　金	60,000
	（×2年6月）			

A社の完成工事損益の内訳は次のようになります。

完成工事高		2,000,000	千円
完成工事原価			
協定内原価	1,260,000		
協定外原価	10,000		
協力業者下請原価	600,000	1,870,000	
工事利益		130,000	

裏J・Vの処理との違いは、A社において完成工事原価の内訳が異なる（協力下請業者に対する外注費として600,000千円が計上される）だけです（246ページAB両社の完成工事損益A社の欄参照）。

KEYPOINT

粉飾決算をしないように

建設業の完成工事損益の計上は、工事資金を出し、現場に人材を派遣し、工事に参加してはじめて計上できるものです。売上高を増加させたいため、注文書や協定書だけで安易に売上を計上した場合、粉飾決算とみなされます。

小さな粉飾は、
3～4年で雪だるまのように大きくなります。

J・V工事の月次経理諸表

J・V工事はJ・V全体の工事原価の把握および出資金の請求等のために、毎月共同企業体としての月次会計報告書をスポンサー会社が作成し、非スポンサー会社に送付します。

資産負債表

×××工事　　令和×年×月×日現在　　×××共同企業体

借方			勘定科目	貸方		
前月残高	当月増減	当月残高		前月残高	当月増減	当月残高
			現金			
			預金			
			未成工事支出金			
			立替金			
			仮払金			
			取下分配金			
			工事未払金			
			未成工事受入金			
			⋮			
			受入出資金			
			合計			

この月次の会計報告書としては、①月次試算表、②原価計算報告書、③勘定内訳表、④資金収支予定表、⑤工事損益現況表などがありますが、毎日こうしたものをすべて送付してくる例は少なく、出資金請求書に添付して、原価計算報告書が送付されるくらいが一般的です。

これらの会計報告書の一例を示しますと、次のようなものがあります。

資産負債勘定内訳表

×××工事　　令和×年×月×日　　×××共同企業体

科目	細目	金額	備考
現金	現金	×××	
⋮			
立替金	社員立替	×××	
	下請立替	×××	
	同業者立替	×××	
	小計	×××	
⋮			
取下分配金	××建設㈱	×××	
	××建設㈱	×××	
	××建設㈱	×××	
	小計	×××	
	資産計	×××	
工事未払金	一般未払金	×××	
未成工事受入金	未成工事受入れ	×××	
⋮			
受入出資金	××建設㈱	×××	
	××建設㈱	×××	
	××建設㈱	×××	
	小計	×××	
	負債計	×××	

（令和×年×月）

原価計算報告書

契約金　×××××円　　着工　令和×年×月×日　　×××共同企業体

竣工見込　令和×年×月×日　　工事名××××

原価科目	当月計上	累計	実行予算	予算残	損益増減見込
材料費 　鉄筋 　… 労務費 　… 外注費 　… 経費 　交際費 　…					
未成工事支出金計 (A)					
施工高 (B) 取下金 未収入金					
工事利益 (B)−(A)					

（注）　経費の内訳で交際費はかならず区分して記載します。

×××建設株式会社　御中

令和×年×月×日
×××共同企業体
所長　××××　㊞

出資金請求書

一金12,000,000円也

第×回出資金として上記金額をご請求申し上げます。

内訳

今回の出資総額	40,000,000	受入出資金 前回まで	400,000,000
内　現　金	20,000,000	今回	40,000,000
手　形	20,000,000	累計	440,000,000

貴社請求分30%	12,000,000		
内　現　金	6,000,000	振込年月日	令和×年×月×日
手　形	4,000,000	手形満期日	令和×年×月×日
〃	2,000,000	〃	令和×年×月×日

（注）　手形は、令和×年×月×日までに××建設××支店経理部までご持参下さい。

振込銀行　××銀行××支店
口 座 名　×××共同企業体工事事務所
　　　　　所長××××
預金種別　普通預金
口座番号　×××××

（注）　この例の場合は、出資金として請求した資金の使途明細表として、次ページのような支払先別内訳表を送付している。

支払予定表

×××工事　　令和×年×月×日

取引先	前月繰越	当月計上	合計	支払保留	振込払い	手形払い	備考
計					20,000,000	20,000,000	

8 J・V工事の決算書

J・V工事の場合は、共同企業体としての決算は通常J・Vの成立から解散までを一事業年度として決算しますが、長期間継続する連続した工事の場合は契約の年度や区切りのよいところで決算することとなります。

J・V工事の決算過程は、次のようになります。

① 未精算勘定の整理

② 残余資産の処分

③ 残務整理その他解散までに発生する原価の見積り

④ 仮決算書の作成および運営委員会での検討

⑤ 決算書の作成

J・V工事の決算書の例を示すと次のようなものがあります。

決算書表書き

決　　算　　書

工事名　　××××

工　期　　自　令和×年×月×日

　　　　　至　令和×年×月×日

××××共同企業体

損　益　計　算　書

（自令和×年×月×日　至令和×年×月×日）

完成工事高	円	
完成工事原価	円	
完成工事利益	円	（　%）

（構成員の内訳）

会社名	完成工事高	完成工事原価	完成工事利益
××建設	円	円	円
××建設			
××建設			
計	円	円	円

完成工事高内訳

発　注　者	工　事　名	金　　額
①　××××	××××××工事	××××円
②		
③		
④		
⑤		
⑥		
⑦		
合　　計		××××円

（注）契約１件ごとに記入

完成工事原価内訳書

材　料　費		×××××円
労　務　費		×××××
外　注　費		×××××
経　　　費		
人　件　費	×××円	
福利厚生費	×××	
交　通　費	×××	
通　信　費	×××	
事務用品費	×××	
調査研究費	×××	
交　際　費（注）	×××	
保　険　料	×××	
諸　会　費	×××	
支払設計費	×××	
法定福利費	×××	

租税公課	×××	
減価償却費	×××	
補償費	×××	
光熱用水費	×××	
地代家賃	×××	
修繕維持費	×××	
仮設損料	×××	
支払運賃	×××	
雑費	×××	×××××
合計		×××××円

（注）税務申告上必要な交際費は必ず区分表示される。

最近のＪ・Ｖ工事はその本質において背後にいろいろな問題を抱えており、会計処理１つをとっても実に複雑な処理と問題のある処理とが現われてきます。

ペーパーＪ・Ｖ

これはＪ・Ｖ協定書により共同企業体を結成していながら工事を何ら施工せず、一定の口銭相当額を受け取るような、いわば書面だけのＪ・Ｖ工事をいいます。

KEYPOINT

訓　示

Ｊ・Ｖ協定書とＪ・Ｖ決算書を作成して、人も資金の拠出もなく、完成工事高と完成工事原価を水増しする場合があります。

これは粉飾決算です。正しい決算をしないと破綻につながります。

Ⅷ　外貨建取引の会計処理【上級】

建設業も近年、海外の工事が急増し、外貨建取引が多くなってきています。こうした外貨建取引は、どのように円換算して会計処理をしたらよいのでしょうか。また、どのようにして売上を計上し、期末の債権を評価すべきなのでしょうか。
この章では、こうした点を説明します。

1 外貨建取引とは

海外での工事は、当然、円以外の通貨による取引が数多く生じることとなります。

「外貨建取引」とは、売買価額その他取引価額が外国通貨で表示されている取引のことです。たとえば、「工事の受注価額が1,000万U.S.ドルであった。工事の施工にあたり200万U.S.ドルを現地の銀行より短期資金として借りた。200万U.S.ドルの工事代金の前払いがあった。現地の労働者に１万U.S.ドルの賃金を払った。工事を完成して引き渡した。完成工事未収入金50万U.S.ドルであった。」というように、１つの海外での工事を受注し、施工し、入金されるまでは数多くの外貨建取引が発生します。

外貨建取引

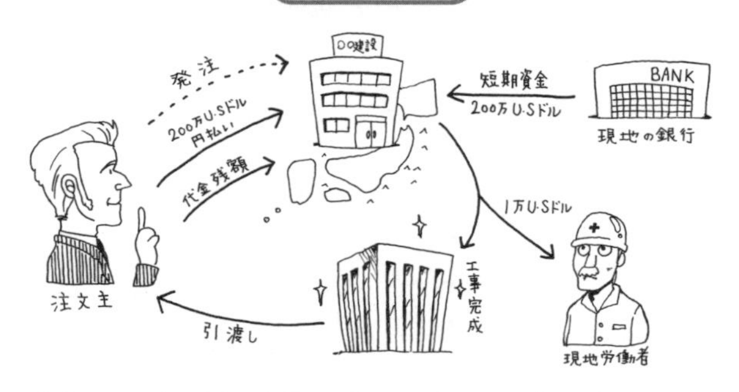

外貨で発生した取引も通常の取引と同じように仕訳されます。

たとえば、先の200万U.S.ドルの銀行借入は、次のように仕訳されます。

預金　U.S.＄200万　/　短期借入金　U.S.＄200万

しかし、会社全体の貸借対照表や損益計算書を作るためには、この外貨建取引を円換算して集計していかなければなりません。

では、どのように円換算したらよいのでしょうか。

取引時の会計処理

外貨建取引は、**取引発生時の為替相場による円換算額**をもって記録します。しかし、本邦通貨すなわち「円」による保証約款または為替予約が付され、その取引にかかわる外貨建金銭債権債務の決済時における円貨額が確定している外貨建取引は、この確定している円価額で記録すればよいことになっています。

「**外貨建金銭債権債務**」とは、契約上の債権額または債務額が外国通貨で表示されている金銭債権債務のことです。たとえば、外貨預金、外貨で支払われることになっている完成工事未収入金、外貨で支払うこととなっている借入金などです。

取引発生時の為替相場で換算するといっても、現実的には、取引の発生した日における直物為替相場または合理的な基礎に基づいて算定された平均相場（たとえば、取引の行われた週の前週の直物為替相場の平均、あるいは取引の行われた月の前月の直物為替相場の平均）に基づいて算出されたものによることになります。ただし、このほか、取引の発生した日の直近の一定日における直物為替相場（たとえば、取引の行われた前週の末日か当週の初日、あるいは取引の行われた前月の末日か当月の初日の直物の為替相場）によることも認められています。ただ、いずれの方法をとるにせよ、すべての外貨建取引について継続してその基準を採用しなければなりません。実務的には、前月末レートあるいは当月の月頭レートが採用されることが多いようです。

3 決算時の会計処理

「外貨建取引等会計処理基準」により、取引時に発生時レートで換算した外貨建項目は、決算時において次表のような為替レートにより円換算をしなければならないとされています。したがって、◎印の項目については原則として期末に換算替えをしなければなりません。

決算時の処理

1．換算の方法
　(1) 為替予約等によってヘッジされている場合……取引発生時
　(2) ヘッジ会計が採用できない場合
　　①外国通貨……………………………………◎決算時の為替相場
　　②外貨建金銭債権債務……………………◎決算時の為替相場
　　　ただし転換請求期間満了前の自社発行転換社債
　　　……………発行時の為替相場
　　③外貨建有価証券
　　　イ．満期保有目的の外貨建債券
　　　……………………………………◎決算時の為替相場
　　　ロ．売買目的有価証券およびその他の有価証券
　　　………外国通貨による時価を◎決算時の為替相場
　　　ハ．子会社株式および関連会社株式
　　　………………………………………取得時の為替相場
　　　ニ．外貨建有価証券の時価または実質価値が著しく低下し評価減するとき
　　　………外国通貨による時価を◎決算時の為替相場
　　④デリバティブ取引等
　　　………外国通貨による時価を◎決算時の為替相場
2．換算差額の処理……………………当期の為替損益として処理
　ただし有価証券の時価または実質価値の著しい低下による評価減の場合は有価証券評価損として処理

棚卸資産および有形固定資産等の処理

さて、建設業の場合は、ここに示された金融資産項目以外に棚卸資産や有形固定資産のような将来費用となる外貨建取引で発生する勘定があります。これらの**勘定は取引発生時の為替相場により円換算する**こととされています。

収益および費用の計上

収益・費用計上の原則

さて、収益および費用はどのように計上したらよいでしょうか。**収益および費用は取引発生時の為替相場により円換算します。**

しかし、建設業の場合、通常契約時および工事施工中に工事代金の一部が入金され未成工事受入金が発生します。このような工事代金の前受金のことを、将来収益に転化する「**収益性負債**」といいます。借入金などは、将来、金銭で返済しなければならない「**貨幣性負債**」ですが、前受金は、将来、財貨・用役を相手に提供（収益が計上される）することによって精算される負債なのです。したがって前受収益も収益性負債なのです。

収益の計上とその計算例

さて、こうした収益性負債がある場合の収益の計上は、**収益性負**

債は取引発生時の為替相場により円換算をし、残りについては収益計上時の為替相場により円換算することになります。

たとえば、例により説明しますと次のようになります。

完成工事高の計上の仕方

受注金額　U.S.＄1,000,000

完成時までの未成工事受入金　　U.S.＄400,000

未成工事受入金U.S.＄400,000は入金時のレートで換算し43,000,000円となります。

		入金日	為替レート U.S.＄1	円換算額
契約時	U.S.＄200,000	X1年4/1	100円	20,000,000円
中間金	U.S.＄100,000	X1年8/31	120円	12,000,000円
〃	U.S.＄100,000	X1年12/31	110円	11,000,000円
	U.S.＄400,000			43,000,000円

完成時（X2年3/31U.S.＄1＝130円）の外貨ベースでの仕訳

完成工事未収入金	U.S.＄600,000	完成工事高	U.S.＄1,000,000
未成工事受入金	U.S.＄400,000		

円ベースでの仕訳

未成工事受入金U.S.＄400,000は入金時のレートで換算しますが、完成工事未収入金U.S.＄600,000は完成時のレートで換算し78,000,000円となります。この合計額121,000,000円が完成工事高となります。

未成工事受入金	：U.S.＄400,000	（発生時の為替相場）	43,000,000円
完成工事未収入金	：U.S.＄600,000×130円	（計上時の為替相場）	78,000,000円
完成工事高			121,000,000円

完成工事未収入金	78,000,000円	完成工事高	121,000,000円
未成工事受入金	43,000,000円		

3 費用の計上とその計算例

建設業の場合、収益性負債の収益化と同じように、費用性資産の費用化という問題があります。前記の完成工事高に対応する原価は棚卸資産たる未成工事支出金です。

棚卸資産や有形固定資産のような将来費用となる資産のことを「費用化資産」といって金融資産と区別していますが、これらの**費用化資産については取引発生時の為替相場**による円換算額が付されていますので、この円換算額により費用化していきます。

たとえば、次のような①外貨建取引と④円取引が発生した場合に、外貨建取引で発生した未成工事支出金の②換算基準として前月末レートを採用する場合、外貨建取引は③のように円換算され、この外貨建取引の円換算額と④円取引の⑤合計額が毎月未成工事支出金勘定として処理されます。そして、その合計額116百万円が完成によってそのまま完成工事原価となっていきます。

未成工事支出金の月次の発生

①外貨建取引		②前月末為替レート U.S. $1		③円換算額 (①×②)	④円 取 引	⑤合 計 (③+④)
×1年4月	U.S. $ 50,000	×1年3/31	100円	5,000,000円	10,000,000円	15,000,000円
×1年5月	U.S. $ 50,000	×1年4/30	110円	5,500,000円	1,000,000円	6,500,000円
×1年6月	U.S. $100,000	×1年5/31	115円	11,500,000円	2,000,000円	13,500,000円
⋮	⋮			⋮	⋮	⋮
×2年3月	U.S. $ 10,000	×2年2/28	129円	1,290,000円	800,000円	2,090,000円
計	U.S. $ 800,000			96,000,000円	20,000,000円	116,000,000円

決算仕訳

完成工事原価　116,000,000円　／　未成工事支出金　116,000,000円

Ⅷ　決算実務

決算はどのように行われるのでしょう。
この章では、決算書作成の前までの決算手続を、
決算のために必要な明細表等の様式と仕訳を織り
込んで説明していきます。

1 決算とは何か

会社は、少なくとも１年に１回は決算をして、会社の経営成績や財政状態を把握しなければなりません。そして、株主に配当したり、税金を払ったりします。

決算とは、一定期間（通常１年間）ごとに勘定記録を集計整理し、その期間の経営成績を把握するために損益計算をし、また期末の財政状態を把握するために、資産、負債および純資産の額を計算することです。

では、決算はどのようにして行うのでしょうか。

2 決算手続

決算手続は次のような手続をして実施していきますが、この中には、支店単位で行う項目と本店でまとめて行う項目とがあります。

決　算　手　続	本店	支店
1　決算修正前試算表の作成	○	○
2　総勘定元帳と補助簿の照合	○	○
3　帳簿残高の妥当性の検討および評価の検討	○	○
4　未精算勘定の整理	○	○
5　前払費用、前受収益、未払費用、未収収益の計上	○	○
6　外貨建項目の換算修正	○	○
7　完成工事高、完成工事原価の計上		○
8　減価償却費の計上	○	○
9　貸倒引当金の計上	○	
10　賞与引当金の計上	○	

11	退職給付引当金の計上	○	
12	完成工事補償引当金の計上	○	
13	原価差額の調整	○	○
14	法人税・住民税及び事業税の計上	○	
15	税効果会計（繰延税金資産等の計上）	○	
16	事業所税の計上	○	○
17	消費税の計上	○	
18	決算修正後の試算表の作成と補助簿の締切	○	○
19	損益勘定への振替	○	○
20	保証債務、担保差入資産等の調査	○	○
21	会計単位ベースの損益計算書、貸借対照表の作成	○	○
22	全社ベースの損益計算書、貸借対照表の作成	○	
23	外部に公表する決算諸表の作成	○	
24	申告書等の作成	○	

「22」までの決算手続は、決算後少なくとも1ヵ月前後で行われ、これに基づき「23」「24」の株主や銀行、証券取引所、財務省、あるいは、国土交通省に提出する財務諸表の作成および法人税等申告書の作成をしていかなければなりません。

3 決算修正前試算表の作成

決算整理事項を仕訳したり調査する前に、まず、総勘定元帳より決算修正前試算表を作成するとよいでしょう。

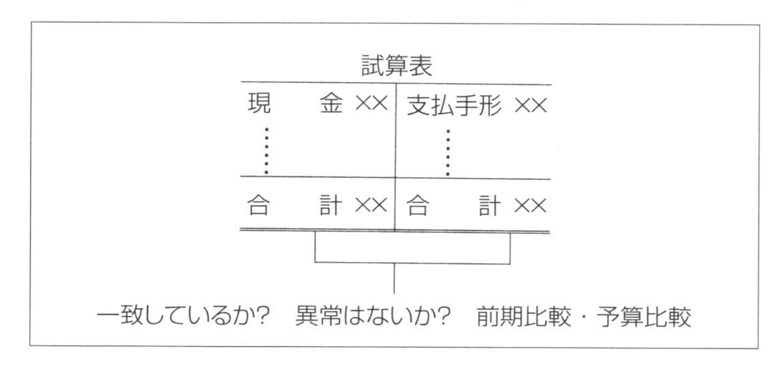

この試算表の作成は、今までの勘定記入に誤りがなかったかを検証する手続です。複式簿記では、試算表は必ず貸借が一致するはずですから、まず、決算にあたり誤りがなかったかを検査するのです。

ただし、試算表で発見できない誤りもあります。たとえば、次のような誤りがあっても試算表の貸借は一致してしまうからです。

① 仕訳そのものの勘定処理違い

② 転記を貸借とも、漏らす（インプット漏れ）

③ 同一取引を二重転記する

④ 勘定科目を誤ってともに貸借逆に転記してしまう

⑤ 元帳記入の際に勘定科目を誤って記入してしまう

したがって、1つひとつの取引の仕訳および転記には十分注意するとともに、月次ベースで記帳に誤りがないか、絶えず注意してチェックしていく必要があります。電算機会計では転記・集計の誤りがないので仕訳とインプットのチェックが重要です。

総勘定元帳と補助帳簿との照合

補助帳簿は勘定科目ごとに作成され、細目にわたってその勘定を管理するものですから、補助簿との照合をすることにより決算前の残高の妥当性を検討します。

試算表

補助簿		試算表（借方）	試算表（貸方）		補助簿
×× 現金出納帳残高	←一致?→	現　金 ××	支払手形 ××	←一致?→	支払手形台帳残高 ××
			借 入 金 ××	←一致?→	借入金台帳残高 ××
		合　計 ××	合　計 ××		

5 帳簿残高の妥当性の検討

1 現　　金

① 実　　査

「現金の当日の帳簿残高」は、「前日の繰越額」に「当日の入金伝票合計額」を加え、「当日の出金伝票合計額」をマイナスすれば計算できますが、その帳簿残高と実際の現金残高が一致しているか否かについて、毎日現金金種別残高表を作って現金を実査して確認し、定期的に責任者の査閲を受ける制度が必要です。もちろん、期末においてはそうした手続により現金の実際残高を確認し、査閲を受けることは必ず実施しなければなりません。

② 現場や出張所の現金

工事現場や出張所では、現金の手元残高はできるかぎり少なくし、期末にすべて銀行預金勘定にして現金残高はゼロとするのが管理上好ましい処理です。

ある現場に行って現金実査をしたら……
所長がポケットから５万円を出し「このうち３万5,000円が会社のお金です」と
言った。これでは現金の管理は　→

現金金種別残高表

部長	課長	係長	係員
㊞	㊞	㊞	㊞

×2年3月31日

金　種	数量	金　額
10,000円	20枚	200,000円
5,000	10	50,000
1,000	15	15,000
500	10	5,000
100	20	2,000
50	5	250
5	5	25
1	10	10
合　計		272,285円

一致？

現金伝票

↓集計

3月31日現金出納計	
前日残高	300,085円
当日入金額計	502,000円
当日支払額計	−529,800円
当日残高	272,285円

2 預　　金

① 銀行預金残高表の作成

預金については、次ページのような銀行預金残高表を預金台帳より作成します。

② 実　　査

預金証書や預金通帳（預金通帳は記帳しておく）を実査したり、あるいは担保等に入れてあるものは、担保預り書などを査閲し、実践を検証します。

このとき、名義が会社の名義となっているか、期日の経過しているものはないか、あるいは事前に社印等が押されているものはないか（紛失の危険性が高い）などにも注意して実査します。

③ 残高確認

銀行より残高証明書をもらい、これと照合します。

① 銀行預金残高表を作成する

銀行預金残高表

令和Ｘ２年３月31日

銀行＼項目	当座預金	普通預金	通知預金	定期預金	その他	合　計
○○銀行○○	5,000,000	5,250,000	4,000,000	20,000,000		34,250,000
××銀行××	1,005,000	2,450,000	2,000,000	5,000,000		10,455,000
合　計	20,500,000	15,000,000	7,000,000	60,000,000		102,500,000

② 残高証明をとり、これと照合する
③ 預金通帳、預金証書、担保預り証を査閲する

定期預金証書
××建設
￥5,000,000

担保預り証

工事の担保として……

etc.

一致しているか⇩当座預金不一致⇩原因検討

残高証明書

令和Ｘ２年４月２日

××市××町××
××建設㈱殿

㈱××銀行
××支店 ㊞

平成Ｘ２年３月31日現在における貴社名義の下記勘定残高について、相違のないことを証明いたします。

合計金額	￥11,455,000 ㊞

内　訳

科　目	金　額	備　考
当座預金㊞	￥2,005,000	
普通預金㊞	2,450,000	
通知預金㊞	2,000,000	
定期預金㊞	5,000,000	
	以下余白	

この証明書の金額は訂正いたしません。

④　残高証明書との不一致の原因調査

銀行の残高証明書と帳簿の残高が不一致となるときはその原因を調べなければなりません。

通常、不一致は当座預金勘定に表われます。その差額の原因は、取立未済小切手（会社は小切手を渡したが、まだ銀行に取立てにきていない小切手）が大半ですが、未仕訳の振込入金や預金利息の入金など会社が勘定残高を修正しなければならないものもあります。

こうした差額の原因は、銀行より会社の当座預金口座の帳簿等のコピーを毎月入手して会社の帳簿と照合して究明します。このとき作成するのが次のような銀行勘定調整表です。

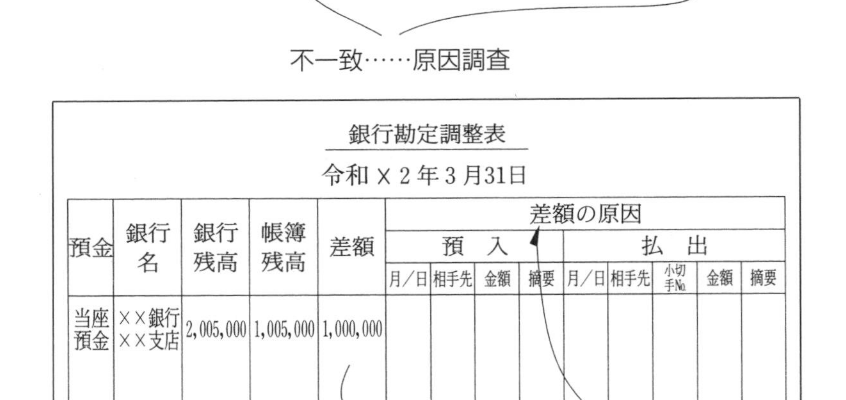

銀行勘定調整表

令和Ｘ2年3月31日

預金	銀行名	銀行残高	帳簿残高	差額	差額の原因								
					預　入				払　出				
					月/日	相手先	金額	摘要	月/日	相手先	小切手No.	金額	摘要
当座預金	××銀行××支店	2,005,000	1,005,000	1,000,000									
合計													

入金未処理など会社が修正すべき事項については修正仕訳をします。

3 受取手形、割引手形、裏書手形

受取手形には、①実際に手元にある手持手形、②銀行に取立てに回した取立手形、③銀行等に担保として提供した担保差入手形があります。ここでいう担保手形は他社振出しの手形です（短期借入のために自社振出しの手形を差し入れる場合は借入金となります)。これらの手形は会社の受取手形勘定で処理されます。

④割引手形とは銀行で受取手形を割引したもので、⑤裏書手形は工事未払金などの支払いにあてるため受取手形に裏書して支払先に回した手形です。

① 受取手形等残高明細表の作成

期末において、これらの受取手形および受取手形関連勘定は、次ページのような残高明細表を補助帳簿より作成します。

② 実　査

こうして作成した受取手形の残高明細表は、①手持手形は手形の現物、②取立手形は取立手形通帳、③担保手形は担保預り証、④割引手形は銀行より残高証明書を取り寄せ、これと照合します。⑤裏書手形は実行時の領収証等の証憑書類と照合し、その残高を検証します。また、不渡手形や書替手形あるいは支払期日の経過している手形などに注意し、こうした手形があれば貸倒引当金の計上を検討することとなります。

KEYPOINT

手形の書替え（支払期日の延長）は資金繰り悪化で貸倒れとなる可能性が高いので注意すること！

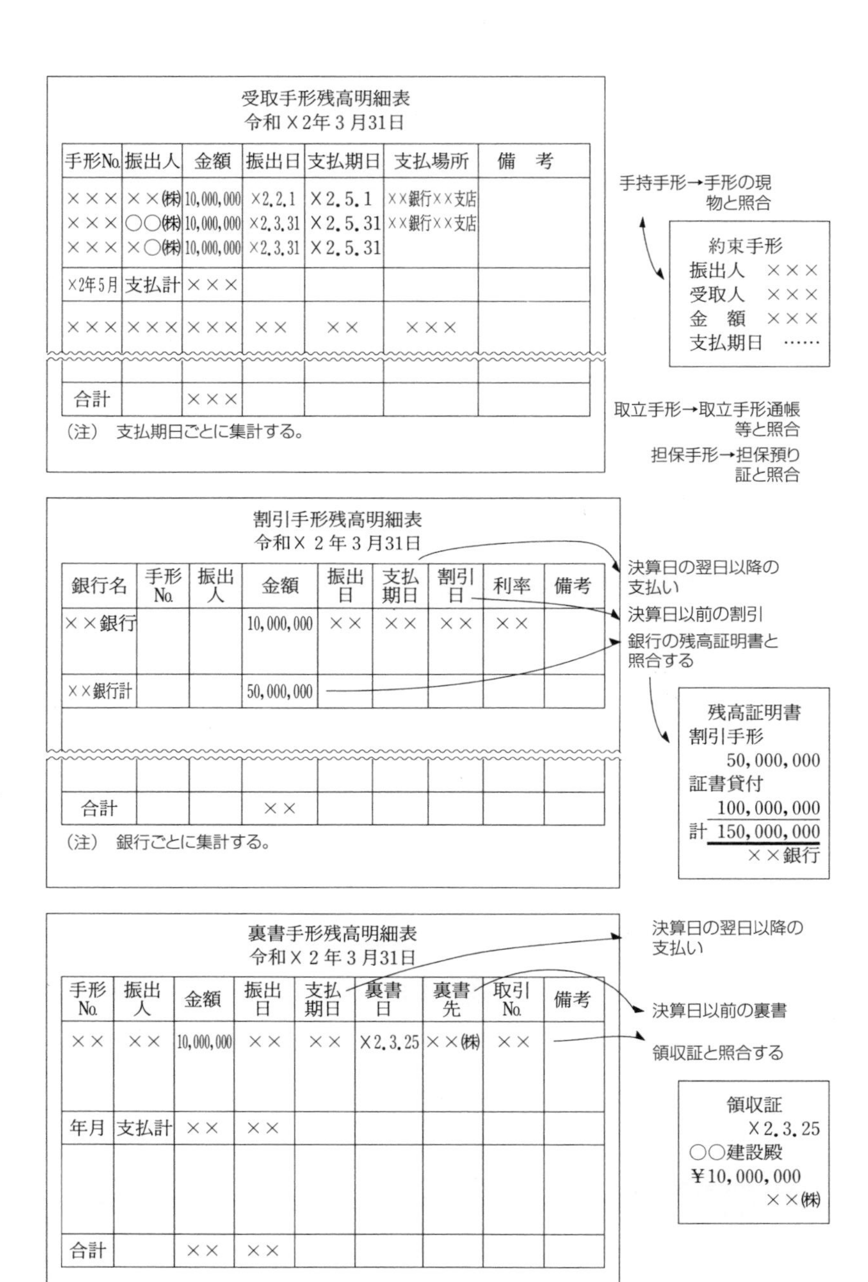

受取手形残高明細表
令和Ｘ2年３月31日

手形No.	振出人	金額	振出日	支払期日	支払場所	備　考
×××	××㈱	10,000,000	×2.2.1	Ｘ2.5.1	××銀行××支店	
×××	○○㈱	10,000,000	×2.3.31	Ｘ2.5.31	××銀行××支店	
×××	×○㈱	10,000,000	×2.3.31	Ｘ2.5.31		
×2年5月	支払計	×××				
×××	×××	×××	××	××	×××	
合計		×××				

（注）　支払期日ごとに集計する。

手持手形→手形の現物と照合

約束手形	
振出人	×××
受取人	×××
金　額	×××
支払期日	……

取立手形→取立手形通帳等と照合

担保手形→担保預り証と照合

割引手形残高明細表
令和Ｘ２年３月31日

銀行名	手形No.	振出人	金額	振出日	支払期日	割引日	利率	備考
××銀行			10,000,000	××	××	××	××	
××銀行計			50,000,000					
合計			××					

（注）　銀行ごとに集計する。

決算日の翌日以降の支払い

決算日以前の割引

銀行の残高証明書と照合する

残高証明書
割引手形
50,000,000
証書貸付
100,000,000
計　150,000,000
××銀行

裏書手形残高明細表
令和Ｘ２年３月31日

手形No.	振出人	金額	振出日	支払期日	裏書日	裏書先	取引No.	備考
××	××	10,000,000	××	××	Ｘ2.3.25	××㈱	××	
年月	支払計	××	××					
合計		××	××					

決算日の翌日以降の支払い

決算日以前の裏書

領収証と照合する

領収証
Ｘ2.3.25
○○建設殿
￥10,000,000
××㈱

4 完成工事未収入金

① 完成工事未収入金残高明細書の作成

完成工事未収入金は期末において、発注者ごと、工事ごとに次ページのような残高明細書を作成します。

② 残高確認

次に、その残高の確認を発注者に対して行います。

そのためには完成工事未収入金を次のように分けておく必要があります。

完成工事未収入金
- ① 完成引渡した工事の未収入金
  - ⓐ 確定しているもの
  - ⓑ 予定計上したもの
- ② 工事進行基準等により計上した工事の未収入金

②の工事進行基準等の採用の結果生じた完成工事未収入金は、計算上の完成工事未収入金ですから、残高確認は実施できません。①のⓑの予定計上した工事の完成工事未収入金の確認には十分な配慮をする必要があります。

たとえば、100万円で現在交渉中であり、決算では80万円と保守的に追加工事代を計上した場合、80万円での確認は会社に不利な結果をもたらします。したがって、「……追加工事は現在交渉中ですのでこれを除いた工事代金の未収額は××円です。」というような確認をするのが好ましいことです。

残高確認は発注者に対し未収入金や立替金などその他の債権がある場合は、これを合わせて確認することがよい方法です。

残高確認書の様式は283ページのようなものがよいでしょう。

完成工事未収入金残高明細書

令和×２年３月31日

残高を確認する

受注者	工事名称	工事No.	完成時期	完成工事高	取下金累計額		期末完成工事未収入金残高	その他債権期末残高					備考
					現金	手形		受取手形	立替金	未収入金	未収収益	その他	
㈱××	××	××	X1/3	10,000,000	5,000,000	4,000,000	1,000,000	2,000,000			500,000		
××商店	××	××	X2/3	50,000,000	40,000,000		10,000,000						
合計							100,000,000	20,000,000	1,000,000	1,500,000	1,200,000		

（注）同一発注者に対し発生した異なる工事がある場合は、工事ごとの債権額が記載できる表とする。
また、管理上関連債権も記載する。

住所＿＿＿＿＿＿＿＿＿＿＿　　令和　　年　　月　　日

××建設株式会社
代表者または
担当責任者名　㊞

得意先＿＿＿＿＿＿＿＿＿御中

残高照合御依頼の件

拝啓　貴社ますますご隆昌のこととお喜び申し上げます。
さて、貴社に対する弊社完成工事未収入金等残高は下記のとおり(内訳表別紙）となっております。ご多忙中まことに恐縮ですが貴社の簿残高と照合いただき、別紙残高確認書にご記入、ご捺印のうえ、お手数ながら（　　月　　日までに）同封封筒の表記あてにご返送くださいますようお願い申し上げます。

記

令和　　年　　月　　日現在

摘　　要	金　額	残高差異理由
(A)貴社に対する弊社の 完成工事未収入金残高 未収利息残高	 ¥ ¥	
(B)××建設株式会社に対する貴社の 未払金残高 未払費用残高	(貴社ご記入) ¥ ¥	
(A)－(B)差額金額 完成工事未収入金 未収利息	 ¥ ¥	ご印鑑 ㊞

万一残高に差異がありました場合は、お手数ながらその理由を残高差異理由にご記入下さいますようお願い申し上げます。
（なお、この用紙は感圧式になっておりますので、切り離さずそのままご記入ください。）

整理No. A01

残　高　確　認　書

××建設株式会社御中　　　　令和　　年　　月　　日

××建設株式会社に対する未払金等残高は下記のとおり相違ありません。

貴社名＿＿＿＿＿＿＿＿＿＿＿㊞

記

令和　　年　　月　　日現在

摘　　要	金　額	残高差異理由
(A)貴社に対する弊社の 完成工事未収入金残高 未収利息残高	 ¥ ¥	
(B)××建設株式会社に対する貴社の 未払金残高 未払費用残高	(貴社ご記入) ¥ ¥	
(A)－(B)差額金額 完成工事未収入金 未収利息	 ¥ ¥	ご印鑑 ㊞

整理No. A01

③ 確認書の発送と回収

残高確認書の発送および回収は、回収業務担当者以外の手で実施されなければなりません。それは残高確認が使い込みなどを発見するための重要な手続にもなるからです。残高確認はなかなか返事がこないときがあります。こうした場合は、電話で督促したり、再発送したりしてできるかぎり回収する努力をしなければなりません。

④ 不一致の原因追及

こうして実施した残高確認書と帳簿残高との差異については、次のような原因調査表（残高確認書管理表）を作成して不一致の原因を調査し、修正すべき事項は修正するとともに、そのてん末を補足していかなければなりません。

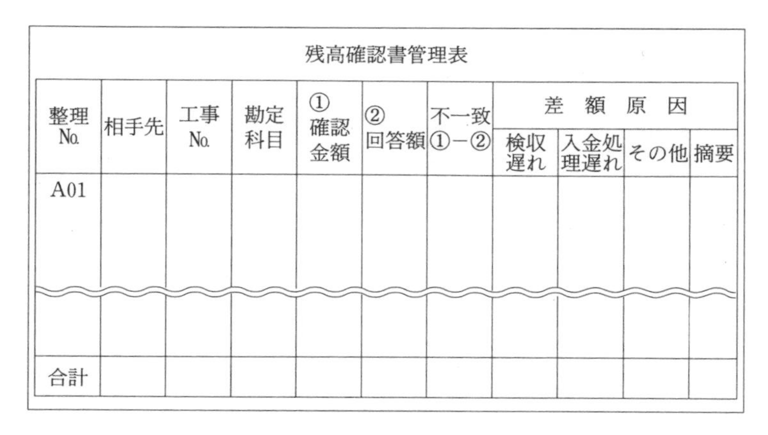

残高確認書管理表

整理No.	相手先	工事No.	勘定科目	①確認金額	②回答額	不一致①－②	差額原因			
							検収遅れ	入金処理遅れ	その他	摘要
A01										
合計										

残高確認は貸付金・差入保証金・工事未払金などの債権債務についても実施するほうがよいでしょう。

KEYPOINT

残高確認では、不正や貸倒れがないか注意する！

5 有価証券、投資有価証券、出資金等

① 有価証券残高明細表の作成

有価証券関係については、有価証券台帳より次ページのような有価証券残高明細表を作成します。この場合、上場株式、子会社株式、親会社株式、関連会社株式、その他の株式債券などに分類して集計していきます。また、ゴルフ会員券等の明細表もあわせて作成します。

② 実　査

そして、この明細表を中心に、有価証券について現物・残高証明書・担保預り証・持株会からの残高報告書等の証書と照合し、有価証券の実在性を検証します。

上場会社の株券は「証券保管振替制度」の普及によって現物を会社で保管することが減少し、機構や証券会社からの残高証明書と照合することが多くなりました。また非上場株式については「株券不発行制度」の採用により株券紛失のリスクを避ける会社も多くなり、株券の現物実査も減少してきています。

実査にあたり注意すべきことは、名義人が会社となっているか否か、もし他人名義のものがあれば会社のものであるという念書が作成され、配当金等が会社に入金されていることを確認しなければなりません。また、ゴルフ会員券等の証書も同時に実査します。

③ 動きのないものは封印する

投資有価証券などで動きの少ない、しかも多くの株券を保有している場合は、287ページのような封筒の中に入れ、担当者および管理責任者等が確認のうえ封印をしておくことが管理上好ましいと思われます。

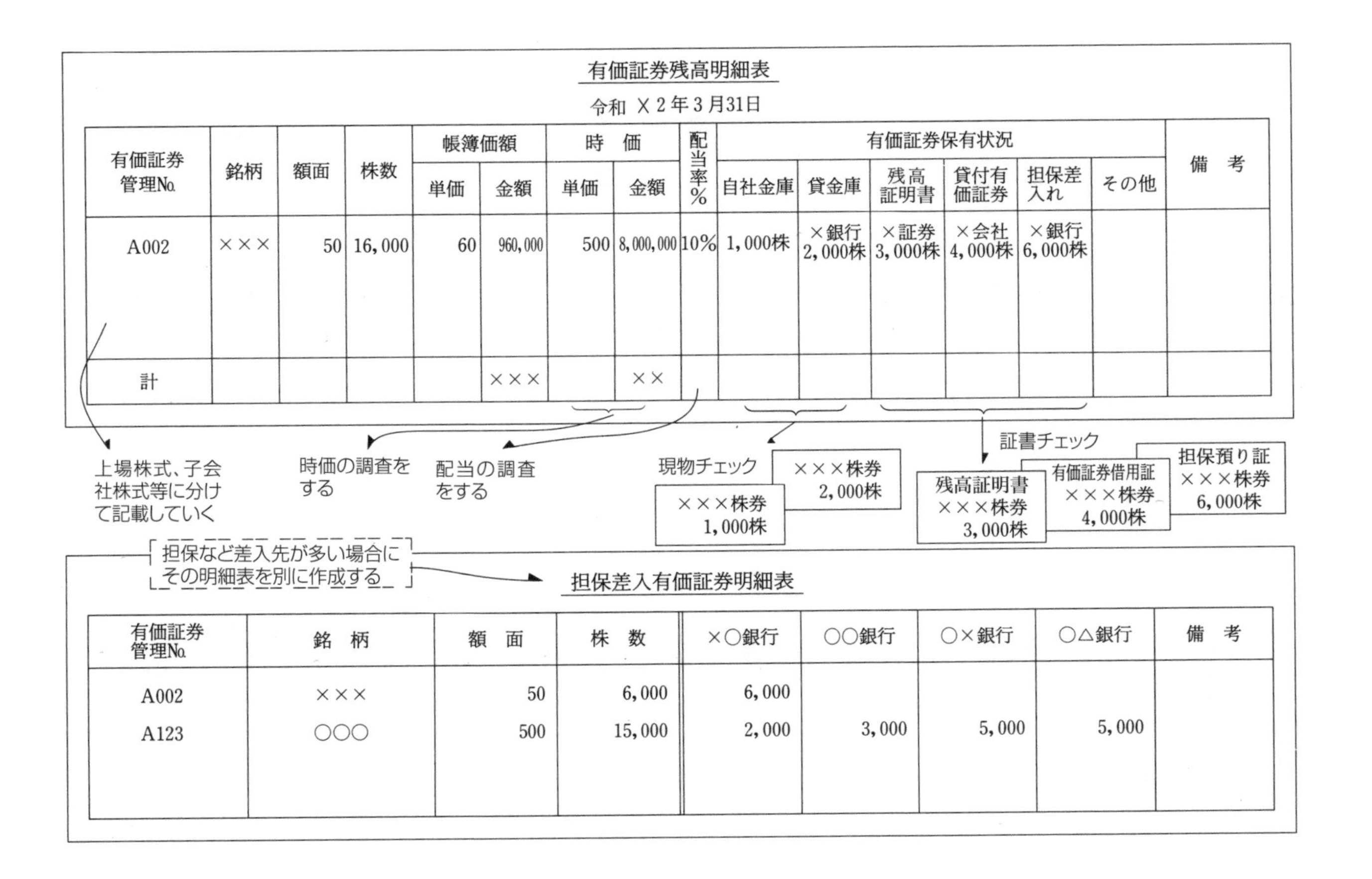

有価証券残高明細表

令和 X 2 年 3 月31日

有価証券管理No.	銘柄	額面	株数	帳簿価額		時価		配当率%	有価証券保有状況						備考
				単価	金額	単価	金額		自社金庫	貸金庫	残高証明書	貸付有価証券	担保差入れ	その他	
A002	×××	50	16,000	60	960,000	500	8,000,000	10%	1,000株	×銀行 2,000株	×証券 3,000株	×会社 4,000株	×銀行 6,000株		
計					×××		××								

担保差入有価証券明細表

有価証券管理No.	銘柄	額面	株数	×○銀行	○○銀行	○×銀行	○△銀行	備考
A002	×××	50	6,000	6,000				
A123	○○○	500	15,000	2,000	3,000	5,000	5,000	

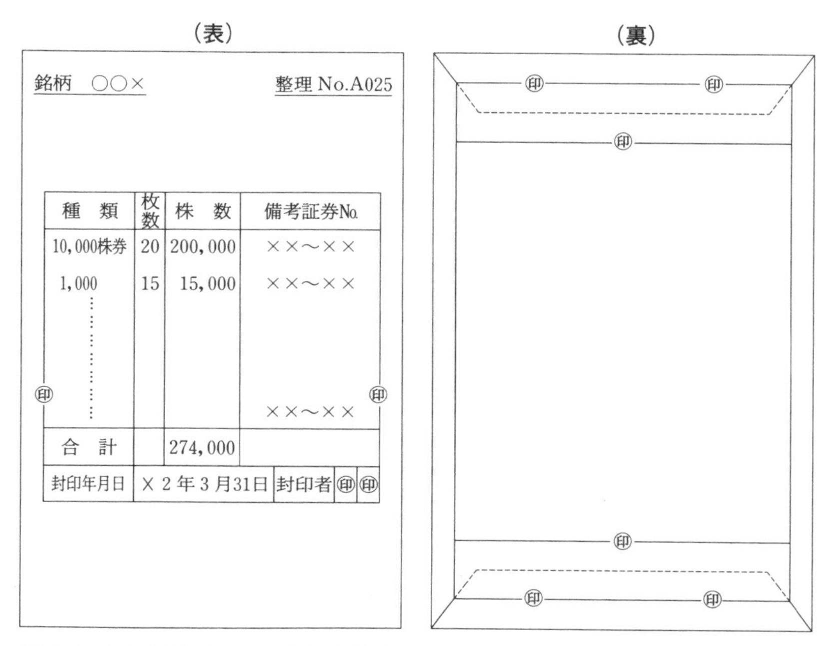
(表)

銘柄　○○×　　　整理 No.A025

種　類	枚数	株　数	備考証券No.
10,000株券	20	200,000	××〜××
1,000	15	15,000	××〜××
⋮			××〜××
合　計		274,000	

封印年月日	X 2 年 3 月31日	封印者	㊞	㊞

(裏)

（注）ときどき開封して中身を検査することも必要です。

有価証券の期末の評価基準

① 売買目的有価証券……………………………………◎時価評価
（時価差額は**当期の損益に計上**）

② 満期保有目的の債券…償却原価法により算定された価額
満期日に近づくに従って額面に近づく

③ 子会社株式および関連会社株式…………………………取得原価

④ その他有価証券………………………………………◎時価評価

（注） 評価差額の合計額は純資産の部（その他有価証券評価差額金）に計上する。純資産額への計上額は税効果会計により処理。

※ 市場価額のない有価証券
取得原価または償却原価法により算定された価額

※ 時価または実質価値が著しく下落した場合
◎回復見込みがある場合を除き評価減
減損会計による評価減は当期の損失として計上

④　評価の検討

有価証券の評価基準としては、前ページのような基準で評価します。

⑤　時価評価

市場価格のある有価証券については、時価を調査しなければなりません。市場価格のない株式については、直近の営業報告書により多額の欠損金が発生していないか、含み資産はあるか、将来財務内容は好転するかなど財政状態を調査し、評価減の必要性の有無を検討しなければなりません。こうした意味で、先の有価証券残高明細表は時価と配当率を記入することとし、特に配当をしていないような市場性のない様式については、評価減の必要性を検討する必要があります。

建設業の場合、有価証券は時価で評価し、含み益は損益として認識しないで、下のように貸借対照表で、税効果会計を採用して評価益に係る繰延税金負債を計上し、残りを純資産の部で「その他の有価証券評価差額金」として表示します（含み損の場合は資本の部でマイナス処理します）。

期末に時価評価した有価証券は売却したときに初めて損益計算書で売却損益が計上されます。

負債の部 　　繰延税金負債
純資産の部 　　株主資本 　　　　……… 　　評価・換算差額金等 　　　　その他有価証券評価差額金 　　　　繰延ヘッジ損益 　　　　土地再評価差額金

当期損益に計上しない有価証券の期末評価替えの処理

簿価200円・期末時価300円・税額40%の場合の評価差額100円の処理

① 証券会社のように売買目的で保有する有価証券の時価評価差額

有価証券	100	有価証券評価益	100

（注） 時価と簿価との評価差額100円は営業外収益となる。

② 建設業ほか一般的企業の場合の有価証券の時価評価差額

投資有価証券	100	繰延税金負債	40
		その他有価証券評価差額金	60

（注） 時価と簿価との評価差額〈益〉100円は、100円に対する税金40円（100円×40%）を繰延税金負債として計上し、残りの60円が純資産の部のその他有価証券評価差額金となる。

⑥ 減損会計

有価証券は期末において著しく価値が下落した場合は、減損処理をしなくてよいか減損会計の検討が必要となります。

減損会計（時価または実質価値が著しく下落した場合、回復見込みがある場合を除き評価減しなければならない）による有価証券の価格が著しく下落している場合とは、30%以上下落している場合です。50%以上下落している場合は原則として回復の見込みがあるとはいえないものと判断されます。減損会計によって評価減しなければならない有価証券の一覧表を作成し、次の決算修正仕訳をしなければなりません。

減損会計による評価減

（営業外費用または特別損失）

有価証券評価損	×××	有　価　証　券	×××
（または投資有価証券評価損）		（または投資有価証券）	

6 材料貯蔵品

① 棚卸の実施

期末において材料貯蔵品残高となるものは、倉庫の在庫と工事進行基準の採用による仮設材料等の回収材とがあります。

建設業の場合は、通常現場に搬入された材料貯蔵品は未成工事支出金勘定になります。倉庫在庫は、資材部において定期的に棚卸が実施され、受払いおよび残高のチェックが行われますが、特に、期末においては、①量的、②質的両面から制度的に棚卸を実施しなければなりませんが、さらに③「在庫が多すぎないか」といった適正な在庫量を意識した棚御を実施する企業は優良企業といえます。

KEYPOINT

棚卸のポイント

① 「数量が合っているか！」…………数量チェック
② 「不良品・滞留品はないか！」……品質チェック
③ 「在庫が多すぎないか！」…………適正在庫量チェック

棚卸の実施は期末日前後がもっともよいとされており、建設業では、倉庫保管在庫が一般企業より量的に少ないことから期末日に棚卸を実施することが可能でしょう。

KEYPOINT

棚卸の差額の原因をしっかり究明して決算しなければならないため、期末日の１ヵ月前に棚卸を実施し、決算の早期化を計っている会社も増えています。

棚卸は事前に棚卸計画書を作成し、預り品、未検収品、簿外品、良品、不良品などの棚卸の取扱いを決めておく必要があります。

② 棚卸方法

棚卸の方法は、下のような棚卸札（タグ）を使用する方法がもっともよいでしょう。預り品、未検収品などは色つきの棚卸札を使用し、他のものと区別しましょう。

棚卸札は連番が付された複写式のものを使い、倉庫にあるすべてのものに添付されたことを確認したうえで回収し、正札は連番順に並べ、回収もれがないかを確認したうえで、副札を品名・規格・サイズ別に集計して、材料貯蔵品の補助簿と照合することとなります。

このほか、建設業の場合は他の製造業と異なり比較的在庫数が少ないので、棚卸札を使用せず、材料貯蔵品の補助簿より品名・規格・サイズ等を記載した一覧表を作成しておき、場所別に現品を順次調査して、数え漏れや重複カウントを防ぐためラベル（または印）を付したうえで、一覧表を消し込んでいく方法もあります。

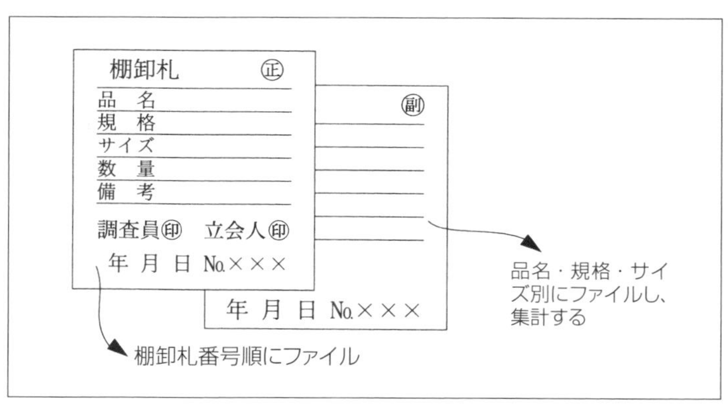

（注）・調査員や立会人に㊞を押させると責任を感じて棚卸の正確性が増します。
・毎年ラベルの色を変えると評価減すべき古いものがすぐにわかります。

③　棚卸結果報告書の作成

さて、棚卸結果を補助帳簿と突合して差額が出れば、その原因を調査し、改善策を立てるとともに下のような棚卸結果報告書を作成し、決算修正をしなければならないこととなります。

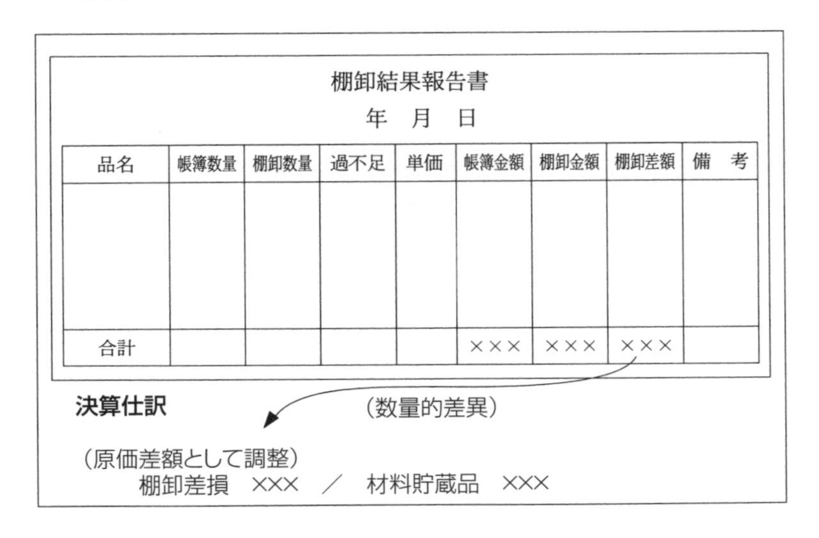

棚卸結果報告書

年　月　日

品名	帳簿数量	棚卸数量	過不足	単価	帳簿金額	棚卸金額	棚卸差額	備　考
合計					×××	×××	×××	

（数量的差異）

決算仕訳

（原価差額として調整）

棚卸差損　×××　／　材料貯蔵品　×××

（注）棚卸差額の原因を十分に検討していないと資材の横流しが生じます。

④　評価の検討

さて、次に棚卸資産の評価の検討です。189ページの「②　払出単価の算出方法」において述べたように、棚卸資産の評価は、継続記録においてどのような原価の配分の仕方をとるかによって自動的に決まりますが、この受払いの記録の誤りをチェックするのが実施棚卸です。この実施棚卸によって数量の受払差額が修正され、正しい帳簿残高となったら、次はこの棚卸高を質的に検討することになります。この質的検討はいわゆる破損しているものや使用見込みのないものの評価減の検討です。こうした不良品の評価は、見積売却価額で評価し、帳簿価額との差額は棚卸資産評価損として処理し、早期に処分します。

また、上場会社では平成20年4月から棚卸資産については低価法で評価しなければならないこととなり、時価と帳簿価額の差額を棚卸資産評価損として処理（税法では毎期洗替処理）することとなりました。この場合の時価は、実務的には最終仕入原価を時価とみなして計算することが多いようです。

決算にあたり、これらの評価損の内訳書を作成し、決裁を受ける必要があります。棚卸資産評価損は次のように仕訳され通常は原価性のあるもの（◎印）として製造費用として処理されます。

決算仕訳

（質的減価）（低価法）
棚卸資産評価損　／　材料貯蔵品

処　理

◎原価性のあるもの　製造費用……原価差額として調整

原価性のないもの
- 経常的　僅少──→営業外費用処理
- 特　別　多額──→特別損失処理

KEYPOINT

<期末の重要な手続>

現金預金・有価証券・受取手形・材料貯蔵品等
→換金可能なもの、高額なものは現物を「実査する」

預金・完成工事未収入金・借入金・工事未払金等
→債権債務は相手に残高を「確認する」

⑤　工事進行基準の回収材計算

工事進行基準を採用している場合、毎期仮設材等の回収計算を行うほうが期間損益を正確に把握できることとなります。

仮設材等の回収計算は次のように行います。

工事進行基準を採用する場合の仮設材の回収計算式

累計原価算入額＝（実際投入原価－最終回収見込額）

$$\times \frac{\text{当期末累計出来高}}{\text{総請負金}} \left(\text{または}\ \frac{\text{当期累計使用工期}}{\text{総使用工期}}\right)$$

したがって、
期末の回収額＝実際投入原価－累計原価算入額

この計算をするためには回収材について工事現場ごとに次ページのような表を作成します。

回収材計算の必要性は、数期間を通じて使用される仮設材等は、その原価を投入時に一時計上するのではなく、出来高あるいは工期に比例して期間配分し、期間損益を正確に把握しようとするものです（138ページ「⑤　仮設材等の回収計算」参照）。

こうして計算された回収材は、期末において材料貯蔵品勘定に工事ごとに振り替え、その細目で倉庫在庫と区分しておきます。

回収材等の決算仕訳

材料貯蔵品　（××工事）／未成工事支出金　（××工事）
300万円　　　　　　　　　　300万円

回収材計算表

××工事現場　　令和Ｘ２年３月末

所　長		係　員
㊞	㊞	㊞

	①	②	③=①×②	④=①−③	⑤	⑥=④×⑤	⑦=①−⑥
品名規格	投入原価	最終回収率	最終回収額	原価負担額	出来高累計	原価算入額	回　収　額
×××	1,000,000	30%	300,000	700,000	70%	490,000	510,000
×××	2,000,000	20%	400,000	1,600,000	3ヶ月/10ヶ月	480,000	1,520,000
合　計	7,500,000		1,200,000	6,300,000		4,500,000	3,000,000

↓（②最終回収率）原則として事前に社内規定などにおいて決定しておくが、著しく破損したようなものは回収率を下げる

↓（⑤出来高累計）工期または出来高によって原価配分する

7 長短借入金

① 借入金残高明細表の作成

借入金は期末において借入金台帳より次のような借入金の銀行別残高明細表を作成します。

借入金残高明細表を作成する

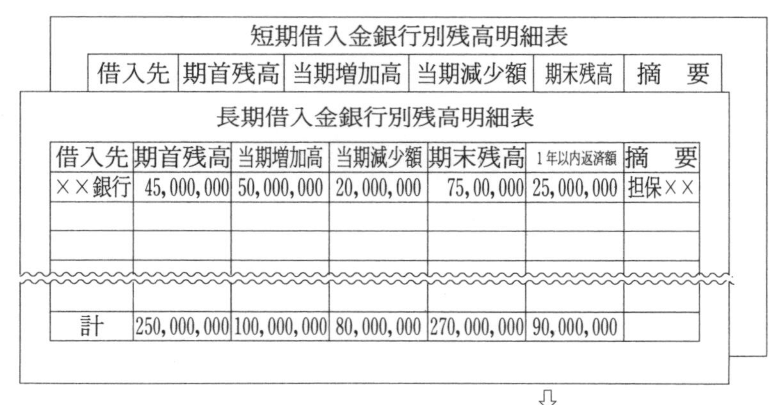

短期借入金銀行別残高明細表

借入先	期首残高	当期増加高	当期減少額	期末残高	摘　要

長期借入金銀行別残高明細表

借入先	期首残高	当期増加高	当期減少額	期末残高	1年以内返済額	摘　要
××銀行	45,000,000	50,000,000	20,000,000	75,00,000	25,000,000	担保××
計	250,000,000	100,000,000	80,000,000	270,000,000	90,000,000	

⇩

銀行の残高証明書と突合する

② 残高確認

借入金残高明細表が完成したならば、借入先より残高証明書を入手して期末の残高と差異がないか調べなければなりません。通常、差異は生じませんが、もし仕訳もれなどにより差異があればそれを決算修正します。

KEYPOINT

カラーコピーやパソコン等の発達により、出納担当者の使い込みによる「残高証明書の偽造」の事例が多発しているので注意してください。

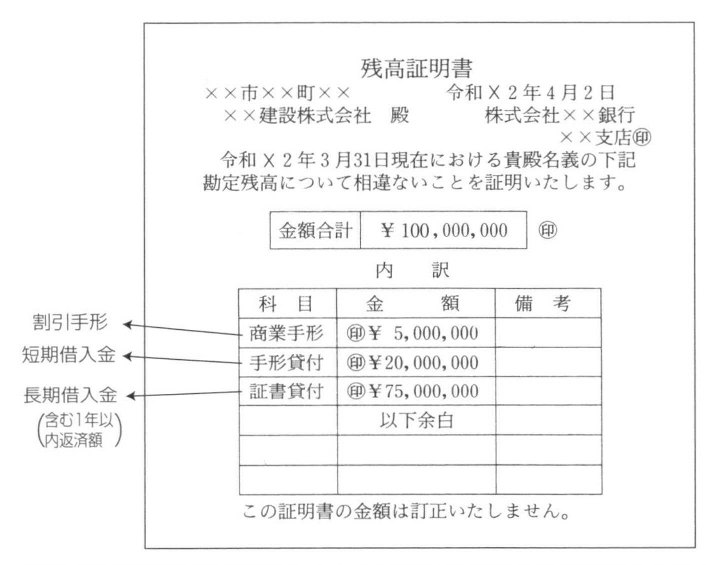

残高証明書

××市××町××　　　　令和Ｘ２年４月２日
××建設株式会社　殿　　　　株式会社××銀行
××支店㊞

令和Ｘ２年３月31日現在における貴殿名義の下記勘定残高について相違ないことを証明いたします。

金額合計	￥100,000,000	㊞

内　訳

科　目	金　　額	備　考
商業手形	㊞￥ 5,000,000	
手形貸付	㊞￥20,000,000	
証書貸付	㊞￥75,000,000	
	以下余白	

この証明書の金額は訂正いたしません。

(注) 残高証明書は不正防止のために出納担当者以外が回収することが必要です。

③　１年以内返済額の振替

次に長期借入金の１年以内返済額については、決算修正仕訳により短期借入金に振り替えます。

長期借入金の１年以内返済額の振替仕訳

長期借入金　25,000,000円　／　短期借入金　25,000,000円

KEYPOINT

工事未払金の残高確認

企業のコンプライアンス強化の一環として、工事原価の現場間付け替えという不正の監視体制が強化され、工事未払金の現場別の残高確認、特に完了現場に簿外債務がないか残高確認することが一般的となってきています。

仮払金、立替金等未精算勘定の整理

①　未精算勘定の整理

会社の個人への仮払金あるいは立替金などの未精算勘定、あるいは会社費用の個人の立替払いなどは、決算にあたり、できるかぎり整理し、本来の勘定に振替処理を行います。

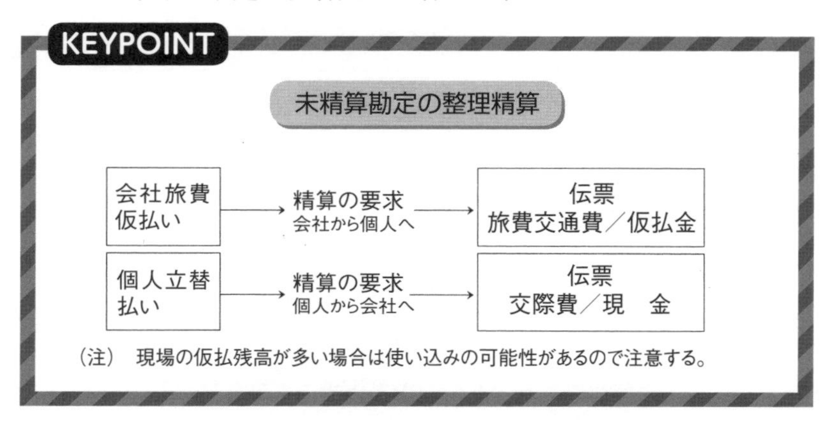

②　工事獲得費用の処理

仮払金勘定で特に問題となるのは、工事獲得のために発生する費用の処理です。

工事獲得のために発生する費用の中には、設計・積算等の費用や測量・調査等の費用、交通費、飲食代等々がありますが、設計・積算あるいは測量・調査等の費用は特定の工事の受注活動の費用として客観性が高く、これらの費用はいったん仮払金として処理され、期末において受注見込みのないものは期間費用としての営業費用（販売費及び一般管理費）として処理されます。また、期中において工事獲得に至れば未成工事支出金に振り替えられます。そして期末現在受注活動を継続している場合は、未精算勘定としての仮払金として処理します。

しかし、飲食代等の費用は工事との関連性に客観性がなく、継続的取引関係にある発注者の接待費や時にはプライベートの飲食代まで混入する可能性もあります。こうした費用は、原則として、発生のつど期間費用として処理すべきです。

したがって、期末において工事獲得のための費用として仮払金処理されているものがある場合、その内容を洗い直すとともに、営業担当者に現在の活動状況、受注見込みなどの質問をする必要があります。

KEYPOINT

工事獲得のための費用の処理

設計、積算、測量 etc. ──→仮払金─┬→獲得→未成工事支出金
├→獲得可能→仮払金
└→獲得不能→販売費及び一般管理費

飲食代 etc. ──→販売費及び一般管理費

7 前払費用、前受収益、未払費用、未収収益の計上

一定の契約に従い、継続して役務の提供を受ける場合、支出および収入と費用および収益との間に期間的なズレが生じる項目の調整計算が必要となります。

前払費用の計上

一定の契約により継続して役務の提供を受ける場合で、次期以降の役務の提供に対する対価を支払った場合、これを支払時に費用処理してあれば、次期以降の分は前払費用として当期の費用より控除して資産計上しなければなりません。

そのためには前払費用に相当するものの計算資料を決算に際して、次のように作成しておく必要があります。

前払利息計算表
令和X２年３月31日

借入先	金　額	利率	利払日	支払方法	利息対象期間	支払利息	未経過期間	未経過利息
××銀行	100,000,000	３％	3/1	前払い	3/1〜5/31(92日)	756,164	4/1〜5/31(61日)	501,369
⋮	⋮							
⋮	⋮	⋮	⋮	⋮	⋮	⋮	⋮	⋮
計								

こうして計算された前払費用については、次のような決算仕訳を行います。

決算修正仕訳

前払費用　／　支払利息
（注）決算期後１年を超える前払費用は長期前払費用に振り替えます。

ただ前払費用については、すでに支払時にどの分が当期の費用で、どの分が次期の費用であるかわかるときは、事前に次のような仕訳をしておけば、期末に上のような決算仕訳をする必要がなくなります。

×1.3.1　××銀行に利息を支払ったときの仕訳

支払利息	254,795円	当座預金	756,164円
前払費用	501,369円		

また、逆に前期以降において前払費用として処理しているものがあれば、当期の費用分を前払費用より振替処理をする必要があります。

支払利息　／　前払費用

1年を超える長期の前払費用があれば、来期において費用化する分は流動資産としての短期の前払費用勘定に振り替えます。

前払費用　／　長期前払費用

2　前受収益の計上

一定の契約により継続して役務の提供をする場合、次期以降の役務の提供に対する対価をすでに受け取っている場合で、これを入金時に収益として計上してあれば、次期以降の分は前受収益として当期の収益より控除して、負債として計上しなければなりません。また、入金時に前受収益として処理してあれば、当期の収益分を前受収益より振替処理しなければなりません。

建設業においては請負金の延払いなどが多いことにより、前受収益、未収収益が特に多く発生します。これらは、支払利息等の前払費用や未払費用が一覧表形式で決算資料を作成するのと異なり、個々の取引ごとに決算仕訳の計算資料を整備することになります。

設例

工事完了時×1年10月1日に工事代金100,000,000円と延払利息に相当する次のような期日の受取手形を４枚受け取った。

受取った手形の内訳

支払期日	元　本	利　息	合　計
×2/ 3/31	25,000,000	937,500	25,937,500
×2/ 9/30	25,000,000	937,500	25,937,500
×3/ 3/31	25,000,000	937,500	25,937,500
×3/ 9/30	25,000,000	937,500	25,937,500
計	100,000,000	3,750,000	103,750,000

利息の期間配分

期　間	元　本	利息 3%／年
×1/10/ 1〜×2/ 3/31	100,000,000	1,500,000
×2/ 4/ 1〜×2/ 9/30	75,000,000	1,125,000
×2/10/ 1〜×3/ 3/31	50,000,000	750,000
×3/ 4/ 1〜×3/ 9/30	25,000,000	375,000
計		3,750,000

×２年３月期の決算仕訳

㋐　受取時の仕訳を次のようにした場合

借方		貸方	
受取手形	103,750,000	完成工事未収入金	100,000,000
		受取利息	3,750,000

（×２年３月期決算時の仕訳）

借方		貸方	
受取利息	2,250,000	前受利息	2,250,000

㋑　受取時の仕訳を次のようにした場合

借方		貸方	
受取手形	103,750,000	完成工事未収入金	100,000,000
		前受利息	3,750,000

（×２年３月期決算時の仕訳）

借方		貸方	
前受利息	1,500,000	受取利息	1,500,000

㋒　受取時の仕訳を次のようにした場合

借方		貸方	
受取手形	103,750,000	完成工事未収入金	100,000,000
		前受利息	2,250,000
		受取利息	1,500,000

（×２年３月期決算時の仕訳）

なし　　…決算の早期化につながる

3 未払費用の計上

一定の契約に従い継続して役務の提供を受ける場合、すでに提供された役務に対してその対価が期末までに支払われていなくとも当期の費用として処理しなければなりません。給料や電力料、支払利息などにおいてこうした未払費用が発生しますが、これらは契約によりその発生費用額が計算できます。たとえば、20日までの給料を25日に支払う場合、21日から月末までの給料について未払費用として計算しなければなりませんし、借入金の返済が元利一括払いなど利息後払い契約の場合は、借入金の期末までの利息相当分を未払利息として計算しなければなりません。

期末における未払費用の計上の仕訳は、次のようになります。

決算修正仕訳

(利息の場合)	支払利息	／	未払費用
(給料の場合)	給　　料	／	未払費用

4 未収収益の計上

未収収益は、一定の契約に従い継続して役務の提供を行う場合、すでに提供した役務に対してはいまだその対価を受け取っていないものですが、このような役務に対する対価は未収であっても収益として認識されます。

たとえば、貸付金に対する利息が後払いである場合に、当月分の賃貸料の入金が翌月初めとなった場合、期末において当期の収益として計上すべき分については未収収益を計上することになります。期末において未収収益を計上した場合の仕訳は、次のようになります。

決算仕訳

（受取利息の場合）	未収収益	／	受取利息
（家賃などの場合）	未収収益	／	賃 貸 料

KEYPOINT

決算の早期化のためには、取引の発生時に前払費用や前受収益など未経過勘定を起票しておくとよいでしょう。

8 完成工事高、完成工事原価の計上

1 完成工事高、完成工事原価の把握と未成工事総括表の作成

完成工事高および完成工事原価の把握の仕方については、128ページ以下の「10　完成工事高および建設業の売上計上基準」および「11　完成工事原価」で述べましたので、ここでは省略しますが、建設業の場合は、管理上毎月次ページのような工事ごとに関連勘定を集計した未成工事総括表を作成している会社もあります。

決算にあたりこうした工事１件別に集計された未成工事総括表をベースとして、当期の完成工事と未成工事とを振り分けていきます。

KEYPOINT

① 完成工事が赤字（損失）となった場合は、当期に悪化した原因を調べて説明できるようにしておく。
② 未成工事で完成時に赤字（損失）が見込まれるものは、工事損失引当金の計上を検討する。

捺印

未成工事総括表

X2年3月分

本支店 61

工事No.	工事名／発注者名	特殊扱区分 受注	JV	設計	工期	受注金額	工事出来高 当月	工事出来高 累計	未成工事支出金 当月	未成工事支出金 累計	当月末取下金 金額	当月末取下金 %	工事損益率 実行予算	工事損益率 当月末	備考
6037	×××工事 ×××××	1	1	1	X10301 X20228	200,000,000		(注1) 200,000,000	8,000,000	(注1) 170,000,000	100,000,000	50.0	12.0	15.0	完成基準
7021	×××工事 ×××××	2	1	1	X10101 X30831	400,000,000	15,000,000	(注2) 120,000,000	10,000,000	(注2) 111,600,000	58,000,000	48.3	7.0	7.0	進行基準 新収益基準
8011	×××工事 ×××××	1	1	1	X20201 X21030	100,000,000	12,000,000	(注3) 20,000,000	5,000,000	(注3) 20,000,000	10,000,000	50.0	–	0.0	原価回収基準
8012	×××工事 ×××××	1	2	1	X20320 X20830	5,000,000			1,000,000	(注4) 1,000,000	–	–	–	–	

（注1）工事No.6037は、**完成基準**採用の工事で今期完成です。3月勘定で原価を締め切り、200百万円の完成工事高、170百万円の完成工事原価を計上します。

（注2）工事No.7021は、前期から進行基準で決算している工事です。期末の実行予算は7％です。累計未成工事支出金は111.6百万円ですので、**進行基準**でも、**新収益基準**でも、累計完成工事高は111.6百万÷（1 − 0.07）＝120百万円となり、前期計上額との差額が今期の完成工事高および完成工事原価になります。

（注3）工事No.8011は来期の完成ですが、取下金の入金は確実な工事であり、**原価回収基準**で計上するので、発生した未成工事支出金20百万円と同額の20百万円の完成工事高を計上します。

（注4）工事No.8012は、期末近くに受注した**少額工事**で実行予算もできていません。来期完成をもって完成工事高に計上するので期末は**未成工事支出金**とします。

見積計上額一覧表の作成

決算で完成工事高および完成工事原価を計上するにあたり、請負金および工事原価の見積計上をしなければならない場合がありますが、見積計上したものは次のように工事ごとに明細表を作成し、見積計上した根拠資料を整備しておかなければなりません。

請負金内訳表

工事No.××× ××工事 施主×××

受注年月日	内容	金額	A	B	C	摘要
×1.5.2	××工事	110,000,000	○			
×1.8.5	××工事	20,000,000	○			
×2.2.1	××工事	20,000,000	○			
×2.4.9	××工事	2,000,000		○		注文書作成中
	××工事	1,500,000			○	見積書1,800,000提出
×2.3期	決算	153,500,000				

(注) A．契約済 B．内定 C．見込計上

工事別確定債務見積額集計表

工事No.××× ××工事 施主××

検収年月日	原価費目	内容	注文先	金額	備考
×2.3.15	外注費雑費	清掃費	××(株)	×××	発注書による
⋮	⋮	⋮	⋮	⋮	
計				×××	

工事原価の予定計上については次のように計算修正仕訳をします。

未成工事支出金 (×××工事) ／ 工事未払金

3 完成工事損益計算書の作成

こうして完成工事高および完成工事原価が確定したら次に次ページのような完成工事損益計算書を作成します。

4 工事ごとの進行基準工事の内訳表の作成

工事進行基準を採用している場合は、さらに次のような工事ごとの進行基準工事内訳表を作成します（141 ～ 143ページ設例参照）。

進行基準工事内訳表　　×年×月期

発注者＿＿＿　工事No.＿＿＿　工事名＿＿＿　工期　自　　至＿＿＿

	請負金	工事原価	工事損益	工事利益率	本店賦課金	支店賦課金	資金利息	純損益	純利益率
総　額									
既決算									
当期決算									
累計決算									
残工事									

こうして工事ごとに次のような決算仕訳をしていきます。

完成工事損益の決算仕訳

借方		貸方
完成工事未収入金 未成工事受入金	／	完成工事高
完成工事原価	／	未成工事支出金

捺印		完成工事損益計算書		×2年3月期	本支店 61	
発注者	×××	土木計	×××	建築計	原価差額	計
住所	××市××町		××市××町			
工事名称	№××××××		№××××××		9995	
工期 着工	×1－12－01		×1－01－01			
工期 完成	×2－02－30		×2－01－30			
(完成工事未収入金)	7,000,000	72,000,000	5,000,000	50,000,000		122,000,000
完成工事高	30,000,000	500,000,000	17,000,000	70,000,000		570,000,000
完成工事原価 材料費	5,000,000	240,000,000	2,300,000	23,000,000	0	263,000,000
完成工事原価 労務費	7,000,000	13,000,000	1,400,000	14,000,000	0	27,000,000
完成工事原価 外注費	13,700,000	180,000,000	11,600,000	16,000,000	0	196,000,000
完成工事原価 経費	3,300,000	37,000,000	300,000	3,000,000	500,000	40,500,000
完成工事原価 計	29,000,000	470,000,000	15,600,000	56,000,000	500,000	526,500,000
工事損益	1,000,000	30,000,000	1,400,000	14,000,000	－500,000	43,500,000
同率	3.3	6.0	8.2	20.0		7.6
進行基準工事						
脚注 本店賦課金	400,000	10,000,000	150,000	1,500,000	0	11,500,000
脚注 支店賦課金	1,000,000	18,000,000	200,000	2,000,000	0	20,000,000
脚注 資金利息	100,000	3,000,000	100,000	1,000,000	0	4,000,000
脚注 計	1,500,000	31,000,000	450,000	4,500,000	0	35,500,000
差引純利益	－500,000	－1,000,000	950,000	9,500,000	－500,000	8,000,000
同率	－1.7	－0.2	5.6	13.6		1.4

9 減価償却費の計上

有形固定資産のうち土地や建設仮勘定を除く、建物や機械等の償却資産については、期末において減価償却を実施しなければなりません。

1 減価償却の方法

減価償却とは、その取得価額を使用可能期間で収益に対応させて費用処理していくことです。この減価償却の方法には、定額法と呼ばれる方法と定率法と呼ばれる方法があります。

定額法とは、取得原価から残存価額（耐用年数経過時の処分価額）を差し引いた額をその耐用年数により均等に期間配分する方法です。

定率法というのは、毎期固定資産の帳簿価額に耐用年数内に償却するための一定率を乗じて期間の減価償却をする方法で、最初は多く、後になるほど少なく減価償却が計上されます（81ページ以下「13　減価償却累計額と減価償却費」参照）。

減価償却の方法

$$\text{定額法による減価償却} = \frac{（\text{取得価額} - \text{残存価額}）}{\text{耐用年数}}$$

$$\text{定率法による減価償却} = \text{帳簿価額} \times \text{一定率}$$

2 減価償却費明細表の作成

このような減価償却を実施するためには、固定資産台帳に基づき、毎期311ページのような減価償却費明細表が作成されなければなりませんが、今日ではほとんどの会社が電算システムで作成しています。そしてこれらの一件ごとの減価償却費明細表を基礎にして、次ページのような減価償却明細表の総括表を作成しています。

3 予定計上の修正

減価償却費の計上は、期中は通常予定原価で配賦されていきますが、期末には、前記のようにして計算された実際償却額に置き換えなければなりません。したがって、予定原価と実際償却額の差額は決算修正事項となります。

販売費及び一般管理費として処理される本店や支店の建物の償却費などは、その差額を販売費及び一般管理費の減価償却勘定で次のように計上することとなります。

（予定原価が少ない場合）	減価償却費	／	減価償却累計額
（予定原価が多い場合）	減価償却累計額	／	減価償却費

しかし、工事原価に配分した減価償却費の差額は原価差額の調整計算することとなります。これについては325ページの「15　原価差額の調整【上級】」において説明します。

4 無形固定資産、繰延資産の償却

無形固定資産となっているものの中にも、有形固定資産と同様、償却をしなければならないものがあります。

繰延資産においても、法令に従って償却計算をしなければならないものがあります。これらの資産の償却も有形固定資産の減価償却と同様、償却費明細表を作成するとともに、費用処理をするために、次のような決算仕訳を行います。

××償却費　／　無形固定資産（繰延資産）

機械装置

構築物

建　物

減価償却費明細表

×年×月×日現在

資料No.	名称	取得年月	取得価額	耐用年数	償却率	期首簿価	当期償却額	償却累計額	期末簿価
AB0001	本社建物		500,000,000	65	0.035	157,000,000	5,495,000	348,495,000	151,505,000
⋮									
計			702,540,000			271,005,000	11,542,030	443,077,030	259,462,970

（注）　減価償却費は通常月割で計上します。

有形固定資産の減価償却費明細表（総括表）

資産区分	取得価額	期首簿価	当期償却	償却累計額	期末簿価
建　物 構築物 ⋮	702,540,000	271,005,000	11,542,030	443,077,030	259,462,970
合　計	①	②	③	④	②−③、①−④

（注）特別償却を実施した場合は（　）書きせよ

当期償却額の処理
製　造　費　用　×××
販売費及び一般管理費　×××
営　業　外　費　用　×××

10 貸倒引当金の計上

金銭債権すなわち将来現金によって回収される債権は、回収不能となる可能性があることから、その回収不能見込額を計上するのが貸倒引当金です。

1 貸倒引当金の計上方法

貸倒引当金の計上方法には、次の３つの方法があります。

① 金銭債権１件ごとの回収可能性を判定して積み上げていく方法（個別法）

② 過去の経験率より金銭債権の期末残高に対して一定率で計上する方法（一括法）

③ 原則的に一括法で計上するが、明らかに回収不能と判断されるものについては、個別にさらに積み増す方法（折衷法）

貸倒引当金は、すべての金銭債権について、期末に個別法により貸倒引当金を計上するか否かを検討することは難しく、通常、一括法により税法上の繰入率により計上する場合が多いのですが、特に１件当たりの売上金額の大きな建設業にあっては、時として多額の貸倒れが発生する可能性があり、税法で認められた基準のほかに、有税（税務上費用として認めないこと）で貸倒引当金を個別に計上せざるを得ない場合もあります。したがって、**③の折衷法が妥当な計上基準といえます。**

KEYPOINT

① 完成工事未収入金等の営業債権については過去の実績率で貸倒引当金を計上する。
② 滞留している営業債権、破産債権、更生債権、財務内容の悪化している子会社貸付金等については個別基準で貸倒引当金を計上する。
③ 債権保全の実務としては、貸倒れが出そうな場合には完成した建物等の引渡しを保留する。

2 税務上の貸倒引当金

税務上認められている貸倒引当金の計上方法は、次のようなものです。

期末の実質的債権に対して一定率で計上する方法のほかに、回収の見込めない個々の債権に対しては個別に貸倒引当金を計上することができるようになっています。

期末の債権に対して一定率で繰り入れる貸倒引当金の繰入率は法定の繰入率による方法（資本金１億円以下である中小企業等（資本金が５億円以上の大法人が支配する会社を除く）の建設業は0.6%）と過去の実績率による方法が定められています。

この場合、繰入れの対象となる債権からは、預金・公社債等の未収利息、未収配当金、前払給料、材料代などの前渡金、債権償却特別勘定を計上した債権額などは除かれます。また、債権と債務が同一人に対してある場合の債務相当額などもこの貸倒引当金計上の計算基礎としての債権から除かれます。

（注）進行基準採用に伴う完成工事未収入金は、平成20年度の税制改正で貸倒引当金の対象債権となりました。

一般基準での貸倒引当金の計上

期末における実質的な貸金 ×（法定繰入率または 実績率）

（前払給料、債務と相殺できる債権などは除かれる）

債務者が債務超過の状態が相当期間継続（おおむね１年以上）し、事業の好転の見込みがなかったり、天災事故、経済事情の急変等により多大な損失を被った場合などは、債権が回収できなくなることが多く、回収見込みのない金額（実質的債権から担保等その他回収可能額を差し引いたもの）について個別に貸倒引当金を計上することができます。

個別基準での貸倒引当金の計上

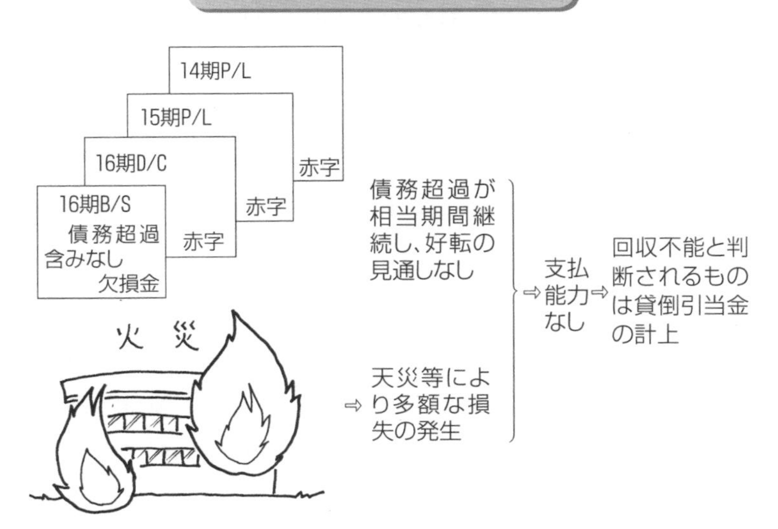

このほか債務者が次のような状態になった場合は、発生した日を含む事業年度（事実の発生を知った日がその事業年度の後の場合は知った日を含む事業年度）の終了日において、その債権者に対する貸金等の額のうち、その事実が発生した日の実質的債権から担保そ

の他により回収できる債権を差し引いた金額の50％相当額以内の金額を貸倒引当金として計上できます。

形式的に債権の50%以内を貸倒引当金に繰り入れられる場合

① (会社更生法または金融機関等の更生手続の特例等に関する法律の) 更生手続の開始申立てがある
② (民事再生法の) 再生手続開始の申立てがある
③ (破産法の) 破産の申立てがある
④ (会社法の) 特別清算の開始の申立てがある
⑤ 手形交換所において取引の停止処分を受ける

このような税法上の貸倒引当金の計上のほかに、たとえば、発注者の経営内容が悪化し、支払能力に疑問のある場合や、発注者の経営内容は特に悪くないが、施工上クレームを理由に支払いをしない場合など、貸倒引当金をとらなくてよいか、過年度売上高の修正をしなくてよいか検討しなければなりません。そして、必要があれば有税でも（税法上では損金算入が認められない場合でも）回収不能と判断されれば貸倒引当金を積み増さなければならないときがあります。

貸倒引当金の計上

期末において貸倒引当金の計上のために次のような貸倒引当金明細書、貸倒引当金計算書および控除額内訳表を作成しておくとよいでしょう。

貸倒引当金明細表

貸倒引当金		期首残高	当期増加額	当期減少額		期末残高	摘　要
				目的使用	その他		
税法基準	法定繰入率または実績率						
	個別引当金 ××㈱						
	計						
有税引当金 ××㈱							
計							

貸倒引当金計算書

科　　目	B/S 計上額	控 除 額	差引対象額	備　　考
受　取　手　形	×××	(A)×××	×××	
完成工事未収入金	×××	(B)×××	×××	
⋮				
計	×××	(S)××××	×××	

控除額内訳表

	支払手形	工事未払金	計
受　取　手　形 ××㈱ ××㈱			
	×××	×××	(A)×××
完成工事未収入金 ××㈱ ××㈱			
	×××	×××	(B)×××
計	×××	×××	(S)××××

3 貸倒引当金繰入額の処理

貸倒引当金繰入額は、その対象債権が完成工事未収入金、同業者立替金など営業上の取引に基づく債権である場合は、販売費及び一般管理費として営業用費用として処理されます。これに対し、貸付金等営業外の取引に基づく債権である場合は営業外費用として処理されます。また臨時多額（異常）な額は特別損失として処理されます。

貸倒引当金繰入額の処理

対象債権

対象債権	借方		貸方
営業上の債権…………	（販売費及び一般管理費） 貸倒引当金繰入額	／	貸倒引当金
営業外の債権…………	（営業外費用） 貸倒引当金繰入額	／	貸倒引当金
臨時多額（異常）な額…	（特別損失） 貸倒引当金繰入額	／	貸倒引当金

4 貸倒引当金の表示

貸倒引当金の表示方法は次の3つの方法がありますが、②の方法が一般的です。

貸倒引当金の表示方法

① 対象資産ごとに控除科目として表示
② 流動資産、固定資産の末尾にそれぞれ一括して控除科目として表示
③ 貸倒見積額を対象資産の金額より直接控除して表示し、控除額たる貸倒引当金を注記する。

5 貸倒れがあった場合の処理

貸倒れがあった場合の処理は次のようになります。

各事業年度末において、貸倒引当金設定の対象となった債権につき貸倒れの事実が発生したときは、まず貸倒引当金を充当し、貸倒引当金が不足の場合は「貸倒損失」として処理します。不足の原因が、対象債権の当期中の状況の変化による場合には、それぞれの債権の性格により販売費及び一般管理費（営業債権の場合）または営業外費用（貸付金等債権の場合）として処理します。また、その原因が計上時の見積誤差等によるもので、過年度損益修正に相当するものと認められるものは特別損失として処理します。

逆に、戻入額が発生した場合は原則として特別利益として処理します。僅少なら営業外収益としてもよいでしょう。

11 賞与引当金の計上【上級】

期末においては賞与引当金を計上しなければなりません。賞与は今日、儲かった会社が従業員に褒賞金として支払うというより、むしろ賃金の後払的な性格が強く、労働に対する対価として、支払時期より労働の提供を受けた期の費用として処理しなければなりません（こうした処理を発生主義による処理といいます)。

1 支給見込額の計上

賞与引当金は、税務上は損金算入が認められませんが、毎期支給見込額を計上することが原則です。３月決算会社で、12月支給（６月から11月分)、７月支給（12月から５月分）とするなら、３月期には前年12月から本年３月までの４ヵ月分を計上しますが、昨年の支給実績によるのではなく本年の業績を反映した支給見込額に基づき計上し、９月の中間期には６月から９月までの４ヵ月分を本年の支給見込額に基づき計上します。組合協定等によってほぼ確定に近い場合は「未払費用（賞与引当）」として処理し、６月決算会社等で期末において個人別に確定している場合は「未払金」となります。

2 賞与引当金の計上仕訳

賞与の発生主義による勘定処理は、その計上根拠により次のように仕訳されることになります。

賞与の発生主義による勘定処理

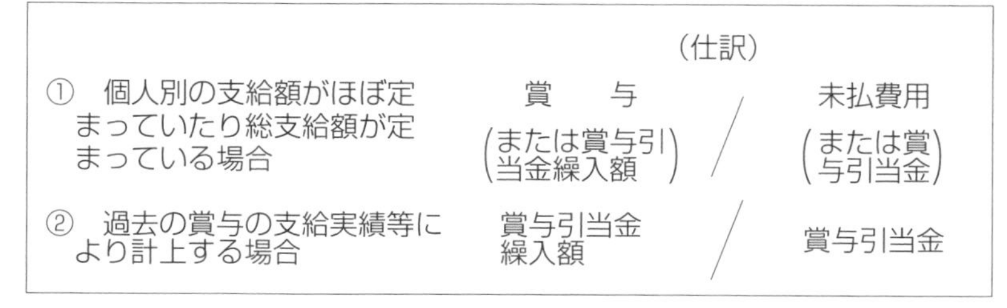

	（仕訳）	
① 個人別の支給額がほぼ定まっていたり総支給額が定まっている場合	賞　与 （または賞与引当金繰入額）	未払費用 （または賞与引当金）
② 過去の賞与の支給実績等により計上する場合	賞与引当金繰入額	賞与引当金

賞与は支払い時にはそれに見合う社会保険料が計上されるので、引当金の計上に見合う社会保険料も計上する必要があります。

翌期における実際支払額と賞与引当金との差額は翌年度の賞与として処理されますが、その原因が翌期の業績の変化や人数の増減などにあるのなら問題ありません。しかし、大きな差額が出てその原因が合理性的に説明できない場合は、決算操作とみなされる可能性がるので注意が必要です。賞与引当金の計上は決算に大きな影響を及ぼすので昨年度の支給実績や今年度の業績を加味して慎重かつ正確に査定して計上することが必要です。

12 退職給付引当金の計上【上級】

1 退職給付引当金とは

決算時に計上する引当金の中に「退職給付引当金」があります。

わが国の退職時に支払われる退職金は、労働協約等に基づいて、勤続期間において従業員が提供した労働の対価として支払われるもので、基本的には賃金の後払いのような性格のものです。また、同時に長期勤続者を相対的に優遇する支給倍率方式をとっていることが多いことから、勤続に対する功績報償および老後の生活保障などの性格も併せてもっているといえます。

企業は労働協約等に基づき、従業員の提供した労働に対応する退職金の支給義務を負っていることから、適正な期間損益計算を行うためには、退職金支払時ではなく、役務の提供を受けている期に発生主義により退職給付引当金を計上していかなければなりません。

「退職給付引当金」は、予想退職率のもと、年金を含む退職給付の総額のうち期末までに発生していると認められる額を現在価値に割り引いて、年金資産の期待運用実績等を加味して計上します。税務上は有税で損金処理は認められません。退職給付引当金は、退職率と現在価値への割引率および年金資産期待運用収益率によって大きく変動しますのでこれらの数値をどう見るかによって会社の計上すべき引当金は大きく変動します。

退職給付会計は数理計算が複雑なので、保険会社等に計算してもらいますが、ソフトを購入して自社で計算している会社も増えてきています。従業員が300人未満の会社では簡便法で期末要支給額を基準として、退職給与引当金を計上する方法も認められています。

KEYPOINT

退職給付引当金は①～③をどう見るかによって大きく変動する。

① 退職率
② 現在価値への割引率
③ 年金資産期待運用収益率

2 期末要支給額による計上

税法では、退職金は支払時に損金処理となり、退職引当金や退職給付引当金の損金処理は認められていませんが、計上が必要です。

従業員300人未満の会社で、簡便法で退職給付引当金繰入額を算出するためには、個人別に期末要支給額を計算した次のような明細表を作成して期末要支給額を計上します。

期末要支給額明細表

部門	人名コード	氏名	基準給与	支給率	加算	自己都合	支給率	加算	会社都合	前期末自己都合
合計						×××			×××	

期末要支給額基準による退職給付引当金繰入

期末要支給額発生限度額
　　＝当期末自己都合要支給額－
　　　　期末在職使用人の前期末自己都合要支給額

KEYPOINT

退職金は税法では支給時に費用としますが、今日の企業会計では税法が費用と認めるか否かにとらわれずに、負担すべき人件費として事前に引当金として計上します。また外部に拠出して費用処理する会社も増えてきています。

3 決算仕訳

退職給付費用の仕訳は次のようになります。

決算仕訳

退職給付費用 ／ 退職給付引当金

退職給付費用は、毎月予定計上している場合は、決算時においてその差額を調整計算して実際発生額に修正しなければなりません。その仕訳は次のようになります。

予定計上額が少ない場合
退職給付費用 ／ 退職給付引当金
予定計上額が多い場合
退職給付引当金 ／ 退職給付費用

こうした差額の調整については、325ページの「15　原価差額の調整【上級】」の項で説明します。

13 完成工事補償引当金の計上【上級】

決算にあたり完成工事補償引当金を計上しなければなりません。

完成工事補償引当金は、事後的に発生する工事の瑕疵（かし）補修等の費用を、売上を計上した期に合理的に見積り計上するもので完成工事原価として処理されます。

1 完成工事補償引当金の計上

完成工事補償引当金の合理的見積額は、完成工事1件ごとにその工事内容を吟味して積上げ計算をするか、過去の実績率（完成工事高に対する補修の発生率）により計上すべきですが、完成工事高の$\frac{1}{1,000}$を原則とし、特に多額の補修が見込まれる場合は追加計上する方法が多いようです。税法では、完成工事補償引当金は損金処理が認められません。

完成工事補償引当金の計上

① 当期の請負にかかる収益の合計 × 補修費の支出の割合

$$\text{補修費の支出の割合} = \frac{\text{当期前2年以内に開始した事業年度の請負にかかる補修費の合計額}}{\text{当期前2年以内に開始した事業年度の請負にかかる収益の合計額}}$$

② 当期の請負にかかる収益の合計額 × $\frac{1}{1,000}$

①②いずれかで算出し、毎期洗替えている会社が多い。

2 工事進行基準を採用している場合

完成工事補償引当金は完成引渡後の瑕疵担保に対する引当額ですので、工事進行基準を採用している企業の場合は調整計算をして完成基準ベースに修正して計上なければなりません。

工事進行基準を採用している場合

完成工事補償引当金の計上基礎となる当期完成工事高
＝当期完成工事高－進行基準による完成工事高＋進行基準最終決算による累計進行基準完成工事高

そのためには、進行基準工事内訳表（141 ～ 143ページおよび307ページ参照）を作成しておく必要があります。

3 決算仕訳

完成工事補償引当金繰入額は完成工事原価で処理され、経費の項目で補償費として処理されます。

決算仕訳

完成工事原価（経費）（補償費）／完成工事補償引当金

さて、完成工事補償引当金は本来、負債性引当金ですので、補償費の実際発生額はこの引当金を直接取り崩して処理すべきですが、一般には期末に洗替処理しています。

また、特定の工事について具体的に瑕疵（かし）補修の必要性が生じた場合は個別に見積り工事未払金に計上することが一般的です。

KEYPOINT

瑕疵（かし）補修対応
　発生した：工事未払金で必要額を計上する
　未 発 生：完成工事補償引当金で計上する

14 工事損失引当金の計上

受注工事にかかる将来の損失に備えるため、期末における未引渡工事の損失見込額を計上します。次年度完成する赤字工事は、その損失見込額を計上しなければならず、税務上は損金として認められず有税扱いです。134 ～ 136ページの設例を参照ください。

工事損失引当金繰入額は完成工事原価となります。

決算仕訳

完成工事原価（経費） ／ 工事損失引当金

15 原価差額の調整【上級】

賞与、退職給付費用、機械使用料、仮設材使用料、材料の払出価額、社内設計料など予定計上している額と実際発生額との差額は、原価差額として期末に調整計算をし、実際発生額に置き換えなければなりません。

工事原価として未成工事支出金へ、および期間費用として販売費及び一般管理費へ予定計上したこれらの項目は、通常予定計上時に次のような仕訳をしておきます。

借方		貸方	
未成工事支出金 （××工事） または 販売費及び一般管理費	／	仮受金	機械使用料 退職給付費用 賞与　etc.

これに対し、期中および期末において実際発生額を仮払金勘定にいったん振り替え、これと仮受金とを項目別に対比し、その差額（原価差額）を調整計算して実際発生ベースに置き換え、費用および原価処理をしなければなりません。

原価差額は次のように、その性質により、期間費用としての販売費及び一般管理費となるもの、工事原価としての未成工事支出金となるものと完成工事原価となるものに分かれます。

原　価　差　額	仮払金	仮受金	差額	配　賦　先		
				販売費及び一般管理費	工事原価	
					完成工事原価	未成工事支出金
賞　与　差　額	××	××	×	○	○	○
退職給付費用差額	××	××	×	○	○	○
機械使用料差額	××	××	×		○	○
仮設材使用料差額	××	××	×		○	○
社内設計料差額	××	××	×		○	○
⋮						

原価差額配分表

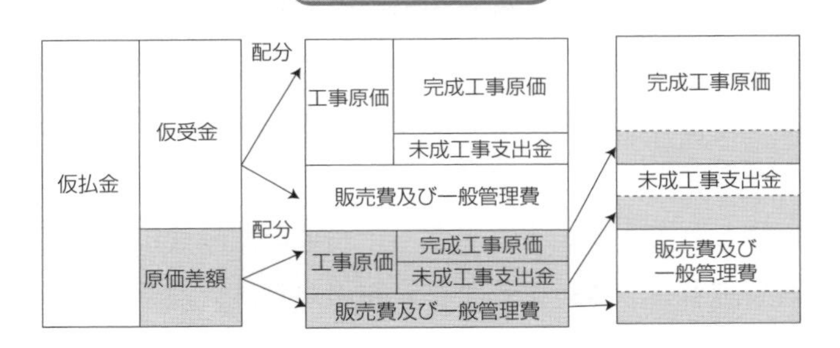

原価差額は、原則として、その項目ごとに予定計上額を基準に、販売費及び一般管理費、未成工事支出金、完成工事原価に（工事については個別工事ごとに）配分されるべきですが、実務的には、賞与や退職金については給料比あるいは人員比等により、まず販売費及び一般管理費と工事原価とに分けます。工事原価のうち、完成工事原価と未成工事支出金への配分は、原価差額調整前の完成工事原価と未成工事支出金との比率により一括配分する簡便法がとられているようです。また、機械使用料その他の原価差額も完成工事原価と未成工事支出金とにそれぞれの比率により一括配賦します。

工事原価に配分する原価差額をこうした簡便的な一括法で計算しますと、当期の完成工事原価に配分される原価差額は次のような式となります。

完成工事原価配賦額＝

$$\left(\text{当期発生工事原価差額}+\text{前期繰越原価差額}\right)\times\frac{\text{完成工事原価}}{\text{完成工事原価}+\text{未成工事支出金}}$$

原　価　差　額
賞　与

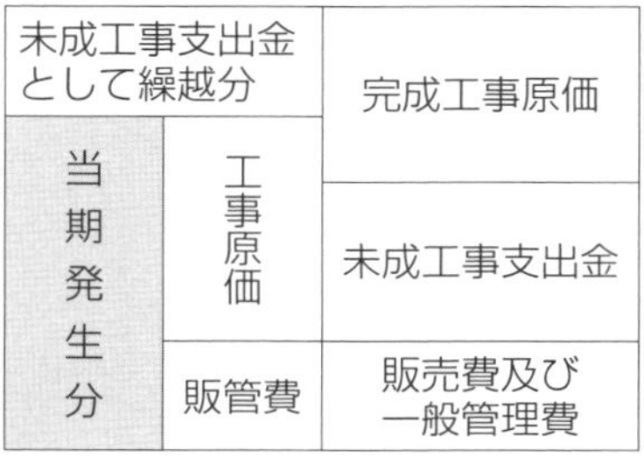

未成工事支出金として繰越分		完成工事原価
当期発生分	工事原価	未成工事支出金
	販管費	販売費及び一般管理費

原　価　差　額
機械使用料

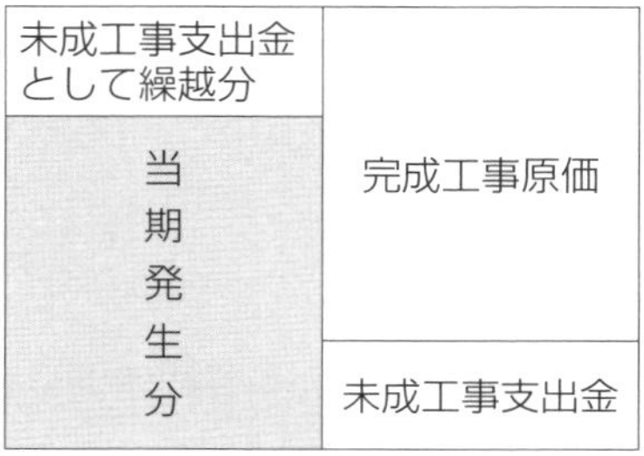

未成工事支出金として繰越分	完成工事原価
当期発生分	未成工事支出金

こうして計算された原価差額は、次のように仕訳されて、おのおのの勘定に配分されていきます。

予定配賦が少ない場合

借方	貸方
仮受金	機械使用料 退職給付費用 賞与
未成工事支出金 完成工事原価 販売費及び一般管理費	

借方	貸方
仮払金	機械使用料 退職給付費用 賞与

予定配賦が多い場合

借方	貸方
仮受金	機械使用料 退職給付費用 賞与

借方	貸方
仮払金	機械使用料 退職給付費用 賞与
未成工事支出金 完成工事原価 販売費及び一般管理費	

16 法人税・住民税及び事業税の計上

法人税・住民税及び事業税として処理される項目には、法人税と住民税（都道府県民税・市町村民税）および事業税があります。

1 法 人 税

法人税、いわゆる会社の儲けに対してかかる税金ですが、会社が計算した利益は個々の会社の処理の仕方により差異が生じます。そこで税法では、会社の計算した当期純利益をもとに、税法で定めた基準に従って損益を調整計算して課税することになります。

たとえば、減価償却費、完成工事補償引当金、貸倒引当金等を税法で定められた繰入限度額より多く計上している場合は、その超過額は税務上費用と認められませんので、税務計算上の利益は増えることとなります。あるいはまた、交際費を使いすぎても、税務上は一定限度額しか費用処理を認めませんから、その分、税務計算上の利益は増えることとなります。これとは逆に、他社からもらった配当金は、会社の損益計算では受取配当金として収益の中に入っていますが、税法では益金不算入といって収益とならないような部分もあります。

こうして計算された利益（税法ではこれを所得といいます）に一定の税率がかけられて税額が決まりますが、税率は法人の区分と所得額によって異なっています。法人税の計算は法人税申告書によって計算します。

2 住民税

住民税は、住んでいる都道府県や市町村に対して納める税金で、均等割（利益の多少にかかわらず資本金や人数によって課せられる税金）と法人税割（法人税額を課税標準として課せられるもの）の両方があります。各都道府県や市町村によって金額や税率が異なることがあります。また、いくつかの市町村にわたって事業所がある場合は、課税標準となる法人税額をそれぞれの県や市にある事業所の従業員数で按分した額を基準として法人税割を計算します。

3 事業税

事業税は事業を営む会社が都道府県に納める税金で、課税の対象になるのは、均等割と所得に対して課税される所得割があります。

資本金１億円超の会社は①付加価値割と②資本割と③所得割で課税されます（外形標準課税）。

事業税は法人税・住民税と合わせて表示します。税務上は、支払ったときに損金として処理をするので納付見込額を発生主義により計上した事業税は、税務上は、損金として認められません。

KEYPOINT

節税のため減資して、資本金1億円以下にする会社もあります。

4 決算仕訳

法人税等は、建設業においては次のような仕訳をします。「法人税・住民税及び事業税」は税引前当期純利益より控除され、「未払法人税等」は流動負債として処理されます。

決算仕訳

法人税・住民税及び事業税	／	未払法人税等
↓		↓
税引前当期純利益より控除		流動負債として処理

17 税効果会計（繰延税金資産等の計上）【上級】

税法では、税務上の損金処理限度額が決められているので、会社の決算での損益計算と税務上の損益計算は異なります。

従来は、会社計算結果としての「税引前当期純利益」から税務計算による調整計算（申告調整という）を行い、税法計算での利益（課税所得という）を算出し、納税額を算出し、これを「法人税・住民税及び事業税」として計上して、「当期純利益」を算出していました。したがって、「税引前当期純利益」と「法人税・住民税及び事業税」との関係は直接的対応関係がないままに「当期純利益」が算出されていました。税効果会計はこうした、「会社計算上の損益計算」と「税務計算上の損益計算」の差異によって生じる「法人税・住民税及び事業税」の納付額を「**繰延税金資産**」勘定や「**繰延税金負債**」勘定を使って貸借対照表で期間調整し、会社計算上の利益に対応する「法人税・住民税及び事業税」を損益計算書で計上し当期純利益を算出するものです。

なお、「繰延税金資産」と「繰延税金負債」の表示は、相殺して「投資その他の資産」または「固定負債」に表示します。

KEYPOINT

会社決算と税務上の課税所得の計算との差異調整が生じる主な勘定

① 有税で計上している退職給付引当金
② 有税で計上している賞与引当金
③ 有税で計上している貸倒引当金
④ 有税で計上している有価証券評価損益
⑤ 有税で計上している減価償却費
⑥ 有税で計上している固定資産の評価損益

税効果会計の設例による説明

	会社計算	税務計算	税効果会計	
税引前当期純利益	1,000	1,400		1,000
法人税・住民税及び事業税	700	700	700	
法人税等調整額			−150	550
当期純利益	300			450

会社計算の税引前当期純利益が1,000で、会社計算と税務計算との税引前当期純利益に400の差があり、税率を50%とした場合、税務上の利益は1,400となり、税額は700（＝1,400×50%）となります。従来はこの税金700を会社計算の損益計算書で計上しましたので当期純利益は300（＝1,000－700）となりました。

税効果会計では、会社計算上の利益と税務計算上の利益400の差額のうち、賞与引当金や退職給付引当金や有税の貸倒引当金などのように当期の計上額が税法の限度を超えていても、将来支払い時あるいは貸倒れが確定した時に税法上の費用と認めるような有税処理ものが300あれば、これに対応する税額150（＝300×50%）を「法人税等調整額」として控除し、貸借対照表の「**繰延税金資産**」へ計上します。

その結果、当期の損益計算書に計上される税額は550（＝700－150）となり、当期純利益は450（＝1,000－550）となります。この繰延税金資産は将来税務上で損金処理が認められたとき取り崩します。

なお繰延税金資産は、赤字が見込まれ、納付する税金が出ないような会社では計上できません。

KEYPOINT

税法で損金算入を認められないものを有税で費用処理するような会社は、税効果会計を採用して適正な期間損益計算をしなければなりません。
ただし、繰延税金資産は将来確実な課税所得が生じる会社でないと計上できません。

18 事業所税の計上

事業所税は東京、大阪、名古屋などのほか、指定された都市に事業所、事務所をおく会社について、床面積割や給与総額割で課せられる税金で、販売費及び一般管理費（租税公課）として処理します。税務上は支払時に損金算入となります。

未払事業所税の計上仕訳は次のようになります。

決算仕訳

事業所税	／	未払事業所税
↓		↓
販売費及び一般管理費として処理		流動負債として処理

19 消費税の計上

消費税を税抜処理で仕訳している場合は、仮払消費税と仮受消費税を相殺し納付額があれば未払消費税に振り替えます。また還付請求の場合は、未収消費税に振り替えます。

決算仕訳

納付がある場合

仮受消費税	100	仮払消費税	80
		未払消費税	20

還付がある場合

仮受消費税	80	仮払消費税	100
未収消費税	20		

消費税を税込方式で仕訳している場合は、令和元年10月１日以降は税込金額の10/110（ただし軽減税率対象品目の場合は８/108）が消費税額になり、販売税額が仕入税額より大きければ納付額を未払消費税として計上します。納付額がマイナスになるときは、未収消費税勘定をたてて還付請求をします。

租税公課（消費税）	20	未払消費税	20
	または		
未収消費税	20	租税公課（消費税）	20

20 保証債務、担保差入資産等の調査

1 残高確認

期末において保証債務の調査をします。保証債務は、割引手形、裏書手形および子会社や取引先等が、銀行等より借入れをする場合、会社がその支払いを保証するものですが、割引手形、裏書手形は手形台帳により管理し、借入れ等の保証は実行時より保証債務の管理簿を作成するとともに、期末にあたっては保証債務の明細表を作成します。そして、割引手形や借入保証は、銀行より保証債務残高証明書をとります。借入保証の保証債務残高証明書は、A社がB社のC

社からの借入れを保証をしている場合、保証人A社が銀行等C社より直接とる場合と、保証を受けているB社が銀行等C社よりとって保証人A社に送付する場合があります。

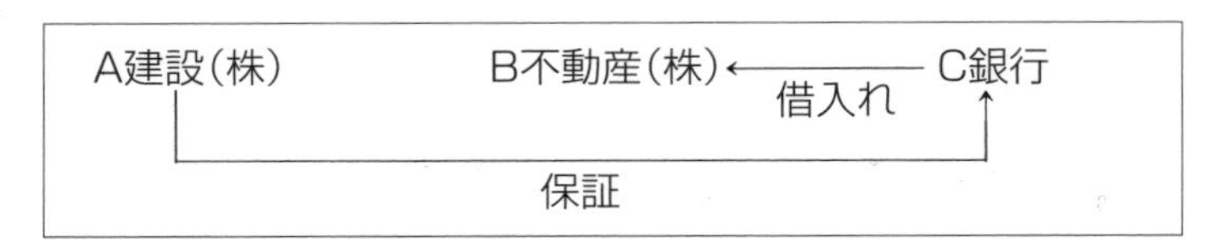

保証人A社が直接銀行等C社よりとる保証債務の残高証明書は、次のような様式がよいでしょう。

保証債務残高証明依頼書

令和X2年4月5日

株式会社C銀行

××支店御中

××市××町××

A建設株式会社

××××㊞

令和X2年3月31日現在における弊社のB不動産株式会社に対する保証債務残高は下記の通りであることを御証明願います。

記

件　　数㊞　×　件

保証金額㊞××××円

上記の通り相違ないことを証明いたします。

令和X2年4月8日

××市××町××

株式会社C銀行

××支店㊞

これに対し、B社がC社よりとり、A社に送付してくる場合、B社の借入金の残高証明書であることが多く、保証していない分が入りA社の保証債務の残高証明書としての意味をもたない場合が多いことから、次のような様式の「保証債務の残高証明書」をB社がとり、A社に送付するのがよい方法です。

残高証明依頼書

令和X２年４月５日

株式会社Ｃ銀行

××支店御中

××市××町××

Ｂ不動産株式会社

××××㊞

保証人Ａ建設株式会社が保証債務額確認のために、令和X２年３月31日現在同社の連帯保証による弊社借入金残高は下記の通り相違ないことを御証明願います。

記

件　　数㊞　×　件

保証金額㊞××××円

〜〜〜〜〜〜〜〜〜〜〜〜〜〜〜〜〜〜〜〜

上記の通り相違ないことを証明いたします。

令和X２年４月８日

××市××町××

株式会社Ｃ銀行

××支店㊞

保証債務残高は貸借対照表の脚注に必ず注記しなければなりません。

2 担保明細の作成

こうした注記事項の１つに担保があります。担保差入資産は、資産の種類別に、その簿価を担保権設定の原因となった債務と対応させて次のように計上していきます。

担保に供している資産			抵当権設定の原因
科　目	摘　　要	期末簿価	
預　　金	××銀行××支店定期預金 ⋮　　⋮	×××	××銀行××支店長期借入金
	計	×××	
有価証券	××株式　№××～×× ⋮　　⋮	×××	××銀行××支店長期借入金
	計	×××	
建　　物			

21 外貨建債権債務等の換算その他について

外貨建債権債務は期末に決算日レートで換算しなければなりません。したがって、すべての外貨建債権債務を抜き出し、これを通貨別・勘定科目別に集計表を作成し、換算替えをします。その様式には次ページのようなものがあります。

外貨建資産・負債一覧表

決算日レート(¥)	100	××	××	
(通貨単位)	(U.S ドル)	(香港ドル)	(イランリアル)	(計)
現　　金	(50) 5,000	(　)	(　)	
預　　金	(1,000) 100,000	(　)	(　)	
完成工事未収入金	(20,000) 2,000,000	(　)	(　)	
資　産　計	(250,000) 25,000,000	(　)	(　)	
工事未払金	(400) 40,000	(　)	(　)	
短期借入金	(500) 50,000	(　)	(　)	
負　債　計	(20,000) 2,000,000	(　)	(　)	

期末の換算替えについては266ページ「3　決算時の会計処理」で述べましたのでここでは省略しますが、為替損益は営業外損益として次のように仕訳します。

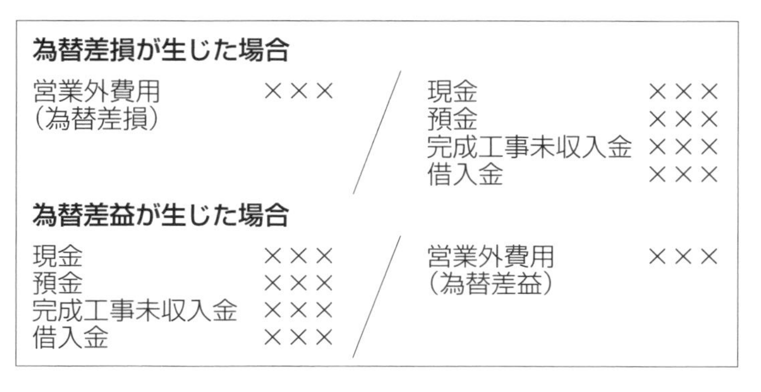

為替差損と為替差益は最終的に相殺して勘定残高をどちらか1つに絞ります。

22 決算修正仕訳後の試算表の作成と補助簿の締切り

以上のような手続により、資産、負債、収益、費用の決算修正項目を仕訳したら、修正後の試算表を作成します。そして、貸借が一致することを確かめたうえ、補助簿を締め切ります。

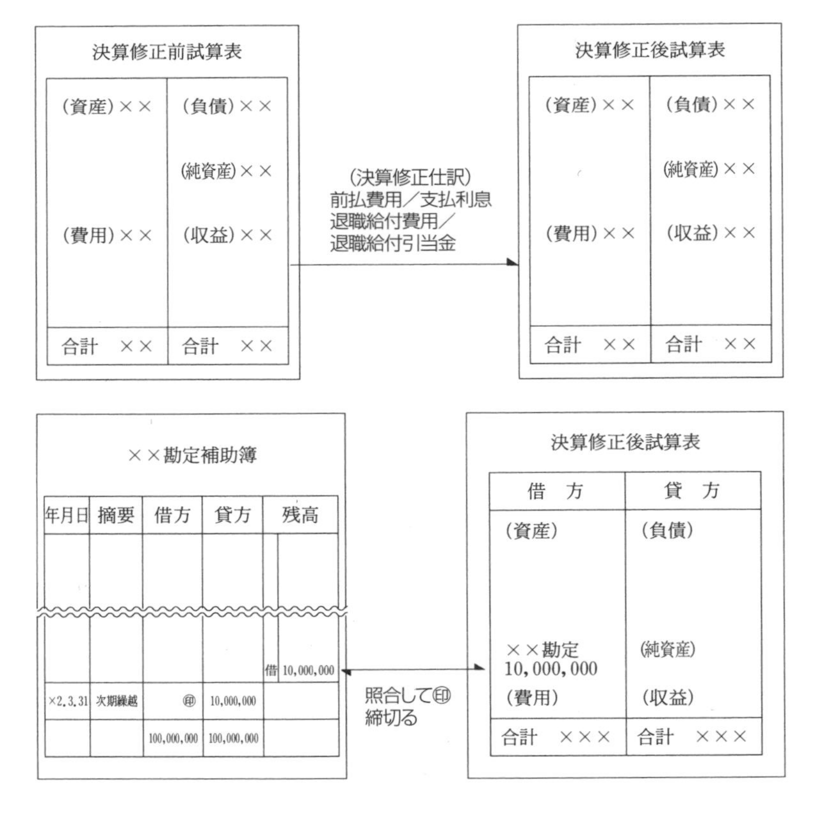

補助簿の締切りにあたっては責任者が査閲したうえで、帳簿の期末勘定残高に確認済の検印を押します。

23 損益項目の損益勘定への振替え

以上のような一連の決算手続を終えたならば、決算修正後の試算表より損益項目について損益勘定に振り替えます。これが損益計算書となります。今日これらはすべて電算処理によって自動的に作成されます。

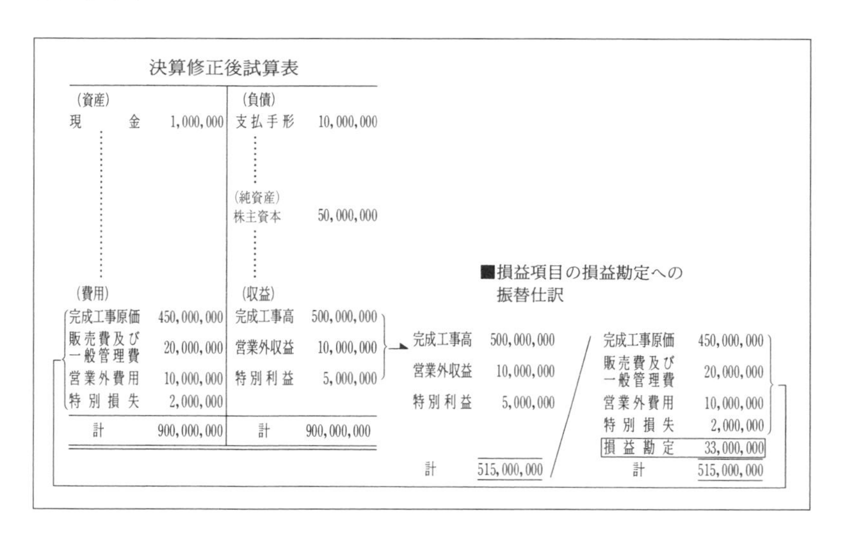

決算修正後試算表

(資産)		(負債)	
現　金	1,000,000	支払手形	10,000,000
⋮		⋮	
		(純資産)	
		株主資本	50,000,000
⋮		⋮	
(費用)		(収益)	
完成工事原価	450,000,000	完成工事高	500,000,000
販売費及び一般管理費	20,000,000	営業外収益	10,000,000
営業外費用	10,000,000	特別利益	5,000,000
特別損失	2,000,000		
計	900,000,000	計	900,000,000

■損益項目の損益勘定への振替仕訳

完成工事高	500,000,000	完成工事原価	450,000,000
営業外収益	10,000,000	販売費及び一般管理費	20,000,000
特別利益	5,000,000	営業外費用	10,000,000
		特別損失	2,000,000
		損益勘定	33,000,000
計	515,000,000	計	515,000,000

支店の場合は損益勘定を本社につけ替えます。したがって、上記仕訳の「損益勘定」の部分が「本社勘定」となります。

24 支店ベースの損益計算書・貸借対照表の作成

さて、決算修正後試算表より損益項目を損益勘定に振り替えれば、損益勘定は損益計算書となり、損益勘定振替後の試算表は貸借対照表となります。この損益計算書や貸借対照表は、社内の勘定規定によった勘定分類のもとに一定期限（決算の翌月15日前後）までにそれぞれ支店ごとに作成し本店に送付されます。

25 全社ベースの損益計算書・貸借対照表の作成

支店から提出された損益計算書と貸借対照表は、本店で集計されます。

本店では、この支店の決算書および同時に送られてくる法人税等の計算資料をもとに、未払法人税等、繰延税金資産等、貸倒引当金、完成工事補償引当金等の計算をし、これを本社の最終決算仕訳により、本社の試算表で処理し、本社の損益計算書と貸借対照表を作成し、これを支店の分と合計して、全社ベースの損益計算書と貸借対照表を作成します。

今日これらはすべて電算処理によって作成されます。

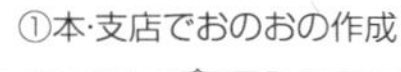

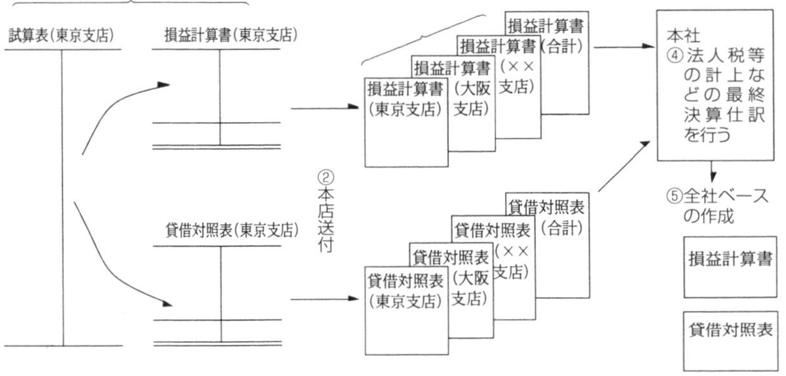

本・支店別損益計算書

	合　計	本　社	××支店	××支店	××支店
完成工事高					
完成工事原価					
完成工事利益					
販売費及び一般管理費					
営業利益					
営業外収益					
受取利息					
雑収入					
⋮					
税引前当期純理益					
法人税及び住民税					
当期純利益					

本・支店販売費及び一般管理費内訳表

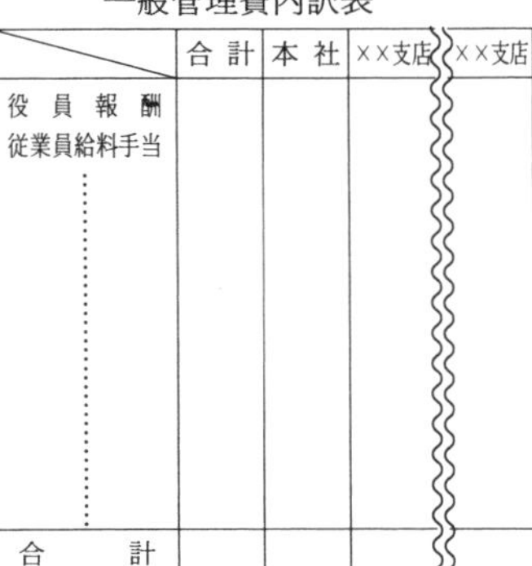

	合　計	本　社	××支店	××支店
役員報酬				
従業員給料手当				
⋮				
合　計				

本・支店貸借対照表

	合　計	本　社	××支店	××支店	××支店
流動資産					
現　金					
預　金					
⋮					
資産の部合計					
流動負債					
支払手形					
⋮					
負債の部合計					
資本金					
⋮					
純資産の部合計					
負債純資産合計					

26 増減残高の説明資料の作成や組替資料の整備

こうして全社ベースの損益計算書と貸借対照表ができたら、その個々の項目について増減分析を行い、説明のための資料の準備を行わなければなりません。前期比較の増減分析表は次ページのような様式となりますが、主な項目については、増減明細表を作成したり、工種別あるいは施主別に分類した期間比較あるいは予算比較の工事損益表を作成しておく必要があります。

こうした増減分析のほかに、関係会社との債権、債務や収益および費用の調査、取締役、監査役に対する債権債務残高なども調査しておかなければなりません。

それはこれらについて、後に述べるように脚注表示あるいは科目別掲記が要求されているからです。

たとえば、関係会社債権債務一覧表等は、345ページのように、親会社、子会社、関連会社に分けておくとよいでしょう。

本社でこうした増減明細表および残高一覧表を作成するためには、事前にその資料の送付を支店に通知しておく必要があります。たとえば、販売費及び一般管理費前期比較表や予算比較表を作成するためには、支店においてそれぞれの項目について前期比較や予算比較をし、その主な増減の理由を記載した書類を本店に提出する必要がありますし、また、関係会社などに対する債権債務や取引もその金額の記載に誤りがないか、十分に支店ベースで確認したうえで、本社に資料を提出させる必要があります。その様式は事前に決めておくことによって本店での書類作成時間をかなり短縮することができます。その様式は、本店で作成する書類の様式と同じ様式で支店から書類をとるようにするのがよいでしょう。

損益計算書前期比較　（単位：千円）

貸借対照表前期比較　（単位：千円）

科　目	X１年３月末	X２年３月末	比較増減	摘　要
（資産の部） 流動資産	（×％）	（×％）	（×％）	
現金預金 受取手形 ⋮	（×％） （×％）	（×％） （×％）	（×％） （×％）	
固定資産 有形固定資産	（×％）	（×％）	（×％）	
建　物 ⋮ 無形固定資産	（×％）	（×％）	（×％）	
⋮ 投資等	（×％）	（×％）	（×％）	
⋮ ⋮				
資産合計	（100％）	（100％）	（×％）	

純資産の部

有価証券増減明細表

	期首残高	当期増加	当期減少	期末残高
株　式 社　債 ⋮				
計				

当期増加の内訳					当期減少の内訳				
年月	銘　柄	株　数	金　額	備　考	年月	銘　柄	株　数	金　額	備　考
計					計				

有形固定資産増減明細表

資産の種類	取得価額				減価償却累計額	差引期末帳簿価額
	期首残高	当期増加	当期減少	期末残高		
建物 構築物 ⋮						
計						

当期増加の主な内訳					当期減少の主な内訳				
資産の種類	年月	資産の名称等	取得金額	備考	資産の種類	年月	資産の名称等	取得金額	備考
建物 ⋮ その他小口		××× ×××							
計					計				
構築物									

完成工事損益増減表

（　）増減率　（単位：千円）

	完成工事（　）構成比率			完成工事原価（　）原価率			摘要
	X1/3期	X2/3期	増減	X1/3期	X2/3期	増減	
土木	(50%) 100,000	(47.8%) 110,000	(10%) 10,000	(89%) 89,000	(86.4%) 95,000	(6.7%) 6,000	
建築	(50%) 100,000	(52.2%) 120,000	(20%) 20,000	(91%) 91,000	(89.2%) 107,000	(17.6%) 16,000	
国内							
海外							
民間							
官庁							

販売費及び一般管理費前期比較表

費目	前期	今期	増減	摘要
役員報酬 従業員給料手当 ⋮ 雑費				
合計				

関係会社債権債務一覧表

会社名			親会社	××㈱	子会社計	××㈱	××㈱		関連会社計	関係会社合計
債権	短期	完成工事未収入金								
		受取手形								
		⋮								
		計								
	長期	長期貸付金								
		⋮								
		計								
		合計								
債務	短期	支払手形								
		工事未払金								
		⋮								
		計								
	長期	長期借入金								
		⋮								
		計								
		合計								

関係会社との取引（収益および費用）一覧表

科目		合計	本社	××支店	××支店	××支店
完成工事高	××㈱					
	親会社					
	××㈱					
	××㈱					
	子会社計					
	××㈱					
	××㈱					
	関連会社計					
	関係会社合計					
仕入高	××㈱					
	親会社					
	××㈱					
	××㈱					
	子会社計					
	××㈱					
	××㈱					
	関連会社計					
	関係会社合計					

27 金融機関への説明のポイント

金融機関から借入れをしている場合、決算書と税務申告の提出を求められ、主な内容およびその増減について質問されます。

建設業は、赤字決算では公共工事が受注できなくなるので受注のために、財務内容がよくみえるように粉飾する場合があります。建設業は倒産する会社が多く、金融機関の自己査定では「破綻懸念先」という目でみられがちです。したがって完成工事損益の内訳、手持工事の内容と採算、販売費及び一般管理費の内訳、貸付金の内容等かなりの資料の提出を求められます。こうした資料は増減分析をしてしっかり説明できるようにしておく必要があります。

銀行　「工事利益率が悪化しましたネ？」
会社　「はい。１件工事中に台風が来て15%の赤字工事となったことが工事利益率悪化の原因です。」

銀行　「受取手形が前期比較50百万円も増加していますね？」
会社　「はい、期末に完成したマンションの引渡しがあり、最終代金を４ヵ月手形で受け取ったものです。すでに期日に入金されております。(期日に20百万円手形が書換えになりましたが未売却のマンション１部屋を担保としてとっています。)」

こうした回答が「すぐにできるか」が非常に重要なことです。

金融機関への説明のための注意事項

① 前期比較、予算比較し、主な増減説明の資料を作成しておく。

② 「滞留している資産や不良資産はないか」という質問に対して回答を準備しておく。

③ 会社の技術力・営業力をアピールできるような工事の施行実績表を作成しておく…写真を付した工事内容（工事名・施主・工期・受注金額等）の資料を作成しておく。
（注）写真は写す角度でかなり印象が変わるので注意する。

④ 手持ち工事の中身や今後の受注見込みや損益見込みなどについて説明資料を準備しておく。

⑤ 欠損金があり、資金繰りが苦しく、役員からの借入金（負債）等がある場合（現状では役員への返済不能）は、とくに破綻懸念先とみられますので「役員借入金を増資に切り替えて純資産の増加を図る」等財務内容の改善策を検討する。

⑥ 役員貸付金がある会社は、会社の資金を役員が私的に流用している「公私混同のある会社」とみなされ、経営者の評価が下がるので期末は返済しておくことが必要。

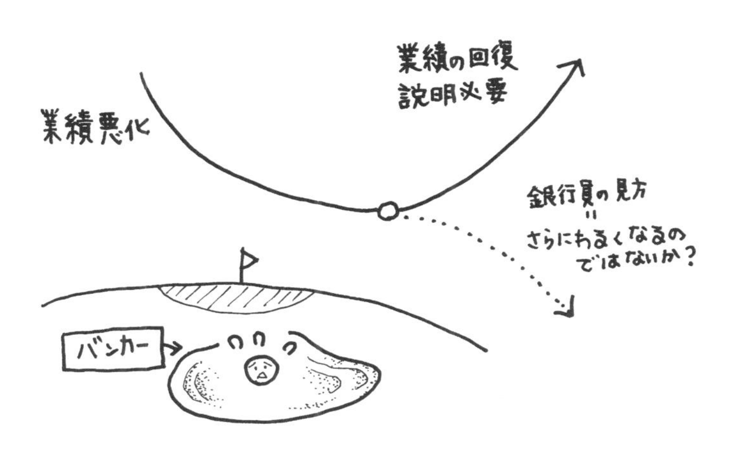

KEYPOINT

建設業の決算に重要な影響を及ぼす事項

次のような決算項目については特に注意が必要です。

① 完成工事と未成工事の区別
② 完成工事高の予定計上
③ 完成工事原価の予定計上
④ 進行基準工事の利益率
⑤ 赤字工事の工事損失引当金の計上
⑥ 賞与引当金の計上
⑦ 退職給与引当金の割引率・期待運用収益
⑧ 貸倒引当金の計上
⑨ 減損を計上すべき含み損はないか
⑩ 繰延税金資産等を含む法人税等の計上

Ⅸ　決算書の作成

いよいよ決算書の作成です。
この章では、提出先により、どのような財務諸表を作成したらよいか、その根拠となる法規と様式等について説明します。

1 財務諸表の作成と関連法令・諸規則

さて、いよいよ外部に公表される財務諸表（貸借対照表、損益計算書、株主資本等変動計算書等）の作成です。

財務諸表はその提出先により、若干様式が異なります。株主へ提出する財務諸表、証券取引所あるいは内閣総理大臣へ提出する財務諸表、国土交通大臣あるいは都道府県知事へ提出する財務諸表、これらはそれぞれ法令、諸規則により、その会計処理や様式について定めています。

ここではそうした法令、諸規則にはどのようなものがあるのか簡単に説明しましょう。

1 企業会計原則

企業会計の実務の中に慣習として発生したものの中から、一般に公正妥当と認められたところを要約したものであって、必ずしも法令によって強制されないでも、すべての企業がその会計を処理するにあたって従わなければならない基準です。

会社の決算は、多くの、会社をとりまく人々に関心をもたれています。

株主は、利益が多ければ配当も多くなるので、会社の利益獲得能力、収益力に強い関心をもっています。

債権者、銀行などは、財務内容、特に多くの含み資産があるか、資本が多く、安心してお金を貸せる健全な会社であるかに関心があります。

税務署は、脱税していないか、納める税金が少なくないかと常に目を光らせています。

官公庁は、財務内容の善し悪しとともに工事の施工実績や施工能力に関心をもっています。

会社の決算は、その会計処理の仕方1つで損益が大きく増減します。したがって、こうした利害関係者の利害を調整し、一般に公正妥当と認められた会計処理および手続の基準が必要となってきます。それが企業会計原則です。

2 会社法・会社法施行規則および会社計算規則

会社法のもとでは決算書として、「貸借対照表・損益計算書・株主資本等変動計算書・注記表および事業報告書並びにこれらの附属明細書」を作成します。

会社法で作成
貸借対照表
損益計算書
株主資本等変動計算書
注記表
事業報告書
附属明細書

会社法では、株主総会の決議なしに一定の範囲内で、一事業年度内に何回でも配当等ができます。この配当等は貸借対照表の株主資本等変動計算書の繰越利益剰余金の減少として記載されます。損益計算書は当期純利益まで算出し、その結果が株主資本等変動計算書の繰越利益剰余金の増減として記載されます。株主資本等変動計算

会社法の計算書類等の相互関係

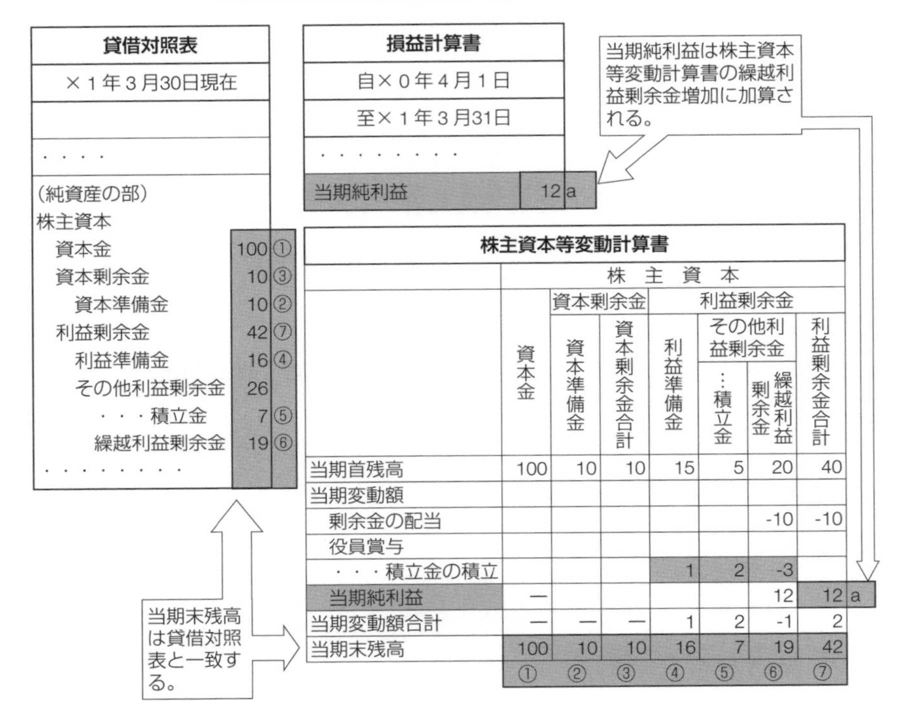

株主資本等変動計算書

	株主資本						
		資本剰余金		利益剰余金			
	資本金	資本準備金	資本剰余金合計	利益準備金	その他利益剰余金 …積立金	その他利益剰余金 繰越利益剰余金	利益剰余金合計
当期首残高	100	10	10	15	5	20	40
当期変動額							
剰余金の配当						-10	-10
役員賞与							
・・・積立金の積立				1	2	-3	
当期純利益	―					12	12 a
当期変動額合計	―	―	―	1	2	-1	2
当期末残高	100	10	10	16	7	19	42
	①	②	③	④	⑤	⑥	⑦

書の期末残高は貸借対照表の純資産残高と一致します。

3 建設業法施行規則

建設業法によれば、建設業法に定める建設業者である株式会社が、毎期、国土交通大臣または都道府県知事に提出する財務諸表は、「建設業法施行規則」の定めによって処理することとされています。

建設業法施行規則は、貸借対照表、損益計算書、完成工事原価報告書、株主資本等変動計算書、および注記表に関する書類の様式、さらに勘定の分類の仕方を定めています。建設会社の会社法による計算書類もほぼこの様式と同じですので、その様式については後で説明します。

4 財務諸表等規則

上場会社などが「金融商品取引法」の規定により内閣総理大臣や証券取引所に提出する財務諸表は、「財務諸表等の用語、様式及び作成方法に関する規則」(一般に「財務諸表等規則」という）によっていなければなりません。この財務諸表等規則において定めのない事項については、一般に公正妥当と認められる企業会計の基準に従うこととされています。

この規則には、「財務諸表等の用語、様式及び作成方法に関する規則の取扱に関する留意事項について」（一般に「財務諸表等規則ガイドライン」という）があり、財務諸表等規則の様式等について詳しく解説しています。

建設業を営む株式会社が金融商品取引法の規定により提出する財務諸表については、一部の条文については適用が除外され、建設業法施行規則に従うこととなりますが、「建設業を営む会社に対する財務諸表等の用語、様式及び作成方法について」（蔵証1837号）により後に述べるように、引当金の繰入額の表示や有形固定資産の表示等については財務諸表等規則に従った処理を要求しています。

5 税　　法

税法は、法人税法、法人税法施行令、法人税基本通達などにより細かく課税所得の計算について規定しています。会社の損益計算と税法で定めた所得計算の差は、会社の計算をベースとして申告書において加算減算をして調整し、税法上の課税対象となる利益を算出します。したがって、特に税法に基づく決算書を作成する必要はありません。

税務申告書の提出は、決算終了後２ヵ月以内ですが、例外として、資本金５億円以上または負債総額200億円以上の大会社は、税務署長の承認により申告期限を１ヵ月延長できるとされています。

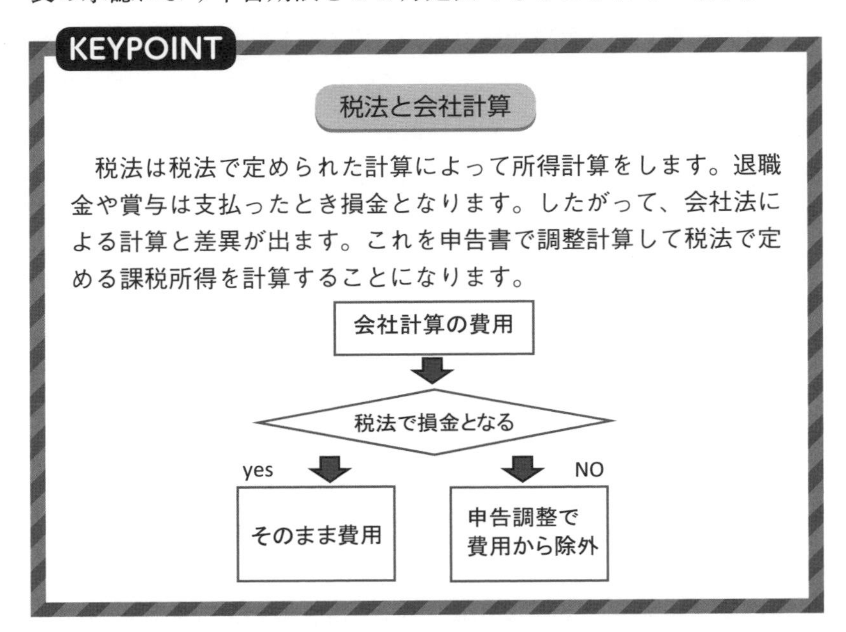

2 建設業法施行規則に基づく財務諸表等の様式

建設業法に定める建設会社が毎年国土交通大臣または都道府県知事に提出する財務諸表等の様式は、平成18年５月１日に施行された会社法および会社計算規則に合わせて平成18年７月７日、平成20年１月31日および平成22年２月３日に改正されました。

そして平成22年４月１日より、勘定科目として「リース資産」、「リース債務」が追加され金融商品、賃貸不動産の時価評価に関する注記等が追加になり、平成23年の「会計上の変更及び誤謬の訂正に関する会計基準」の制定等による財務諸表の作成方法の変更に伴い、平成25年２月、平成26年10月および令和４年３月31日に建設業法施行規則に基づく財務諸表等の様式が一部改正され、財務諸表のひな形は次ページ以降のようになりました。

主な改正は次のとおりです。

① 貸借対照表の流動資産の繰延税金資産、流動負債の繰延税金負債の勘定がなくなり、記載要領13でその説明が入りました。

② 株主資本等変動計算書の資本金の区分の次に「新株式申込証拠金」の欄が加わりました。

③ 注記表の４に「4-2 会計上の見積り」の項目が加わり、「８ 損益計算書関係（1）工事進行基準による完成工事高」の項目が削除されましたが、「17-2 収益認識関係」が加わり、具体的に記載要領注２において顧客との契約に基づく義務の内容や義務に係る収益の認識時点等の記載を要求し、また注 4-2 および注17-2 において、新たな収益認識基準に記載すべき内容が示されました。

様式第15号（第４条、第10条、第19条の４関係）

（用紙A4）

貸　借　対　照　表

令和　　年　　月　　日現在

（会社名）＿＿＿＿＿＿＿＿

資　産　の　部

		千円
Ⅰ　流動資産		
現金預金		----------
受取手形		----------
完成工事未収入金		----------
有価証券		----------
未成工事支出金		----------
材料貯蔵品		----------
短期貸付金		----------
前払費用		----------
その他		----------
貸倒引当金		△＿＿＿
流動資産合計		----------
Ⅱ　固定資産		
(1)　有形固定資産		
建物・構築物	----------	
減価償却累計額	△＿＿＿	----------
機械・運搬具	----------	
減価償却累計額	△＿＿＿	----------
工具器具・備品	----------	
減価償却累計額	△＿＿＿	----------
土　地		----------
リース資産	----------	
減価償却累計額	△＿＿＿	----------
建設仮勘定		----------
その他	----------	
減価償却累計額	△＿＿＿	＿＿＿
有形固定資産計		----------
(2)　無形固定資産		
特許権		----------
借地権		----------
のれん		----------

リース資産	----------
その他	――――
無形固定資産計	----------
(3) 投資その他の資産	
投資有価証券	----------
関係会社株式・関係会社出資金	----------
長期貸付金	----------
破産更生債権等	----------
長期前払費用	----------
繰延税金資産	----------
その他	----------
貸倒引当金	△
投資その他の資産計	――――
固定資産合計	----------
Ⅲ 繰延資産	
創立費	----------
開業費	----------
株式交付費	----------
社債発行費	----------
開発費	――――
繰延資産合計	――――
資産合計	====

負　債　の　部

Ⅰ 流動負債	
支払手形	----------
工事未払金	----------
短期借入金	----------
リース債務	----------
未払金	----------
未払費用	----------
未払法人税等	----------
未成工事受入金	----------
預り金	----------
前受収益	----------
----------引当金	----------
その他	――――
流動負債合計	----------
Ⅱ 固定負債	
社債	----------

長期借入金 ……
リース債務 ……
繰延税金負債 ……
……引当金 ……
負ののれん ……
その他 ――
　固定負債合計 ――
　　負債合計 ══

純　資　産　の　部

Ⅰ　株主資本
(1)　資本金 ……
(2)　新株式申込証拠金 ……
(3)　資本剰余金
　資本準備金 ……
　その他資本剰余金 ――
　　資本剰余金合計 ……
(4)　利益剰余金
　利益準備金 ……
　その他利益剰余金
　　……準備金 ……
　　……積立金 ……
　　繰越利益剰余金 ――
　　利益剰余金合計 ……
(5)　自己株式 △……
(6)　自己株式申込証拠金 ――
　　　株主資本合計 ……
Ⅱ　評価・換算差額等
(1)　その他有価証券評価差額金 ……
(2)　繰延ヘッジ損益 ……
(3)　土地再評価差額金 ――
　　評価・換算差額等合計 ……
Ⅲ　新株予約権 ――
　　純資産合計 ══
　　負債純資産合計 ══

記載要領

1　貸借対照表は、一般に公正妥当と認められる企業会計の基準その他の企業会計の慣行をしん酌し、会社の財産の状態を正確に判断することができるよう明瞭に記載すること。

2　勘定科目の分類は、国土交通大臣が定めるところによること。

3　記載すべき金額は、千円単位をもって表示すること。
　ただし、会社法（平成17年法律第86号）第２条第６号に規定する大会社にあっては、百万円単位をもって表示することができる。この場合、「千円」とあるのは「百万円」として記載すること。
4　金額の記載に当たって有効数字がない場合においては、科目の名称の記載を要しない。
5　流動資産、有形固定資産、無形固定資産、投資その他の資産、流動負債及び固定負債に属する科目の掲記が「その他」のみである場合においては、科目の記載を要しない。
6　建設業以外の事業を併せて営む場合においては、当該事業の営業取引に係る資産についてその内容を示す適当な科目をもって記載すること。
　ただし、当該資産の金額が資産の総額の100分の５以下のものについては、同一の性格の科目に含めて記載することができる。
7　流動資産の「有価証券」又は「その他」に属する親会社株式の金額が資産の総額の100分の５を超えるときは、「親会社株式」の科目をもって記載すること。投資その他の資産の「関係会社株式・関係会社出資金」に属する親会社株式についても同様に、投資その他の資産に「親会社株式」の科目をもって記載すること。
8　流動資産、有形固定資産、無形固定資産又は投資その他の資産の「その他」に属する資産でその金額が資産の総額の100分の５を超えるものについては、当該資産を明示する科目をもって記載すること。
9　記載要領６及び８は、負債の部の記載に準用する。
10　「材料貯蔵品」、「短期貸付金」、「前払費用」、「特許権」、「借地権」及び「のれん」は、その金額が資産の総額の100分の５以下であるときは、それぞれ流動資産の「その他」、無形固定資産の「その他」に含めて記載することができる。
11　記載要領10は、「未払金」、「未払費用」、「預り金」、「前受収益」及び「負ののれん」の表示に準用する。
12　「繰延税金資産」及び「繰延税金負債」は、税効果会計の適用にあたり、一時差異（会計上の簿価と税務上の簿価との差額）の金額に重要性がないために、繰延税金資産又は繰延税金負債を計上しない場合には記載を要しない。
13　「繰延税金資産」の金額及び「繰延税金負債」の金額については、その差額のみを「繰延税金資産」又は「繰延税金負債」として投資その他の資産又は固定負債に記載する。
14　各有形固定資産に対する減損損失累計額は、各資産の金額から減損損失累計額を直接控除し、その控除残高を各資産の金額として記載する。
15　「リース資産」に区分される資産については、有形固定資産に属する各科目（「リース資産」及び「建設仮勘定」を除く。）又は無形固定資産に属する各科目（「のれん」及び「リース資産」を除く。）に含めて記載することができる。

16 「関係会社株式・関係会社出資金」については、いずれか一方がない場合においては、「関係会社株式」又は「関係会社出資金」として記載すること。

17 持分会社である場合においては、「関係会社株式」を投資有価証券に、「関係会社出資金」を投資その他の資産の「その他」に含めて記載することができる。

18 「のれん」の金額及び「負ののれん」の金額については、その差額のみを「のれん」又は「負ののれん」として記載する。

19 持分会社である場合においては、「株主資本」とあるのは「社員資本」と、「新株式申込証拠金」とあるのは「出資金申込証拠金」として記載することとし、資本剰余金及び利益剰余金については、「準備金」と「その他」に区分しての記載を要しない。

20 その他利益剰余金又は利益剰余金合計の金額が負となった場合は、マイナス残高として記載する。

21 「その他有価証券評価差額金」、「繰延ヘッジ損益」及び「土地再評価差額金」のほか、評価・換算差額等に計上することが適当であると認められるものについては、内容を明示する科目をもって記載することができる。

様式第16号（第４条、第10条、第19条の４関係）

（用紙A４）

損　益　計　算　書

自　令和　　年　　月　　日
至　令和　　年　　月　　日

（会社名）＿＿＿＿＿＿＿＿

		千円
Ⅰ　売上高		
完成工事高	………	
兼業事業売上高	―――	………
Ⅱ　売上原価		
完成工事原価	………	
兼業事業売上原価	―――	―――
売上総利益（売上総損失）		
完成工事総利益(完成工事総損失)	………	
兼業事業総利益(兼業事業総損失)	―――	………
Ⅲ　販売費及び一般管理費		

役員報酬	………	
従業員給料手当	………	
退職金	………	
法定福利費	………	
福利厚生費	………	
修繕維持費	………	
事務用品費	………	
通信交通費	………	
動力用水光熱費	………	
調査研究費	………	
広告宣伝費	………	
貸倒引当金繰入額	………	
貸倒損失	………	
交際費	………	
寄付金	………	
地代家賃	………	
減価償却費	………	
開発費償却	………	
租税公課	………	
保険料	………	
雑　費	―――	―――
営業利益（営業損失）		………
Ⅳ　営業外収益		
受取利息及び配当金	………	
その他	―――	………
Ⅴ　営業外費用		
支払利息	………	
貸倒引当金繰入額	………	
貸倒損失	………	
その他	―――	―――
経常利益（経常損失）		………
Ⅵ　特別利益		
前期損益修正益	………	
その他	―――	―――
Ⅶ　特別損失		
前期損益修正損	………	
その他	―――	―――
税引前当期純利益(税引前当期純損失)		………
法人税、住民税及び事業税	………	
法人税等調整額	―――	―――
当期純利益（当期純損失）		═══

記載要領

1　損益計算書は、一般に公正妥当と認められる企業会計の基準その他の企業会計の慣行をしん酌し、会社の損益の状態を正確に判断することができるよう明瞭に記載すること。

2　勘定科目の分類は、国土交通大臣が定めるところによること。

3　記載すべき金額は、千円単位をもって表示すること。

ただし、会社法（平成17年法律第86号）第2条第6号に規定する大会社にあっては、百万円単位をもって表示することができる。この場合、「千円」とあるのは「百万円」として記載すること。

4　金額の記載に当たって有効数字がない場合においては、科目の名称の記載を要しない。

5　兼業事業とは、建設業以外の事業を併せて営む場合における当該建設業以外の事業をいう。この場合において兼業事業の表示については、その内容を示す適当な名称をもって記載することができる。

なお、「兼業事業売上高」（二以上の兼業事業を営む場合においては、これらの兼業事業の売上高の総計）の「売上高」に占める割合が軽微な場合においては、「売上高」、「売上原価」及び「売上総利益（売上総損失）」を建設業と兼業事業とに区分して記載することを要しない。

6　「雑費」に属する費用で販売費及び一般管理費の総額の10分の1を超えるものについては、それぞれ当該費用を明示する科目を用いて掲記すること。

7　記載要領6は、営業外収益の「その他」に属する収益及び営業外費用の「その他」に属する費用の記載に準用する。

8　「前期損益修正益」で金額が重要でない場合においては、特別利益の「その他」に含めて記載することができる。

9　特別利益の「その他」については、それぞれ当該利益を明示する科目を用いて掲記すること。

ただし、各利益のうち、その金額が重要でないものについては、当該利益を区分掲記しないことができる。

10　特別利益に属する科目の掲記が「その他」のみである場合においては、科目の記載を要しない。

11　記載要領8は「前期損益修正損」の記載に、記載要領9は特別損失の「その他」の記載に、記載要領10は特別損失に属する科目の記載にそれぞれ準用すること。

12　「法人税等調整額」は、税効果会計の適用に当たり、一時差異（会計上の簿価と税務上の簿価との差額）の金額に重要性がないために、繰延税金資産又は繰延税金負債を計上しない場合には記載を要しない。

13　税効果会計を適用する最初の事業年度については、その期首に繰延税金資産に記載すべき金額と繰延税金負債に記載すべき金額とがある場合には、その差異を「過年度税効果調整額」として株主資本等変動計算書に記載するものとし、当該差額は「法人税等調整額」には含めない。

（用紙Ａ4）

完成工事原価報告書

自　令和　　年　　月　　日
至　令和　　年　　月　　日

（会社名）＿＿＿＿＿＿＿＿

千円

Ⅰ　材　料　費		…………
Ⅱ　労　務　費		…………
（うち労務外注費	………）	
Ⅲ　外　注　費		…………
Ⅳ　経　　　費		＿＿＿＿
（うち人件費	………）	
完成工事原価		＝＝＝＝

様式第17号（第４条、第10条、第19条の４関係）

（用紙Ａ４）

株主資本等変動計算書

自　令和　　年　　月　　日
至　令和　　年　　月　　日

（会社名）＿＿＿＿＿＿＿＿＿＿

千円

	株主資本											評価・換算差額等				新　株予約権	純資産合　計
	資本金	新株式申　込証拠金	資本剰余金			利益剰余金				自己株式	株主資本合計	その他有価証券評価差額金	繰延ヘッジ損益	土地再評価差額金	評価・換算差額等合計		
			資本準備金	その他資　本剰余金	資　本剰余金合　計	利　益準備金	その他利益剰余金		利　益剰余金合　計								
							積立金	繰　越利　益剰余金									
当期首残高										△							
当期変動額																	
新株の発行																	
剰余金の配当								△	△		△						△
当期純利益																	
自己株式の処分																	
株主資本以外の項目の当期変動額（純額）																	
当期変動額合計																	
当期末残高										△							

記載要領

1　株主資本等変動計算書は、一般に公正妥当と認められる企業会計の基準その他の企業会計の慣行をしん酌し、純資産の部の変動の状態を正確に判断することができるよう明瞭に記載すること。
2　勘定科目の分類は、国土交通大臣が定めるところによること。
3　記載すべき金額は、千円単位をもって表示すること。
ただし、会社法（平成17年法律第86号）第２条第６号に規定する大会社にあっては、百万円単位をもって表示することができる。この場合、「千円」とあるのは「百万円」として記載すること。
4　金額の記載にあたって有効数字がない場合においては、項目の名称の記載を要しない。
5　その他利益剰余金については、その内訳科目の当期首残高、当期変動額（変動事由ごとの金額）及び当期末残高を株主資本等変動計算書に記載することに代えて、注記により開示することができる。この場合には、その他利益剰余金の当期首残高、当期変動額及び当期末残高の各合計額を株主資本等変動計算書に記載する。
6　評価・換算差額等については、その内訳科目の当期首残高、当期変動額（当期変動額については主な変動事由にその金額を表示する場合には、変動事由ごとの金額を含む。）及び当期末残高を株主資本等変動計算書に記載することに代えて、注記により開示することができる。この場合には、評価・換算差額等の当期首残高、当期変動額及び当期末残高の各合計額を株主資本等変動計算書に記載する。
7　各合計額の記載は、株主資本合計を除き省略することができる。
8　当期首残高については、会社計算規則（平成18年法務省令第13号）第２条第３項第59号に規定する遡及適用又は同項第64号に規定する誤謬（びゅう）の訂正をした場合には、当期首残高及びこれに対する影響額を記載する。
9　株主資本の各項目の変動事由及びその金額の記載は、概ね貸借対照表における表示の順序による。
10　株主資本の各項目の変動事由には、例えば以下のものが含まれる。
(1)　当期純利益又は当期純損失
(2)　新株の発行又は自己株式の処分
(3)　剰余金（その他資本剰余金又はその他利益剰余金）の配当
(4)　自己株式の取得
(5)　自己株式の消却
(6)　企業結合（合併、会社分割、株式交換、株式移転など）による増加又は分割型の会社分割による減少
(7)　株主資本の計数の変動

① 資本金から準備金又は剰余金への振替
② 準備金から資本金又は剰余金への振替
③ 剰余金から資本金又は準備金への振替
④ 剰余金の内訳科目間の振替

11 剰余金の配当については、剰余金の変動事由として当期変動額に表示する。

12 税効果会計を適用する最初の事業年度については、その期首に繰延税金資産に記載すべき金額と繰延税金負債に記載すべき金額とがある場合には、その差額を「過年度税効果調整額」として繰越利益剰余金の当期変動額に表示する。

13 新株の発行の効力発生日に資本金又は資本準備金の額の減少の効力が発生し、新株の発行により増加すべき資本金又は資本準備金と同額の資本金又は資本準備金の額を減少させた場合には、変動事由の表示方法として、以下のいずれかの方法により記載するものとする。

(1) 新株の発行として、資本金又は資本準備金の額の増加を記載し、また、株主資本の計数の変動手続き（資本金又は資本準備金の額の減少に伴うその他資本剰余金の額の増加）として、資本金又は資本準備金の額の減少及びその他資本剰余金の額の増加を記載する方法。

(2) 新株の発行として、直接、その他資本剰余金の額の増加を記載する方法。

企業結合の効力発生日に資本金又は資本準備金の額の減少の効力が発生した場合についても同様に取り扱う。

14 株主資本以外の各項目の当期変動額は、純額で表示するが、主な変動事由及びその金額を表示することができる。当該表示は、変動事由又は金額の重要性などを勘案し、事業年度ごとに、また、項目ごとに選択することができる。

15 株主資本以外の各項目の主な変動事由及びその金額を表示する場合、以下の方法を事業年度ごとに、また、項目ごとに選択することができる。

(1) 株主資本等変動計算書に主な変動事由及びその金額を表示する方法

(2) 株主資本等変動計算書に当期変動額を純額で記載し、主な変動事由及びその金額を注記により開示する方法

16 株主資本以外の各項目の主な変動事由及びその金額を表示する場合、当該変動事由には、例えば以下のものが含まれる。

(1) 評価・換算差額等

① その他有価証券評価差額金

その他有価証券の売却又は減損処理による増減

純資産の部に直接計上されたその他有価証券評価差額金の増

減

② 繰延ヘッジ損益

ヘッジ対象の損益認識又はヘッジ会計の終了による増減

純資産の部に直接計上された繰延ヘッジ損益の増減

(2) 新株予約権

新株予約権の発行

新株予約権の取得

新株予約権の行使

新株予約権の失効

自己新株予約権の消却

自己新株予約権の処分

17 株主資本以外の各項目のうち、その他有価証券評価差額金について、主な変動事由及びその金額を表示する場合、時価評価の対象となるその他有価証券の売却又は減損処理による増減は、原則として、以下のいずれかの方法により計算する。

(1) 損益計算書に計上されたその他有価証券の売却損益等の額に税効果を調整した後の額を表示する方法

(2) 損益計算書に計上されたその他有価証券の売却損益等の額を表示する方法

この場合、評価・換算差額等に対する税効果の額を、別の変動事由として表示する。また、当該税効果の額の表示は、評価・換算差額等の内訳項目ごとに行う方法、その他有価証券評価差額金を含む評価・換算差額等に対する税効果の額の合計による方法のいずれによることもできる。

また、繰延ヘッジ損益についても同様に取り扱う。

なお、税効果の調整の方法としては、例えば、評価・換算差額等の増減があった事業年度の法定実効税率を使用する方法や繰延税金資産の回収可能性を考慮した税率を使用する方法などがある。

18 持分会社である場合においては、「株主資本等変動計算書」とあるのは「社員資本等変動計算書」と、「株主資本」とあるのは「社員資本」として記載する。

様式第17号の2（第4条、第10条、第19条の4関係）

（用紙A4）

注　　記　　表

自　令和　　年　　月　　日
至　令和　　年　　月　　日

（会社名）＿＿＿＿＿＿

注

1　継続企業の前提に重要な疑義を生じさせるような事象又は状況

2　重要な会計方針

(1)　資産の評価基準及び評価方法

(2)　固定資産の減価償却の方法

(3)　引当金の計上基準

(4)　収益及び費用の計上基準

(5)　消費税及び地方消費税に相当する額の会計処理の方法

(6)　その他貸借対照表、損益計算書、株主資本等変動計算書、注記表作成のための基本となる重要な事項

3　会計方針の変更

4　表示方法の変更

4－2　会計上の見積り

5　会計上の見積りの変更

6　誤謬（びゅう）の訂正

7　貸借対照表関係

(1)　担保に供している資産及び担保付債務

①担保に供している資産の内容及びその金額

②担保に係る債務の金額

(2)　保証債務、手形遡及債務、重要な係争事件に係る損害賠償義務等の内容及び金額

(3)　関係会社に対する短期金銭債権及び長期金銭債権並びに短期金銭債務及び長期金銭債務

(4)　取締役、監査役及び執行役との間の取引による取締役、監査役及び執行役に対する金銭債権及び金銭債務

(5)　親会社株式の各表示区分別の金額

(6)　工事損失引当金に対応する未成工事支出金の金額

8　損益計算書関係

(1)　売上高のうち関係会社に対する部分

(2)　売上原価のうち関係会社からの仕入高

(3)　売上原価のうち工事損失引当金繰入額
(4)　関係会社との営業取引以外の取引高
(5)　研究開発費の総額（会計監査人を設置している会社に限る。）
9　株主資本等変動計算書関係
(1)　事業年度末日における発行済株式の種類及び数
(2)　事業年度末日における自己株式の種類及び数
(3)　剰余金の配当
(4)　事業年度末において発行している新株予約権の目的となる株式の種類及び数
10　税効果会計
11　リースにより使用する固定資産
12　金融商品関係
(1)　金融商品の状況
(2)　金融商品の時価等
13　賃貸等不動産関係
(1)　賃貸等不動産の状況
(2)　賃貸等不動産の時価
14　関連当事者との取引
取引の内容

種類	会社等の名称又は氏名	議決権の所有（被所有）割合	関係内容	科目	期末残高（千円）

ただし、会計監査人を設置している会社は以下の様式により記載する。
(1)　取引の内容

種類	会社等の名称又は氏名	議決権の所有（被所有）割合	関係内容	取引の内容	取引金額	科目	期末残高（千円）

(2)　取引条件及び取引条件の決定方針
(3)　取引条件の変更の内容及び変更が貸借対照表、損益計算書に与える影響の内容
15　一株当たり情報
(1)　一株当たりの純資産額
(2)　一株当たりの当期純利益又は当期純損失
16　重要な後発事象
17　連結配当規制適用の有無
17-2　収益認識関係
18　その他

記載要領

1　記載を要する注記は、以下の通りとする。

	株式会社			持分会社
	会計監査人設置会社	会計監査人なし		
		公開会社	株式譲渡制限会社	
1　継続企業の前提に重要な疑義を生じさせるような事象又は状況	○	×	×	×
2　重要な会計方針	○	○	○	○
3　会計方針の変更	○	○	○	○
4　表示方法の変更	○	○	○	○
4—2　会計上の見積り	○	×	×	×
5　会計上の見積りの変更	○	×	×	×
6　誤謬(びゅう)の訂正	○	○	○	○
7　貸借対照表関係	○	○	×	×
8　損益計算書関係	○	○	×	×
9　株主資本等変動計算書関係	○	○	○	×
10　税効果会計	○	○	×	×
11　リースにより使用する固定資産	○	○	×	×
12　金融商品関係	○	○	×	×
13　賃貸等不動産関係	○	○	×	×
14　関連当事者との取引	○	○	×	×
15　一株当たり情報	○	○	×	×
16　重要な後発事象	○	○	×	×
17　連結配当規制適用の有無	○	×	×	×
17—2　収益認識関係	○	×	×	×
18　その他	○	○	○	○

【凡例】○･･･記載要、×･･･記載不要

2　注記事項は、貸借対照表、損益計算書、株主資本等変動計算書の適当な場所に記載することができる。この場合、注記表の当該部分への記載は要しない。

3　記載すべき金額は、注15を除き千円単位をもって表示すること。

ただし、会社法（平成17年法律第86号）第２条第６号に規定する大会社にあっては、百万円単位をもって表示することができる。この場合、「千円」とあるのは「百万円」として記載すること。

4　注に掲げる事項で該当事項がない場合においては、「該当なし」と記載すること。

5　貸借対照表、損益計算書、株主資本等変動計算書の特定の項目に関連する注記については、その関連を明らかにして記載する。

6　注に掲げる事項の記載に当たっては、以下の要領に従って記載する。

注１　事業年度の末日において、当該会社が将来にわたって事業を継続するとの前提に重要な疑義を生じさせるような事象又は状況が存在する場合であって、当該事象又は状況を解消し、又は改善するための対応をしてもなおその前提に関する重要な不確実性が認められるとき（当該事業年度の末日後に当該重要な不確実性が認められなくなった場合を除く。）は、次に掲げる事項を記載する。

①　当該事象又は状況が存在する旨及びその内容

②　当該事象又は状況を解消し、又は改善するための対応策

③　当該重要な不確実性が認められる旨及びその理由

④　当該重要な不確実性の影響を貸借対照表、損益計算書、株主資本等変動計算書又は注記表に反映しているか否かの別

注２　重要性の乏しい事項は、記載を要しない。

(4)　完成工事高及び完成工事原価の認識基準、決算日における工事進捗度を見積もるために用いた方法その他の収益及び費用の計上基準について記載する。なお、会社が顧客との契約に基づく義務の履行の状況に応じて当該契約から生ずる収益を認識するときは、次に掲げる事項を記載する。

①　当該会社の主要な事業における顧客との契約に基づく主な義務の内容

②　①に規定する義務に係る収益を認識する通常の時点

③　①及び②に掲げるもののほか、当該会社が重要な会計方針に含まれると判断したもの

(5)　税抜方式及び税込方式のうち貸借対照表及び損益計算書の作成に当たって採用したものを記載する。ただし、経営状況分析申請書又は経営規模等評価申請書に添付する場合には、税抜方式を採用すること。

注３　一般に公正妥当と認められる会計方針を他の一般に公正妥当と認められる会計方針に変更した場合に、次に掲げる事項を記載する。ただし、重要性の乏しい事項は記載を要せず、また、会計監査人設置会社以外の株式会社及び持分会社にあっては、④ロ及びハに掲げる事項を省略することができ

る。

① 当該会計方針の変更の内容

② 当該会計方針の変更の理由

③ 会社計算規則（平成18年法務省令第13号）第2条第3項第59号に規定する遡及適用（以下単に「遡及適用」という。）をした場合には、当該事業年度の期首における純資産額に対する影響額

④ 当該事業年度より前の事業年度の全部又は一部について遡及適用をしなかつた場合には、次に掲げる事項（当該会計方針の変更を会計上の見積りの変更と区別することが困難なときは、ロに掲げる事項を除く。）

イ 貸借対照表、損益計算書、株主資本等変動計算書及び注記表の主な項目に対する影響額

ロ 当該事業年度より前の事業年度の全部又は一部について遡及適用をしなかつた理由並びに当該会計方針の変更の適用方法及び適用開始時期

ハ 当該会計方針の変更が当該事業年度の翌事業年度以降の財産又は損益に影響を及ぼす可能性がある場合であつて、当該影響に関する事項を注記することが適切であるときは、当該事項

注4 一般に公正妥当と認められる表示方法を他の一般に公正妥当と認められる表示方法に変更した場合に、次に掲げる事項を記載する。ただし、重要性の乏しい事項は、記載を要しない。

① 当該表示方法の変更の内容

② 当該表示方法の変更の理由

注4－2 次に掲げる事項を記載する。

(1) 会計上の見積りにより当該事業年度に係る貸借対照表、損益計算書、株主資本等変動計算書又は注記表の項目にその額を計上した項目であつて、翌事業年度に係る貸借対照表、損益計算書、株主資本等変動計算書又は注記表に重要な影響を及ぼす可能性のあるもの

(2) 当該事業年度に係る貸借対照表、損益計算書、株主資本等変動計算書又は注記表の(1)に掲げる項目に計上した額

(3) (2)に掲げるもののほか、(1)に掲げる項目に係る会計上の見積りの内容に関する理解に資する情報

注5 会計上の見積りの変更をした場合に、次に掲げる事項を記載する。ただし、重要性の乏しい事項は、記載を要しない。

① 当該会計上の見積りの変更の内容

② 当該会計上の見積りの変更の貸借対照表、損益計算書、株主資本等変動計算書及び注記表の項目に対する影響額

③　当該会計上の見積りの変更が当該事業年度の翌事業年度以降の財産又は損益に影響を及ぼす可能性があるときは、当該影響に関する事項

注６　会社計算規則第２条第３項第64号に規定する誤謬（びゅう）の訂正をした場合に、次に掲げる事項を記載する。ただし、重要性の乏しい事項は、記載を要しない。

①　当該誤謬（びゅう）の内容

②　当該事業年度の期首における純資産額に対する影響額

注７

(1)　担保に供している資産及び担保に係る債務は、勘定科目別に記載する。

(2)　保証債務、手形遡及債務、損害賠償義務等（負債の部に計上したものを除く。）の種類別に総額を記載する。

(3)　総額を記載するものとし、関係会社別の金額は記載することを要しない。

(4)　総額を記載するものとし、取締役、執行役、会計参与又は監査役別の金額は記載することを要しない。

(5)　貸借対照表に区分掲記している場合は、記載を要しない。

(6)　同一の工事契約に関する未成工事支出金と工事損失引当金を相殺せずに両建てで表示したときは、その旨及び当該未成工事支出金の金額うち工事損失引当金に対応する金額を、未成工事支出金と工事損失引当金を相殺して表示したときは、その旨及び相殺表示した未成工事支出金の金額を記載する。

注８

(1)　総額を記載するものとし、関係会社別の金額は記載することを要しない。

(2)　総額を記載するものとし、関係会社別の金額は記載することを要しない。

(3)　総額を記載するものとし、関係会社別の金額は記載することを要しない。

注９

(3)　事業年度中に行った剰余金の配当（事業年度末日後に行う剰余金の配当のうち、剰余金の配当を受ける者を定めるための会社法第124条第１項に規定する基準日が事業年度中のものを含む。）について、配当を実施した回ごとに、決議機関、配当総額、一株当たりの配当額、基準日及び効力発生日について記載する。

注10　繰延税金資産及び繰延税金負債の発生原因を定性的に記載する。

注11　ファイナンス・リース取引（リース取引のうち、リース契約に基づく期間の中途において当該リース契約を解除するこ

とができないもの又はこれに準ずるもので、リース物件（当該リース契約により使用する物件をいう。）の借主が、当該リース物件からもたらされる経済的利益を実質的に享受することができ、かつ、当該リース物件の使用に伴って生じる費用等を実質的に負担することとなるものをいう。）の借主である株式会社が当該ファイナンス・リース取引について通常の売買取引に係る方法に準じて会計処理を行っていない重要な固定資産について、定性的に記載する。

「重要な固定資産」とは、リース資産全体に重要性があり、かつ、リース資産の中に基幹設備が含まれている場合の当該基幹設備をいう。リース資産全体の重要性の判断基準は、当期支払リース料の当期支払リース料と当期減価償却費との合計に対する割合についておおむね１割程度とする。

ただし、資産の部に計上するものは、この限りでない。

注12　重要性の乏しいものについては記載することを要しない。

注13　賃貸等不動産の総額に重要性が乏しい場合は、記載を要しない。

注14「関連当事者」とは、会社計算規則（平成18年法務省令第13号）第112条第４項に定める者をいい、記載に当たっては、関連当事者ごとに記載する。関連当事者との取引には、会社と第三者との間の取引で当該会社と関連当事者との間の利益が相反するものを含む。ただし、重要性の乏しい取引及び関連当事者との取引のうち以下の取引については記載を要しない。

①　一般競争入札による取引並びに預金利息及び配当金の受取りその他取引の性質からみて取引条件が一般の取引と同様であることが明白な取引

②　取締役、執行役、会計参与又は監査役に対する報酬等の給付

③　その他、当該取引に係る条件につき市場価格その他当該取引に係る公正な価格を勘案して一般の取引の条件と同様のものを決定していることが明白な取引

「種類」の欄には、会社計算規則第112条第４項各号に掲げる関連当事者の種類を記載する。

注15　株式会社が当該事業年度又は当該事業年度の末日後において株式の併合又は株式の分割をした場合において、当該事業年度の期首に株式の併合又は株式の分割をしたと仮定して(1)及び(2)に掲げる額を算定したときは、その旨を追加して記載する。

注17　会社計算規則第158条第４号に規定する配当規制を適用する場合に、その旨を記載する。

注17-２　会社が顧客との契約に基づく義務の履行の状況に応じて当該契約から生ずる収益を認識する場合に、次に掲げる事項（重要性の乏しいものを除く。）を記載する。ただし、会社法第444条第３項に規定する株式会社以外の株式会社にあつては、①及び③に掲げる事項を省略することができる。

①　当該事業年度に認識した収益を、収益及びキャッシュ・フローの性質、金額、時期及び不確実性に影響を及ぼす主要な要因に基づいて区分をした場合における当該区分ごとの収益の額その他の事項

②　収益を理解するための基礎となる情報

③　当該事業年度及び翌事業年度以降の収益の金額を理解するための情報

なお、①から③までに掲げる事項が注２の規定により注記すべき事項と同一であるときは、当該事項の記載を要しない。

注18　注１から注17-２までに掲げた事項のほか、貸借対照表、損益計算書及び株主資本等変動計算書により会社の財産又は損益の状態を正確に判断するために必要な事項を記載する。

様式第17号の３（第４条、第10条関係）

（用紙Ａ4）

附　　属　　明　　細　　表

令和　　年　　月　　日現在

１　完成工事未収入金の詳細

相手先別内訳

相手先	金額
	千円
計	

滞留状況

発生時	完成工事未収入金
当期計上分	千円
前期以前計上分	
計	

２　短期貸付金明細表

相手先	金額
	千円
計	

３　長期貸付金明細表

相手先	金額
	千円
計	

４　関係会社貸付金明細表

関係会社名	期首残高	当期増加額	当期減少額	期末残高	摘要
	千円	千円	千円	千円	
計					—

5　関係会社有価証券明細表

	銘柄	一株の金額	期首残高			当期増加額		当期減少額		期末残高			摘要
			株式数	取得価額	貸借対照表計上額	株式数	金額	株式数	金額	株式数	取得価額	貸借対照表計上額	
株式		千円		千円	千円		千円		千円		千円	千円	
	計												

	銘柄	期首残高		当期増加額	当期減少額	期末残高		摘要
		取得価額	貸借対照表計上額			取得価額	貸借対照表計上額	
社債		千円	千円	千円	千円	千円	千円	
その他の有価証券								
	計							

6　関係会社出資金明細表

関係会社名	期首残高	当期増加額	当期減少額	期末残高	摘　　要
	千円	千円	千円	千円	
計					―

7　短期借入金明細表

借　入　先	金　　額	返　済　期　日	摘　　要
	千円	千円	千円
計			

8　長期借入金明細表

借 入 先	期首残高	当期増加額	当期減少額	期末残高	摘　　要
	千円	千円	千円	千円	
計					—

9　関係会社借入金明細表

関係会社名	期首残高	当期増加額	当期減少額	期末残高	摘　　要
	千円	千円	千円	千円	
計					—

10　保証債務明細表

相 手 先	金　　額
	千円
計	

記載要領

第１　一般的事項

１　「親会社」とは、会社法（平成17年法律第86号）第２条第４号に定める会社をいい、「子会社」とは、会社法第２条第３号に定める会社をいう。

２　「関連会社」とは、会社計算規則（平成18年法務省令第13号）第２条第３項第18号に定める会社をいう。

３　「関係会社」とは、会社計算規則第２条第３項第22号に定める会社をいう。

４　金融商品取引法（昭和23年法律第25号）第24条の規定により、有価証券報告書を内閣総理大臣に提出しなければならない者については、附属明細表の４、５、６及び９の記載を省略することができる。この場合、同条の規定により提出された有価証券報告書に記載された連結貸借対照表の写しを添付しなければならない。

５　記載すべき金額は、千円単位をもって表示すること。
ただし、会社法第２条第６号に規定する大会社にあっては、百万円単位をもって表示することができる。この場合、「千円」とあるのは、「百万円」として記載すること。

第2　個別事項

1　完成工事未収入金の詳細

(1)　別記様式第15号による貸借対照表（以下単に「貸借対照表」という。）の流動資産の完成工事未収入金について、その主な相手先及び相手先ごとの額を記載すること。

(2)　同一の相手先について契約口数が多数ある場合には、相手先別に一括して記載することができる。

(3)　滞留状況については、当期計上分（1年未満）及び前期以前計上分（1年以上）に分け、各々の合計額を記載すること。

2　短期貸付金明細表

(1)　貸借対照表の流動資産の短期貸付金について、その主な相手先及び相手先ごとの額を記載すること。ただし、当該科目の額が資産総額の100分の5以下である時は記載を省略することができる。

(2)　同一の相手先について契約口数が多数ある場合には、相手先別に一括して記載することができる。

(3)　関係会社に対するものはまとめて記載することができる。

3　長期貸付金明細表

(1)　貸借対照表の固定資産の長期貸付金について、その主な相手先及び相手先ごとの額を記載すること。ただし、当該科目の額が資産総額の100分の5以下である時は記載を省略することができる。

(2)　同一の相手先について契約口数が多数ある場合には、相手先別に一括して記載することができる。

(3)　関係会社に対するものはまとめて記載することができる。

4　関係会社貸付金明細表

(1)　貸借対照表の短期貸付金、長期貸付金その他資産に含まれる関係会社貸付金について、その関係会社名及び関係会社ごとの額を記載すること。ただし、当該科目の額が資産総額の100分の5以下である時は記載を省略することができる。

(2)　関係会社貸付金は貸借対照表の勘定科目ごとに区別して記載し、親会社、子会社、関連会社及びその他の関係会社について各々の合計額を記載すること。

(3)　摘要の欄には、貸付の条件（返済期限（分割返済条件のある場合にはその条件）及び担保物件の種類）について記載すること。重要な貸付金で無利息又は特別の条件による利率が約定されているものについては、その旨及び当該利率について記載すること。

(4)　同一の関係会社について契約口数が多数ある場合には、関係会社別に一括し、担保及び返済期限について要約して記載することができる。

5 関係会社有価証券明細表

(1) 貸借対照表の有価証券、流動資産の「その他」、投資有価証券、関係会社株式・関係会社出資金及び投資その他の資産の「その他」に含まれる関係会社有価証券について、その銘柄及び銘柄ごとの額を記載すること。ただし、当該科目の額が資産総額の100分の5以下である時は記載を省略することができる。

(2) 当該有価証券の発行会社について、附属明細表提出会社との関係(親会社、子会社等の関係)を摘要欄に記載すること。

(3) 社債の銘柄は、「何会社物上担保付社債」のように記載すること。なお、新株予約権が付与されている場合には、その旨を付記すること。

(4) 取得価額及び貸借対照表計上額については、その算定の基準とした評価基準及び評価方法を摘要欄に記載すること。ただし、評価基準及び評価方法が別記様式第17号の2による注記表(以下単に「注記表」という。)の2により記載されている場合には、その記載を省略することができる。

(5) 当期増加額及び当期減少額がともにない場合には、期首残高、当期増加額及び当期減少額の各欄を省略した様式に記載することができる。この場合には、その旨を摘要欄に記載すること。

(6) 一の関係会社の有価証券の総額と当該関係会社に対する債権の総額との合計額が附属明細表提出会社の資産の総額の100分の5を超える場合、一の関係会社に対する債務の総額が附属明細表提出会社の負債及び純資産の合計額が100分の5を超える場合又は一の関係会社に対する売上高が附属明細表提出会社の売上額の総額の100分の20を超える場合には、当該関係会社の発行済株式の総数に対する所有割合、社債の未償還残高その他当該関係会社との関係内容(例えば、役員の兼任、資金援助、営業上の取引、設備の賃貸借等の関係内容)を注記すること。

(7) 株式のうち、会社法第308条第1項の規定により議決権を有しないものについては、その旨を摘要欄に記載すること。

6 関係会社出資金明細表

(1) 貸借対照表の関係会社株式・関係会社出資金及び投資その他の資産の「その他」に含まれる関係会社出資金について、その関係会社名及び関係会社ごとの額を記載すること。ただし、当該科目の額が資産総額の100分の5以下である時は記載を省略することができる。

(2) 出資金額の重要なものについては、出資の条件(1口の出資金額、出資口数、譲渡制限等の諸条件)を摘要欄に記載すること。

(3) 本表に記載されている会社であって、第2の5の(6)に定められた会社と同一の条件のものがある場合には、当該関係会社に対してはこれに準じて注記すること。

7 短期借入金明細表

(1) 貸借対照表の流動負債の短期借入金について、その借入先及び借入先ごとの額を記載すること。ただし、比較的借入額が少額なものについては、無利息又は特別な利率が約定されている場合を除き、まとめて記載することができる。

(2) 設備資金と運転資金に分けて記載すること。

(3) 摘要の欄には、資金使途、借入の条件（担保、無利息の場合にはその旨、特別の利率が約定されている場合には当該利率）等について記載すること。

(4) 同一の借入先について契約口数が多数ある場合には、借入先別に一括し、返済期限、資金使途及び借入の条件について要約して記載することができる。

(5) 関係会社からのものはまとめて記載することができる。

8 長期借入金明細表

(1) 貸借対照表の固定負債の長期借入金及び契約期間が1年を超える借入金で最終の返済期限が1年内に到来するもの又は最終の返済期限が1年後に到来するもののうち1年内の分割返済予定額で貸借対照表において流動負債として掲げられているものについて、その借入先及び借入先ごとの額を記載すること。ただし、比較的借入額が少額なものについては、無利息又は特別な利率が約定されているものを除き、まとめて記載することができる。

(2) 契約期間が1年を超える借入金で最終の返済期限が1年内に到来するもの又は最終の返済期限が1年後に到来するもののうち1年内の分割返済予定額で貸借対照表において流動負債として掲げられているものについては、当期減少額として記載せず、期末残高に含めて記載すること。この場合においては、期末残高欄に内書（括弧書）として記載し、その旨を注記すること。

(3) 摘要の欄には、借入金の使途及び借入の条件（返済期限（分割返済条件のある場合にはその条件）及び担保物件の種類）について記載すること。重要な借入金で無利息又は特別の条件による利率が約定されているものについては、その旨及び当該利率について記載すること。

(4) 同一の借入先について契約口数が多数ある場合には、借入先別に一括し、使途、担保及び返済期限について要約して記載することができる。この場合においては、借入先別に一括されたすべての借入金について当該貸借対照表日以後3年間における

1年ごとの返済予定額を注記すること。

(5) 関係会社からのものはまとめて記載することができる。

9　関係会社借入金明細表

(1) 貸借対照表の短期借入金、長期借入金その他負債に含まれる関係会社借入金について、その関係会社名及び関係会社ごとの額を記載すること。ただし、当該科目の額が資産総額の100分の5以下である時は記載を省略することができる。

(2) 関係会社借入金は貸借対照表の勘定科目ごとに区別して記載し、親会社、子会社、関連会社及びその他の関係会社について各々の合計額を記載すること。

(3) 短期借入金については、第2の7の(3)及び(4)に準じて記載し、長期借入金については、第2の8の(2)、(3)及び(4)に準じて記載すること。

10　保証債務明細表

(1) 注記表の3の(2)の保証債務額について、その相手先及び相手先ごとの額を記載すること。

(2) 注記表の3の(2)において、相手先及び相手先ごとの額が記載されている時は記載を省略することができる。

(3) 同一の相手先について契約口数が多数ある場合には、相手先別に一括して記載することができる。

3 会社法附属明細書の様式

会社法では、次のような附属明細書を作成します。

1 有形固定資産及び無形固定資産の明細

区分	資産の種類	期首帳簿価額	当期増加額	当期減少額	当期償却額	期末帳簿価額	減価償却累計額	期末取得原価
有形固定資産		円	円	円	円	円	円	円
	計							
無形固定資産								
	計							

(記載上の注意)

「期首帳簿価額」、「当期増加額」、「当期減少額」及び「期末帳簿価額」の各欄は帳簿価額によって記載し、期末帳簿価額と減価償却累計額の合計額を「期末取得原価」の欄に記載する。

KEYPOINT

附属明細書の「附」を間違えないでください。
「付属明細書」ではありません。

引当金の明細

区　分	期首残高	当期増加額	当期減少額		期末残高
			目的使用	その他	
	円	円	円	円	円

（記載上の注意）

1　期首又は期末のいずれかに残高がある場合にのみ作成する。

2　当期増加額と当期減少額は相殺せずに、それぞれ総額で記載する。

3　「当期減少額」の欄のうち、「その他」の欄には、目的使用以外の理由による減少額を記載し、その理由を脚注する。

4　退職給付引当金について、退職給付に関する注記（財務諸表等の用語、様式及び作成方法に関する規則（以下「財務諸表等規則」という。）第８条の13に規定された注記事項に準ずる注記）を貸借対照表若しくは損益計算書の末尾又は他の適当な箇所に注記しているときは、附属明細書にその旨を記載し、その記載を省略することができる。

5　引当金の計上の理由及び額の算定の方法を貸借対照表若しくは損益計算書の末尾又は他の適当な箇所に注記していない場合には、表題の「引当金の明細並びにその計上の理由及び額の算定の方法」とした上で、引当金の計上の理由及び額の算定の方法を脚注する。

販売費及び一般管理費の明細

科　目	金　額	摘　要
	円	
計		

（記載上の注意）

1　おおむね販売費、一般管理費の順に、その内容を示す適当な科目で記載する。

2　本表は、計算書類作成会社が無償でした財産上の利益の供与（反対給付が著しく少ない財産上の利益の供与を含む。）があれば、該当科目についてその旨を「摘要」の欄に記載するなど、監査役又は監査委員が監査をするについて参考となるように記載する。

以　上

〈著者略歴〉

鈴木　啓之（すずき　ひろゆき）

昭和45年　明治大学商学部卒業
昭和47年　明治大学大学院商学部修士課程修了
昭和49年　公認会計士
主な著書　「よくわかる建設業会計の要点」
「Ｊ・Ｖ 工事の会計と原価管理（共著）」（以上、清文社）
「４級・３級建設業簿記演習問題（共著）」
「建設業の上手な帳簿のつけ方」
「数多くの実績に基づく　病院経営の効率化・損益改善の実践ノウハウ」
（以上、日本法令）

本書の元となりました「やさしい建設業簿記」は昭和57年３月に初版を発行し、22回、平成２年３月に改訂版を発行し、21回版を重ねました。そして平成14年２月に「やさしい建設業簿記と経理実務」として生まれ変わり**法令諸規則・建設業法のひな形の改正の都度加筆訂正を加え、今般の出版で初版本より数えて58版**となりました。

７訂版
やさしい建設業簿記と経理実務

平成14年２月20日　初版発行
令和４年７月10日　７訂初版
令和６年６月20日　７訂２刷

検印省略

著　者　鈴　木　啓　之
発行者　青　木　鉱　太
編集者　岩　倉　春　光
印刷所　三　報　社　印　刷
製本所　国　宝　社

〒 101-0032
東京都千代田区岩本町１丁目２番19号
https://www.horei.co.jp/

（営　業）　TEL　03-6858-6967　　Eメール　syuppan@horei.co.jp
（通　販）　TEL　03-6858-6966　　Eメール　book.order@horei.co.jp
（編　集）　FAX　03-6858-6957　　Eメール　tankoubon@horei.co.jp

（オンラインショップ）　https://www.horei.co.jp/iec/
（お詫びと訂正）　https://www.horei.co.jp/book/owabi.shtml
（書籍の追加情報）　https://www.horei.co.jp/book/osirasebook.shtml

※万一、本書の内容に誤記等が判明した場合には、上記「お詫びと訂正」に最新情報を掲載しております。ホームページに掲載されていない内容につきましては、FAX または E メールで編集までお問合せください。

ISBN 978-4-539-72917-5